国家林业和草原局研究生教育"十三五"规划教材

中国林业科学研究院研究生教材

湿地生态学

崔丽娟　主编

中国林业出版社
China Forestry Publishing House

内 容 简 介

本教材作为国家林业和草原局研究生教育"十三五"规划教材，共分9章，第1章阐述了湿地的定义和类型、湿地生态学基础理论、研究现状和发展趋势；第2章至第9章分别介绍了湿地生态系统结构与功能，湿地水文、土壤与物质循环，湿地生物多样性，湿地生态系统服务及价值评价，湿地生态系统定位观测，湿地恢复，湿地与气候变化，人工处理湿地等。

本教材可作为高等院校生态学、地球科学、环境科学和林学相关专业的本科生和研究生教材，也可供从事湿地研究、湿地资源调查、湿地恢复、湿地保护管理的科技人员和管理人员参考使用。

图书在版编目（CIP）数据

湿地生态学 / 崔丽娟主编. —北京：中国林业出版社，2025.5

国家林业和草原局研究生教育"十三五"规划教材

中国林业科学研究院研究生教材

ISBN 978-7-5219-2077-2

Ⅰ. ①湿…　Ⅱ. ①崔…　Ⅲ. ①沼泽化地-系统生态学-研究生-教材　Ⅳ. ①P941.78

中国国家版本馆 CIP 数据核字（2023）第 001049 号

策划、责任编辑：范立鹏
责任校对：苏　梅
封面设计：睿思视界视觉设计

出版发行：中国林业出版社
　　　　　（100009，北京市西城区刘海胡同 7 号，电话 010-83143626）
电子邮箱：jiaocaipublic@163.com
网址：https://www.cfph.net
印刷：北京中科印刷有限公司
版次：2025 年 5 月第 1 版
印次：2025 年 5 月第 1 次
开本：850mm×1168mm　1/16
印张：11.25
字数：280 千字
定价：56.00 元

《湿地生态学》
编写人员

主　　编：崔丽娟

编写人员：(按姓氏拼音排序)

崔丽娟　康晓明　雷茵茹　李　晶

李　伟　刘　刚　刘魏魏　宁　宇

邵学新　王金枝　辛　琨　张曼胤

赵欣胜

编写说明

　　研究生教育以培养高层次专业人才为目的，是最高层次的专业教育。研究生教材是研究生系统掌握基础理论知识和学位论文基本技能的基础，是研究生课程学习必不可少的工具，也是高校和科研院所教学工作的重要组成部分，在研究生培养过程中发挥着不可或缺的作用。抓好研究生教材建设，对于提高研究生课程教学水平，保证研究生培养质量意义重大。

　　在研究生教育发达的美国、日本、德国、法国等国家，不仅建立了系统完整的课程教学、科学研究与生产实践一体化的研究生教育培养体系，并且配置了完备的研究生教育系列教材。近20年来，我国研究生教材建设工作也取得了一些成绩，编写出版了一批优秀研究生教材，但总体上研究生教材建设严重滞后于研究生教育的发展速度，教材数量缺乏、使用不统一、教材更新不及时等问题突出，严重影响了我国研究生培养质量的提升。

　　中国林业科学研究院研究生教育事业始于1979年，经过40多年的发展，已培养硕士、博士研究生6 000余人。但是，我院研究生教材建设工作才刚刚起步，尚未独立编写出版体现我院教学研究特色的研究生教育系列教材。为了贯彻落实《国家中长期教育改革和发展规划纲要(2010—2020年)》《关于推动高等农林教育综合改革的若干意见》等文件精神，适应21世纪高层次创新人才培养的需要，全面提升我院研究生教育的整体水平，根据国家林业局院校教材建设办公室《关于申报"普通高等教育'十三五'规划教材"的通知》文件要求，针对我院研究生教育的特点和需求，2015年年底，我院启动了研究生教材的编写工作。系列教材本着"学科急需、自由申报"的原则，在全院范围择优立项。

　　研究生教材的编写须有严谨的科学态度和深厚的专业功底，着重体现科学性、教学性、系统性、层次性、先进性和简明性等原则，既要全面吸收最新研究成果，又要符合经济、社会、文化、教育等未来的发展趋势；既要统筹学科、专业和研究方向的特点，又要兼顾未来社会对人才素质的需求方向，力求创新性、前瞻性、严密性和应用性并举。为了提高教材的可读性、易解性、多感性，激发学生的学习兴趣，多采用图、文、表、数相结合的方式，引入实践过的成功案例。同时，严格遵守拟定教材编写提纲、撰稿、统稿、审稿、修改稿件等程序，保障教材的质量和编写效率。

　　编写和使用优秀研究生教材是我院提高教学水平，保证教学质量的重要举措。为适应当前科技发展水平和信息传播方式，在我院研究生教育管理部门、授课教师及相关单位的共同努力下，变挑战为机遇，抓住研究生教材"新、精、广、散"的特点，对研究生教材的编写组织、出版方式、更新形式等进行大胆创新，努力探索适应新形势下研究生教材建设的新模式，出版具有林科特色、质量过硬、符合和顺应研究生教育改革需求的系列优秀研究生教材，为我院研究生教育发展提供可靠的保障和服务。

中国林业科学研究院研究生教材
编审委员会
2025 年 2 月

序

　　研究生教育是以研究为主要特征的高层次人才培养的专业教育，是高等教育的重要组成部分，承担着培养高层次人才、创造高水平科研成果、提供高水平社会服务的重任，得到世界各国的高度重视。21世纪以来，我国研究生教育事业进入了高速发展时期，研究生招生规模每年以近30%的幅度增长，2000年的招生人数不到13万人，到2018年已超过88万人，18年时间扩大了近7倍，使我国快速成为研究生教育大国。研究生招生规模的快速扩大对研究生培养单位教师的数量与质量、课程的设置、教材的建设等软件资源的配置提出了更高的要求，这些问题处理不好，将对我国研究生教育的长远发展造成负面影响。

　　教材建设是新时代高等学校和科研院所完善研究生培养体系的一项根本任务。国家教育方针和教育路线的贯彻执行，研究生教育体制改革和教育思想的革新，研究生教学内容和教学方法的改革最终都会反映和落实到研究生教材建设上。一部优秀的研究生教材，不仅要反映该学科领域最新的科研进展、科研成果、科研热点等学术前沿，也要体现教师的学术思想和学科发展理念。研究生教材的内容不仅包含科学知识和结论，还应反映知识获取的过程，所以教材记录了科学思想的发展史与研究方法的演变史。研究生教材在阐明本学科领域基本理论的同时，还应结合国家重大需求和社会发展需要，反映该学科领域面临的一系列生产问题和社会问题。

　　中国林业科学研究院是国家林业和草原局直属的国家级科研机构，自成立以来，一直承担着我国林业应用基础研究、战略高技术研究和社会重大公益性研究等科学研究工作，还肩负着为林业行业培养高层次拔尖创新人才的重任。在研究生培养模式向内涵式发展转变的背景下，我院积极探索研究生教育教学改革，始终把研究生教材建设作为提升研究生培养质量的关键环节。结合我院研究生教育的特色和优势，2015年底，我院启动了研究生教育系列教材的编写工作。在教材的编写过程中，充分发挥林业科研国家队的优势，以林科各专业领域科研和教学骨干为主体，并邀请了多所林业高等学校的专家学者参与，借鉴融合了全国林科专家的智慧，系统梳理和总结了我国林业科研和教学的最新成果。经过广大编写人员的共同努力，该系列教材得以顺利出版。期待该系列教材在研究生培养中发挥重要作用，为提高研究生培养质量做出重大贡献。

中国工程院院士

2018年6月

前　言

　　湿地与人类的生存、繁衍和发展息息相关，与森林、海洋一起并称为全球三大生态系统，是自然界中生物多样性最丰富的生态景观之一，也是人类最重要的生存环境之一。湿地位于水陆交错带，具有独特的水文状况、环境因子、物种组成，在特殊的环境与生物共同作用下，湿地内各种生物组成与其生境间的物质循环和能量流动形成了湿地生态系统的独特属性，并因此发挥着调节气候、净化水质、固碳增汇、涵养水源，以及提供生物栖息地等多种生态系统服务功能，在减缓全球气候变化和调节区域气候方面发挥着举足轻重的作用。

　　湿地生态学主要研究湿地生态系统的结构、过程和功能，是湿地科学最重要的基础学科，是一门新兴的、正在迅速发展和深入开拓的学科，也是现代生态学中内容最丰富、发展最快、影响最广泛的学科之一。目前，随着全球对湿地生态系统重要性认识的加深，国内外关于湿地生态学的学术专著数量在逐渐增加，但是系统阐述湿地生态系统结构、过程、功能及相关研究方法的教材仍然十分缺乏。为此，我们组织十余位具有多年湿地生态学教学和研究经验的学者编写了这本教材。

　　本教材是编写团队对湿地生态系统理论研究和教学实践的总结。教材编写以经典理论和案例为基础，平衡学术严谨性与内容可读性，内容涵盖湿地概念和类型、湿地生态学基础理论，湿地生态系统结构与功能，湿地水文、土壤与物质循环，生物多样性，湿地生态系统服务及价值评价，湿地生态系统定位观测，湿地恢复，湿地与气候变化，人工处理湿地等核心内容，旨在帮助学生建立湿地生态学的基本概念框架，理解湿地生态系统的结构与功能，掌握湿地保护与管理的基本原理，同时为生态学相关领域的科研人员、工作人员提供参考。

　　本教材是全体编写人员集体智慧的结晶。全书共分9章，编写人员具体分工如下：第1章由崔丽娟、李晶和张曼胤负责编写；第2章和第6章由崔丽娟和张曼胤负责编写；第3章由赵欣胜、王金枝和邵学新负责编写；第4章由宁宇、刘刚和辛琨负责编写；第5章由崔丽娟、雷茵茹、刘魏魏和李晶负责编写；第7章由崔丽娟、张曼胤和刘魏魏负责编写；第8章由康晓明负责编写；第9章由崔丽娟、雷茵茹和李伟负责编写。全书最后由崔丽娟、李伟和雷茵茹统稿，并由崔丽娟定稿。

　　在本教材编写和出版过程中，中国林业科学研究院研究生部等单位给予了大力支持，中国林业出版社范立鹏编辑对书稿进行了细致的编辑，在此表示衷心的感谢！

编　者

2024 年 12 月

目　录

第 1 章

绪　论

1.1　湿地概念和类型

1.1.1　湿地的概念和定义

1.1.1.1　湿地的概念

湿地(wetland)寓意为潮湿的土地。持续的水淹导致土壤以无氧过程为主,从而迫使生物特别是有根植物对水淹环境产生适应。湿地形成于陆地与水域之间,兼有两者的特性。虽然不同的湿地类型在结构和组成上千差万别,但是它们具有被水淹没的共同特征,这个共同特征体现在湿地土壤的生物化学过程和生物的适应。美国鱼类和野生动物管理局(United States Fish and Wildlife Service,FWS)1956 年首次将湿地定义为:被浅水和暂时性或间歇性积水所覆盖的低地,包括各种类型的沼泽、湿草地、浅水湖泊,但不包括河流、水库和深水湖。因此,湿地不仅包括湿润的土地,也包括周期性淹水和永久性淹水的土地。

1.1.1.2　《湿地公约》对于湿地的定义

1971 年,由苏联、加拿大、澳大利亚、英国等 36 个国家在伊朗拉姆萨尔签署的《关于特别是作为水禽栖息地的国际重要湿地公约》(简称《湿地公约》)从广义的角度给出了湿地的定义:湿地系指天然或人工的、永久性或暂时性的沼泽地、泥炭地和水域,有静止或流动、淡水或咸水水体,包括低潮时水深低于 6 m 的海域。此外,湿地可以包括与湿地毗邻的河岸和海岸地区,以及位于湿地内的岛屿,特别是作为水禽生境的岛屿或水域。因此,所有季节性或常年积水地带,包括沼泽、泥炭地、湿草甸、湖泊、河流、洪泛平原、河口三角洲、滩涂、珊瑚礁、红树林、盐沼以及水稻田、鱼塘、盐田、水库和运河等,均属于湿地范畴。《湿地公约》对于湿地的定义在世界范围受到湿地保护和管理领域人士的普遍认同,该定义的优点是把水体与岸带作为一个整体,便于对湿地进行管理,并且用水深作为指标划定了滨海湿地生态系统与海洋生态系统的界限。

1.1.2　湿地的类型

参照《湿地分类》(GB/T 24708—2009)，综合考虑湿地成因、地貌类型、水文特征以及植被类型将湿地生态系统进行分类。按成因，湿地生态系统可以分为自然湿地和人工湿地两大类，自然湿地按照地貌类型可以分为沼泽湿地、湖泊湿地、河流湿地和滨海湿地，且自然湿地还可按照湿地水文特征进行分类，如淹没时间、水体咸淡程度、湿地水源等特征因子，一些较为复杂的湿地类型还可采用植被形态特征和基质性质进行分类。人工湿地则按照主要功能用途进行分类。

(1)沼泽湿地

沼泽湿地是指土壤经常为水饱和，地表长期或暂时积水，生长湿生和沼生植物，有泥炭累积或虽无泥炭累积但有潜育层存在的区域。沼泽湿地面积占全球湿地面积的76%(全球气候变化，2004)。

按沼泽发育过程的不同阶段进行分类可划分为高位沼泽、中位沼泽、低位沼泽，从低位到高位的这一模式主要适用于北方寒温带条件下沼泽的发育过程，所以此分类方式在西欧和北欧得到了广泛的应用。它们的发育条件和发育过程因水体营养状态而异。低位泥炭沼泽是在有富营养水(地表水、地下水)补给的地方发育形成，高位泥炭沼泽是在由贫营养水(大气降水)补给的地方发育形成，这一分类至今仍被广泛应用。除此之外，按照营养状况可将沼泽划分为富营养沼泽、中营养沼泽、贫营养沼泽，此分类与低位沼泽、中位沼泽、高位沼泽相对应。对世界各地而言，沼泽发育有多种模式，有长期处于低位发育阶段的沼泽，也有直接进入高位发育阶段的沼泽。

沼泽类型的差异和变化是水文、地貌、土壤、植被等多种因素相互作用的结果，因此，湿地生态学家综合上述因素提出了更详细的沼泽分类。在低位沼泽(富营养沼泽)、中位沼泽(中营养沼泽)、高位沼泽(贫营养沼泽)的分类体系下，根据植物组成划分为森林沼泽、草本沼泽、苔藓沼泽、灌丛沼泽、沼泽化草甸、内陆盐沼等亚类。

①森林沼泽。以乔木植物为优势群落的淡水沼泽，常见植物有落羽杉(*Taxodium distichum*)、冷杉(*Abies fabri*)、水松(*Glyptostrobus pensilis*)、水杉(*Metasequoia glyptostroboides*)等，郁闭度≥0.2，一般在泥炭或潜育层发育。

②草本沼泽。以草本植物为优势群落的淡水沼泽，包括莎草(*Cyperus rotundus*)沼泽、禾草沼泽，植被盖度≥30%，有泥炭或潜育层发育，多发生在河漫滩、阶地、湖滨及沟谷的林间草地，是我国面积最大的沼泽类型。

③藓类沼泽。以苔藓植物为优势群落的沼泽，植被盖度为100%，有的形成藓丘，伴生少量灌木和草本，一般在薄层泥炭发育。藓类沼泽湿地没有明显的地表水和地下水流入、流出，由酸性泥炭沉积物形成，其上生长喜酸植物。

④灌丛沼泽。以灌丛植物为优势群落的淡水沼泽，常见植物有白桦(*Betula platyphylla*)、旱柳(*Salix matsudana*)、蒿柳(*Salix schwerinii*)等，植被盖度≥30%，一般无泥炭堆积。

⑤沼泽化草甸。为典型草甸向沼泽植被的过渡类型，主要由适应过湿的物种组成，其中莎草科植物占主要地位，多发生在河湖滩地、由季节性或临时性积水而引起的沼

泽化湿地，无泥炭堆积。

⑥内陆盐沼。受盐水影响，地表过湿或季节性积水、土壤盐渍化并长有盐生植物的沼泽，以一年生或多年生盐生植物为主，如盐角草（*Salicornia europaea*）、柽柳（*Tamarix chinensis*）、碱蓬（*Suaeda glauca*）、碱茅（*Puccinellia distans*）、赖草（*Leymus secalinus*）、獐毛（*Aeluropus sinensis*）等，植被盖度≥30%，水含盐量达0.6%以上，一般无泥炭形成。

不同沼泽类型有不同的英文表述，如"marsh"是指持续或阶段性淹水，以各种草类和一些湿生植物为主，缺少泥炭积累的沼泽，可称为草本沼泽。"swamp"是指持续或阶段性淹水，以乔木或灌木为建群植物的沼泽，可称为木本沼泽或森林沼泽。"fen"是指由地下水和地表径流补给，有泥炭积累并以草本或藓类植物为优势植物的沼泽。"bog"是指由大气降水补给，以泥炭藓为优势植物，有泥炭积累的贫营养沼泽。"wet meadow"是指湿草甸或沼泽化草甸，季节性积水或土壤过湿，无泥炭积累。"mire"泛指正在形成泥炭的沼泽或有泥炭积累的所有沼泽，可称为植物泥炭沼泽。

（2）湖泊湿地

湖泊湿地是由地面上大小形状不一、充满水体的自然洼地组成的，包括暂时或长期覆水的低地以及湖泊水体本身，被赋予湖、池、荡、漾、泡、海、错、淀、洼、潭、泊等各种名称。根据初级生产者的不同，可以将湖泊湿地分为两类：草型湖泊湿地和藻型湖泊湿地。草型湖泊湿地的植被以水生植物为主，包括沉水植物、漂浮植物和挺水植物。一般来说，草型湖泊的水质较好，因为沉水植物对水体透明度要求高，当水体中的藻类或泥沙含量过高时会抑制沉水植物的生长。过度的人为活动会导致水体中营养物质浓度过高，从而导致水体中浮游植物大量繁殖，可能致使水域发生水华，这种类型的湖泊称为藻型湖泊。湖泊湿地是一类广泛存在的湿地类型，按照水体特征可细分为：

①永久性淡水湖。面积大于8 hm²，由淡水组成的、具有常年积水的湖泊，包括大的牛轭湖。如鄱阳湖、洞庭湖等。

②永久性咸水湖。由微咸水或咸水组成的具有常年积水的湖泊。如我国的青海湖、美国的大盐湖等。

③季节性淡水湖。由淡水组成的季节性或间歇性湖泊，面积大于8 hm²，包括漫滩湖泊。

④季节性咸水湖。由微咸水/咸水/盐水组成的季节性或间歇湖泊。

湖泊湿地根据湖泊沼泽化的不同途径可归纳为如下类型：

①水生、沼生植物带状入侵型。这种沼泽化过程发生在湖水较浅、湖岸平缓、由岸边向湖中心渐渐倾斜的浅水条件下，植物随着湖水深度的变化形成不同的植物群落，呈带状分布。湖心的水较深，在水底淤泥上分布着沉水植物带。沉水植物的特点是，植物根茎生于淤泥中整个植株沉在水下，具有发达的通气组织进行气体交换，如黑藻属（*Hydrilla*）、苦草属（*Vallisneria*）、狐尾藻属（*Myriophyllum*）、金鱼藻属（*Ceratophyllum*）及眼子菜属（*Potamogeton*）植物等。趋向湖岸的水较浅，生长着浮叶植物。浮叶植物是指叶浮于水面，根长在水底土中的植物，包括根和茎扎于淤泥中、叶和花挺出水面的挺水植物类群，如睡莲（*Nymphaea tetragona*）和荇菜（*Nymphoides peltata*）等。在湖岸的浅水处，生长

着挺水植物，其特点是植物茎的上半部挺立于水面之上，茎的下半部浸于水中，根扎于淤泥中，如芦苇（*Phragmites australis*）、香蒲（*Typha orientalis*）、水葱（*Scirpus validus*）等。各植物带的植物死亡后，其遗体在水下缺氧条件下得不到彻底的分解形成泥炭，经过长时间的积累，从而使湖泊变浅，植物带也会逐渐向湖心迁移，这种沼泽化过程可称为水生沼泽植物带状入侵型。

②沼生植物"浮毯"蔓延型。这种沼泽化过程是在湖岸较陡、湖水较深，湖水微弱波动的条件下发生的。它通常发生在风平浪静的湖岸水面上，生长着漂筏薹草（*Carex pseudocuraica*）、毛薹草（*Carex lasiocarpa*）、睡菜（*Menyanthes trifoliata*）及沼委陵菜（*Comarum palustre*）等植物。这些植物的根长在湖岸的土中，其根状茎向湖水蔓延、漂浮纵横交错，密织成网状，形成较厚的毯状物，称为"浮毯"。这种沼泽化过程为"浮毯"蔓延型沼泽化，即陡岸湖沼泽化。在我国，沼泽植物"浮毯"蔓延沼泽化有湖泊一侧"浮毯"蔓延沼泽化，在以黑龙江小兴安岭都鲁河中游的湖泊群区较为典型；有湖岸周边的"浮毯"沼泽蔓延化，一般发生在面积较小的火山湖和牛轭湖。

（3）河流湿地

河流湿地位于江、河、溪流等自然形成的线性水域内、暂时或长期覆水的河段，以及河流弯曲处、河流与陆地交接处的生态交错区域，定期受到洪水泛滥，其环境因子、生态过程和植物群落有着明显的梯度变化。其分类包括：

①永久性河流。常年有水流经的河流，仅包括河床部分。

②季节性或间歇性河流。一年中只有季节性（雨季）或间歇性有水流经的河流。

③洪泛湿地。在丰水季节由洪水泛滥形成的河滩，季节性泛滥的草地以及保持常年或季节性被水浸润的内陆三角洲。

④喀斯特溶洞湿地。喀斯特地貌下形成的溶洞集水区或地下河。

河流湿地生态系统具有 3 个主要特征：一般具有顺延河流形态的线形外形；从周围环境汇集或流通至河流湿地的能量和物质比其他类型湿地多；河流湿地生态系统具有连接上下游以及陆地和水域的双重功能。

河流沼泽化的形式与湖泊沼泽化相似，有的河流沼泽化过程是从水面上生长密集的漂浮植物开始，有的是从河岸浅水处生长挺水植物、漂浮植物开始，呈带状出现的河流沼泽化。河流沼泽化容易受到人为干扰而中断。

（4）滨海湿地

滨海湿地是指陆地生态系统和海洋生态系统的交错过渡地带。主要是指低潮时水深不足 6 m 的水域及其沿岸浸湿地带，包括永久性水域、潮间带（或洪泛地带）和沿海低洼地带。滨海湿地的下限为大型海藻的生长区外缘，上限为大潮线之上与内河流域相连的淡水或半咸水湖沼以及海水上溯未能抵达的入海河的河段，包括河口、浅海、海滩、盐滩、潮滩、潮沟、泥炭沼泽、沙坝、沙洲、潟湖、海湾、海堤、海岛等。由于海陆交互作用的复杂性，所形成的滨海湿地类型间不仅植被类型有所差异而且在水文特征、沉积物类型上也有显著不同。

在兼顾植被特征和底部基质特征的基础上可将滨海湿地分为：

①浅海水域。底部基质为无机物组成，低潮时水深不超过 6 m 的永久水域，植被盖度<30%的区域。包括海湾、海峡、海滨。

②潮下水生层。底部基质为有机物组成，海洋低潮线以下，植被盖度≥30%的区域。包括海草床、热带海洋草地等。

③珊瑚礁。底部基质由珊瑚聚集生长而成的浅海区域。

④岩石性海岸。底部基质75%以上是石头和砾石，植被盖度<30%的硬质海岸，包括岩石性沿海岛屿、海岩峭壁等。

⑤潮间砂石海滩。底部基质以砂砾为主，潮间植被盖度<30%的疏松海滩。

⑥潮间淤泥海滩。底部基质以淤泥为主，潮间植被盖度<30%的泥/沙海滩。

⑦潮间盐沼湿地。在潮间地带形成、植被盖度≥30%的潮间区域。包括盐碱沼泽、盐水草地和海滩盐泽、高位盐水沼泽。

⑧红树林沼泽。以红树植物群落为主的潮间沼泽。

⑨海岸咸水湖。地处滨海区域，有一个或者多个狭窄水道与海相通的湖泊。包括海岸性微咸水、咸水或盐水湖。

⑩海岸淡水湖。起源于海岸性咸水湖，但已与海隔离后演化而成的淡水湖泊。

⑪河口水域。从河流近口段的潮区界(潮差为零)至口外海滨段的淡水舌锋缘之间的永久性水域。

⑫三角洲湿地。河口区由沙岛、沙洲、沙嘴等发育而成的冲积平原，植被盖度<30%。

⑬河口湿地。海水回水上限至海口之间咸淡水河段、沿岸与河漫滩地形成的湿地。位于河流、海洋与陆地的交汇地带，受到径流—潮汐复合作用，沉积—侵蚀过程活跃。

由此可见，除少数潮上带淡水湿地之外，大陆边缘的滨海湿地主要包括上缘为大潮的高潮线、下缘为大潮低潮线之间的潮间带，几乎囊括所有的离岸礁石和珊瑚礁。

(5) 人工湿地

人工湿地是指人工设计和构筑而成的湿地。满足湿地定义中描述的各种特征，同时人为因素作为决定条件的湿地都属于人工湿地的范畴。如水稻田、鱼塘等都属于人工湿地，主要分布在水资源比较丰富的地区，人工湿地一般具备自然湿地特征，例如，淹水、水生植物及水成土等，可分为：

①养殖池塘。以养殖为主要目的的修建的人工湿地，如虾塘、鱼塘。

②池塘。以农业灌溉、农村生活为主要目的修建的蓄水池塘，包括灌溉池塘、小水塘等，面积通常<8 hm^2。

③灌溉土地。以灌溉为主要目的修建的沟、渠，包括灌渠和水稻田。

④季节性泛滥的农田。在丰水季节依靠泛滥能保持湿润状态进行耕作的农地，包括集中化管理或放牧的湿草地或牧场。

⑤盐业用地。为获取盐业资源而修建的晒盐场或盐池，包括盐生洼地、盐田等。

⑥蓄水用地。以蓄水和发电为主要功能而建造的，包括水库、河堰、水坝、库区，面积通常≥8 hm^2。

⑦低洼地。由于开采而形成的矿坑、挖掘场所蓄水或者塌陷积水形成的湿地，包括砾石/砖块/泥土洼地，矿区池塘。

⑧废水处理区。为污水处理而建成污水处理场所，包括污水处理池、沉淀池、氧化塘等。

⑨城市人工湿地景观水面和娱乐水面。在城镇、公园为美化环境、景观需要、居民休闲、娱乐而建成的各类人工湖、池、河等人工湿地。

人工处理湿地(constructed wetland，CW)是由人工建造和控制运行的湿地类型，指在自然或半自然净化系统的基础上人为地将石、砂、土壤等介质按一定比例构成的，且底部封闭并有选择性种植水生植被的水处理生态系统(崔丽娟等，2010)。人工处理湿地常被用于农业污水、工业废水、垃圾渗滤液等水体的净化，人工处理湿地对水体中各种污染物的去除依赖于湿地生态系统内部各种物理、化学和生物反应的协同作用。根据径流方向，人工处理湿地分为表流湿地和潜流湿地。表流湿地一般水力负荷较小，对污水的净化效果易受温度、太阳辐射降水等环境条件的影响。潜流湿地中的污水在人工湿地的基质表层以下流动，主要依靠基质的过滤及基质表面生物膜的吸附、降解作用进行净化，由于水流在地表下流动保温性能好，处理效果受温度影响较小。与传统水处理方式相比，人工处理湿地建设具有投资低、运行费用少、耗能低且管理水平要求不高等优点，被广泛用来处理生活污水、工业废水、暴雨径流、富营养化水体等，但该处理方式也存在占地面积较大、效率不高等不足，限制了其应用。

1.1.3　湿地资源概况

(1)全球湿地资源

从全球范围来看，北半球的湿地面积大于南半球。在北半球，湿地主要分布在欧亚大陆和北美洲的亚北极带、寒带和温带地区；南半球的湿地主要分布在热带和部分温带地区。各大洲的湿地面积分布也不均衡：亚洲湿地面积居世界首位，占全球湿地面积的31.8%；其次是北美洲和拉丁美洲，分别占全球湿地面积的27.1%和15.8%；最后是欧洲、非洲和大洋洲，分别占全球湿地面积的12.5%、9.9%和2.9%(Ramsar Convention Secretariat，2018)。

不同类型的湿地在全球分布情况也各不相同。全球湿地中大约有93%位于内陆系统，只有7%的湿地位于滨海区域(Ramsar Convention Secretariat，2018)。全球约有$4×10^8$ hm^2的泥炭地(王铭等，2013)，约占全球陆地面积的3%(United Nations Environment Programme，2022)；全球草本沼泽面积约$2\,700×10^4$ hm^2(崔丽娟，2012)，湖泊面积约$205.87×10^4$ hm^2(孙鸿烈，2000)。全球人工湿地面积较少，库塘类湿地面积约$30×10^4$ hm^2，水稻田面积约$130×10^4$ hm^2(Ramsar Convention Secretariat，2018)。

(2)我国湿地资源

我国湿地总面积居亚洲第一位、世界第四位。根据第三次全国国土调查及2020年度全国国土变更调查结果，全国湿地面积约$5\,634.93×10^4$ hm^2。我国现状红树林地$2.71×10^4$ hm^2，占0.05%；森林沼泽$220.76×10^4$ hm^2，占3.92%；灌丛沼泽$75.48×10^4$ hm^2，占1.34%；沼泽草地$1\,113.91×10^4$ hm^2，占19.77%；沿海滩涂$150.97×10^4$ hm^2，占2.68%；内陆滩涂$607.21×10^4$ hm^2，占10.77%；沼泽地$193.64×10^4$ hm^2，占3.44%；河流水面$882.98×10^4$ hm^2，占15.67%；湖泊水面$827.99×10^4$ hm^2，占14.69%；水库水面$339.35×10^4$ hm^2，占6.02%；坑塘水面$456.54×10^4$ hm^2，占8.10%；沟渠351.71×

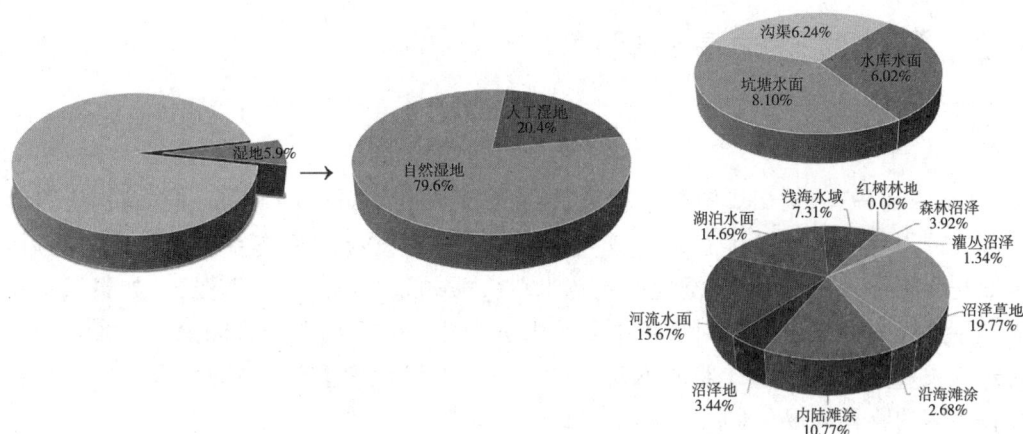

图 1-1 湿地率及湿地类型所占比例

$10^4 \ hm^2$，占 6.24%。浅海水域 411.68×$10^4 \ hm^2$，占 7.31%（图 1-1）。

我国湿地分布广泛，但是有着明显的地域差异，东部湿地资源远大于西部。东部湿地面积约占全国湿地总面积的 3/4，以河流、沼泽、滨海湿地为主；而西部干旱区湿地面积仅占全国的 1/4，以湖泊、沼泽为主，并且大多分布于高原与山地。在我国东部，湿地资源呈现北多南少的特征，其中东北部地区沼泽较多，主要集中于东北山地和平原，占全国天然湿地面积的一半左右；西部的湿地资源则是南多北少。位于我国西南部的青藏高原具有世界海拔最高的大面积高原沼泽、咸水湖和盐湖，湿地面积仅次于东北地区，约占全国天然湿地面积的 20%。

全国湖泊水面面积在 $100 \ hm^2$ 以上的天然湖泊有 2 800 多个，总面积约 8 070×$10^4 \ hm^2$（中国科学院南京地理与湖泊研究所，2023），其中 $10×10^4 \ hm^2$ 以上的大湖有 10 个，湖泊总水量约 $1×10^8 m^3$。主要分布在长江及淮河中下游、黄河及海河下游和大运河沿岸，东北平原与山地，内蒙古、新疆等高原地区，云贵高原地区和青藏高原地区。

全国流域面积在 $1×10^4 \ hm^2$ 以上的河流有 50 000 多条（中国大百科全书出版社，1993），流域面积在 $1 \ 000 \ hm^2$ 以上的河流约 1 500 条。绝大多数河流分布在东部气候湿润多雨的季风区，西北内陆气候干旱少雨，河流较少，并有大面积的无流区。

我国沼泽湿地主要分布在东北的三江平原、大小兴安岭、长白山地、辽河三角洲、青藏高原的南部及其东部的若尔盖高原、长江与黄河的河源区、河湖洪泛区等。其中，山区多为木本沼泽，平原多为草本沼泽。

滨海湿地主要分布于沿海的 11 个省（自治区、直辖市）和港、澳、台地区。海域沿岸约有 1 500 条大中河流入海，形成浅海滩涂生态系统、河口湾生态系统、海岸湿地生态系统、红树林生态系统、珊瑚礁生态系统、海岛生态系统 6 类。以杭州湾为界，以北多为沙质和淤泥质海滩，由环渤海滨海和江苏滨海湿地组成；以南以岩石性海滩为主。

稻田在我国广泛分布于亚热带与热带地区，淮河以南广大地区的稻田约占全国稻田总面积的 90%。库坝湿地多分布于江河的中上游地区，截至 2022 年，全国大中型水库 4 700 座，蓄水总量 9 300×$10^8 m^3$。全国沟渠湿地主要集中在平原灌溉区。

1.2　湿地生态学基础理论

1.2.1　中度干扰假说

Connell(1978)提出了中度干扰假说(intermediate disturbance hypothesis)，认为中等程度的干扰能够维持生态系统较高的生物多样性。湿地生态系统在一次干扰后，少数先锋物种入侵[如滨海湿地的互花米草(*Spartina alterniflora*)入侵]，如果干扰频繁，则先锋物种不能发展到演替中期，则多样性较低；如果干扰间隔期很长，使演替过程发展到顶极，多样性也不高；只有中等干扰程度能使多样性维持最高水平，允许更多的物种入侵和定居。

中度干扰假说基于一个非平衡模型，用来描述干扰和物种多样性之间的关系。中度干扰假说基于以下前提：第一，干扰对干扰区域内的物种丰富度有重大影响。第二，种间竞争源于一个物种驱使竞争对手走向灭绝，并在生态系统中占据主导地位。第三，适度的干扰会阻止种间竞争。干扰通过对资源的有效性产生作用，影响不同生活史物种对资源的竞争或分享，从而引起群落的非平衡特性；受到中度干扰的湿地物种丰富度较高，是由于中度干扰有助于形成斑块景观，从而有利于湿地动植物的生长和物种的进化(陈利顶等，2004)。

中度干扰假说在湿地恢复领域有重要应用价值。要保护湿地生物多样性，就不能完全排除干扰。实际上，适度干扰可能是增加湿地生物多样性的最有力手段之一。有学者曾利用底质为砾石的潮间带进行实验研究，对中度干扰假说加以了证明(Sousa，1979)。潮间带经常受波浪干扰，较小的砾石受到波浪干扰而移动的频率明显比较大的砾石频繁，因此砾石的大小可以作为受干扰频率的指标。研究者通过刮掉砾石表面的藻类生物，为海藻的再生殖提供了空间。结果发现，较小的砾石只能支持群落早期出现的绿藻和藤壶，平均每块砾石1.7种；大砾石的优势种是演替后期的红藻，平均2.5种；中等大小的砾石则支持最多样的藻类群落，平均3.7种，该结果充分说明了中度的波浪干扰能够增加藻类的生物多样性。项珍龙(2017)在浑太河流域湿地生态系统中，选取电导率、总溶解固体、氯离子含量、氨氮含量、总氮含量、硬度和高锰酸盐指数等水环境理化因子与藻类、鱼类的多样性指数进行拟合分析，发现环境因子与生物Shannon-Wiener多样性指数显著相关，且呈现典型的单峰曲线，符合中度干扰假说。湿地环境干扰体系的时空尺度比较复杂，这一理论应用的难点在于如何确定中度干扰的强度、频率和持续时间(图1-2)。

1.2.2　演替理论

生态系统的演替历来是生态学研究的热点问题，生态系统随着时间的推移而发生的有规律的变化，一个群落被另一个群落所取代，植物群落演替主要表现为不同物种间的相互替代以及由此产生的植物群落在组成结构和功能等方面的变化。这些变化与植物对不同演替阶段环境的适应机制密切相关，因此，研究群落不同演替阶段的群落结构、物种多样性以及不同演替阶段的土壤理化性质的差异，从而得到群落演替的动

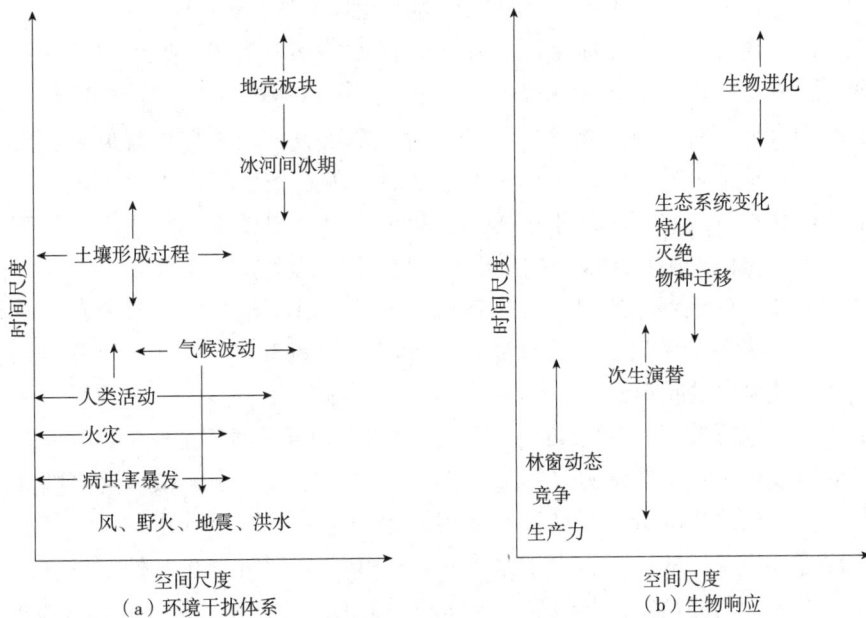

图 1-2 环境干扰体系和生物响应的时空尺度

力以及发展方向，对于揭示生态系统的演替内在机制具有重要意义。

演替的概念主要是由植物学家 Warming（1909）和 Cowles（1901）提出的。而最早的和最经典的演替理论则是由克莱门茨提出来的（Clements，1916；1936），他认为群落是一个高度整合的超有机体，通过演替，群落只能发展为一个单一的顶极群落，演替的动力仅是生物之间的相互作用，最早定居的动物和植物改造了环境，从而更有利于新侵入的生物，这种情况持续发生，直到顶极群落形成为止。该理论有一个重要前提条件：物种之所以相互取代是因为在演替的每一个阶段，物种都把环境改造的对自身越来越不利而对其他物种越适宜定居。因此，演替是一个有序的、有一定方向的和可以预见的过程，该理论又称为促进作用理论。

演替的第二个重要理论是由 Egler（1954）提出的抑制作用理论。他认为，演替具有很强的异源性，因为在任何地点的演替都取决于谁首先到达那里。物种取代不是有序的，因为每一个物种都试图排挤和压制任何新来的定居者，使演替带有很强的个体性，又由于演替并不总是朝着气候顶极群落的方向发展，演替也就更加难以预测。该理论认为没有一个物种会对其他物种占有竞争优势，首先定居的物种不管是谁，都将面临所有后来者的挑战。演替通常是由短命物种发展为长寿物种，但这不是一个有序的取代过程。

演替的第三个重要理论是由 Connell 和 Slatyer 提出的忍耐作用理论。该理论认为，早期演替物种的存在并不重要，任何物种都可以开始演替（Connell，1978；Slatyer，1978）。某些物种可能有竞争优势，这些物种最终在顶极群落中有可能占据支配地位，较能忍受有限资源的物种会取代其他物种，演替是靠这些物种的入侵或原来定居物种逐渐减少而进行的，主要决定于初始条件。以上 3 种演替理论的重要区别在于物种取代的机制不同，在克莱门茨的经典理论中，物种取代是受前一个演替阶段所促进的。在抑制作用理论中，物种取代则受到已定居物种的抑制，直到这些定居物种受到损害或死亡为止。在忍耐作用理论中，物种取代则不受现存物种的影响。

湿地生态系统的演替存在原生演替和次生演替等多种模式。原生演替是在起初没有生命的地方发生的演替，如在从来没有生长过任何植物的裸地、裸岩或沙丘上开始的演替；而如果原来有湿地生物群落存在，后来由于各种原因，原有群落消亡或受到严重破坏，在这些地方发生的演替称为次生演替，如在发生过火灾的芦苇沼泽地或过度砍伐后的红树林湿地、弃耕的水稻田上开始的演替。以淡水湖泊为例，演替从湖底裸地开始，首先是漂浮植物阶段，主要表现为有机物的沉积，湖底逐渐抬高，随后进入沉水植物阶段，构成湖底裸地上的先锋植物群落，沉水植物的生长使湖底有机物的积累加快，进一步抬升湖底；随着湖底抬高，浮叶植物出现，这些植物死亡后，分解较为缓慢，加速湖底的抬升过程；之后开始出现挺水植物和湿生草本植物，最后出现灌木和乔木，逐渐形成森林(图 1-3)。滨海湿地的生物群落演替也非常显著，淤泥质滨海湿地是演替发生最迅速的地方。由泥沙形成的底质很容易在波浪、潮流的共同作用下发生位移，从而改变潮滩高程和淹没周期，植被是演替过程的指示者，其组成和分布受到水深等环境条件的影响。由于滩涂在不断增高的同时也在向外拓展，因此潮滩上随着高程发生变化的植物群落包含了时间序列上的演替过程。例如，辽河口湿地和黄河口湿地为例，由于土壤类型、盐分和水分等在时间和空间分布的差异，植物群落演替从光滩开始，逐渐出现耐盐的盐地碱蓬，进而随着植物覆盖度增加，凋落物增加，盐度降低逐渐出现芦苇等草本植物，随地势进一步升高出现柽柳等灌木植物。而在崇明东滩及九段沙等区域，从海向陆方向依次为互花米草、海三棱藨草(*Scirpus mariqueter*)和芦苇，均呈现带状分布。红树林湿地中白骨壤和桐花树是我国沿海红树林的先锋物种，能够适应较低的高程和较长的淹水时间，随着淤积增加，秋茄树—桐花树群落逐步取代先锋物种，成为红树林的主要组成部分，覆盖的高程范围也较广。滨海湿地自然演替的速率和方向都是变化的，其受到的主要影响还有两大类：一类是促进滨海湿地向陆地方向演替(即导致滩涂淤积)的各种因素，包括一定数量甚至不断增加的来水来沙、植被扩展等；另一类是导致滨海湿地向海洋方向演替(即导致滩涂侵蚀)的各种因素，如海平面上升、台风及风暴潮等。

演替是多层次现象，可以体现在种群、群落、生态系统甚至景观水平上，多尺度上的干扰可以深刻影响演替过程和格局，从而产生时间上和空间上的缀块镶嵌结构。对生态演替理论的理解不仅有助于自然湿地生态系统和人工湿地生态系统的有效保护和管理，而且有助于退化湿地恢复与重建。在湿地恢复时，应根据湿地生态系统演替方向、演替速率和演替阶段合理设计恢复方案。

目前，湿地生态学的演替理论存在一些难点，包括湿地的演替受到多种因素(如水

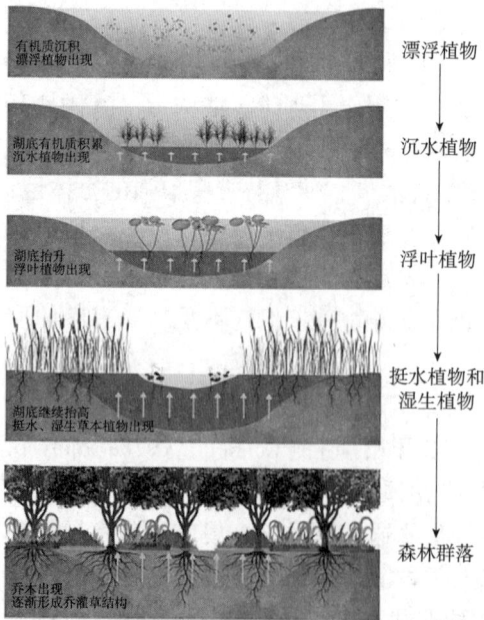

图 1-3　湖泊植被演替

文、土壤、气候和人为干预)共同作用,呈现显著的非线性和不确定性,难以通过传统理论精确预测其发展路径。湿地生态系统边界的动态变化使得演替的空间尺度难以界定,特别是在河流湿地或沿海湿地等受到水文强烈影响的区域。演替研究需要长期生态监测数据,但目前许多湿地的监测时间较短,缺乏关键阶段的数据,限制了对演替规律的深入理解。

1.2.3 多样性—稳定性理论

多样性—稳定性理论在 20 世纪 50 年代由 Odum 和 MacArthur 等人正式提出,即生物多样性和稳定性之间存在联系,高生物多样性通常伴随着生态系统中更高的稳定性(MacArthur, 1955)。稳定性在生态学中有广泛的定义,生态系统的稳定性(ecosystem stability)是指生态系统抵抗外界环境变化、干扰和保持系统平衡的能力。它不仅与生态系统的结构、功能和进化特征有关,而且与外界干扰的强度和特征有关,Pimm(1983)给出了 45 个评估稳定性的变量,其中常见的变量包括抵抗力、恢复力、持久性和变异性。抵抗力和恢复力是从系统抵抗变化的角度考虑,持久性和变异性则是从系统内部动态的角度考虑。

目前的研究多用抵抗力和恢复力两个指标进行度量(贺纪正等,2013;李晶等,2013)。生态系统稳定性理论模式如图 1-4 所示。图 1-4 中,生态系统受到干扰后,生态系统功能或生物种群因抵抗干扰而表现的瞬时反应称为抵抗力;随时间变化,功能或种群能够恢复至原来状态的能力称为恢复力;图中的小球代表生态系统的状态,当干扰强度在一定的阈值范围内,生态系统可以通过自我调节保持动态平衡;一旦干扰强度达到临界点,生态系统就会打破原有的平衡状态而进入另一个状态,并逐渐达到新的平衡(Griffiths et al., 2013)。

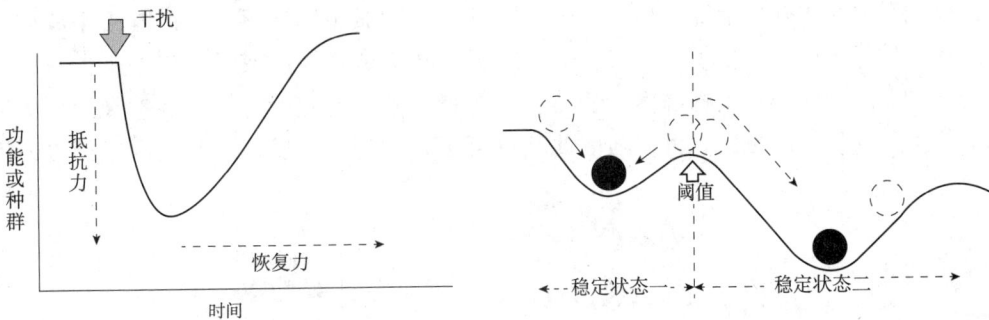

图 1-4 生态系统稳定性模式
(Griffiths et al., 2013)

早期的多样性—稳定性理论多在陆地生态系统中开展。例如,Tilman et al. (2006)在草地实验中发现生物多样性与稳定性的正相互作用。近十几年来,逐渐开始在湿地生态系统开展多样性—稳定性的研究,如鄱阳湖湿地,以线虫为主的底栖动物群落稳定性较高,由于线虫有体型小、生活周期短、生长速度快等特点,当群落受到较大干扰时,能以较快的速度恢复,因此具有较高的稳定性。相比之下,以大型软体动物为主的群落一旦受干扰将很难快速恢复,稳定性较低(夏迎等,2024)。在黄河三角洲湿地,随退化湿地恢复年限的增加,植物群落优势种发生改变,其耐盐性逐渐降低,物种多样性指数不断增大，来自植物群落的多样化资源供应也会刺激土壤微生物的活动，促进多种胞外酶的产生、加速土壤速效养分的释放，进一步促进更多物种的定植。植物多样性增加不仅为动物提供了多样化的食物来源与栖息场所，还可以通过互补效应、选择效应、异步效应以及安全组合效应等提高湿地生物群落稳定性（张奇奇等，2024）。这些实验对已有的理论进行检测的同时为新理论的提出奠定了实验基础。此外，许多学者还采用数学模型研究生物多样性与稳定性的关系（Otto，2007；Loreau，2010；Fowler，2012；de Mazancourt，2013）。

在微生物研究领域，Ratzke et al.（2020）通过研究实验室条件下的微生物生态系统的变化发现，生物之间的相互作用强度同时对生物多样性和稳定性产生了负面影响。张瑞福团队研究了细菌系统发育多样性对土壤微生物功能特性和稳定性的影响，发现具有较高生物多样性的微生物群落对扰动的抵抗力更强（Xun et al.，2021）。Wagg et al.（2021）通过实验量化了土壤真菌和细菌群落对与生物地球化学循环有关的4个关键生态系统功能稳定性的贡献，发现微生物多样性增强了所有生态系统功能的稳定性，提出必须保护土壤生物多样性，以维持土壤向社会提供的多种生态系统功能。上述理论和实验表明，生物多样性和生态系统功能稳定性之间确实存在联系，通常随着生物多样性的提高，生态系统功能稳定性增强。

图1-5为湿地微生物系统适应环境干扰的概念模型。经历外界干扰后，初始稳定的微生物群落为适应变化的环境而做出相应改变，其中高抵抗力高恢复力类群（以▲表示）经历外界干扰的刺激数量增多，以维持该微生物群落正常执行各项功能；高抵抗力低恢复力类群（以△表示）抗干扰的能力强因此数量保持不变，属于相对稳定的类群；低抵抗力高恢复力类群（以○表示）抗干扰的能力较弱而数量下降；低抵抗力低恢复力类群（以●表示）更加不适应变化的环境而数量骤减。经历一段时间后，胁迫下的微生物群落逐渐适应了外界干扰而形成了一个新的稳定的微生物群落，在该群落中▲数量最多成为优势种，它替代了部分因不适应外界干扰而数量下降或者消失的类群执行正常的功能而维持整个微生物群落的稳定；△维持原有的稳定状态；○虽然经历了短暂的数量下降过程但因其恢复力较强因此又恢复至初始群落的状态；●则由于极度不适

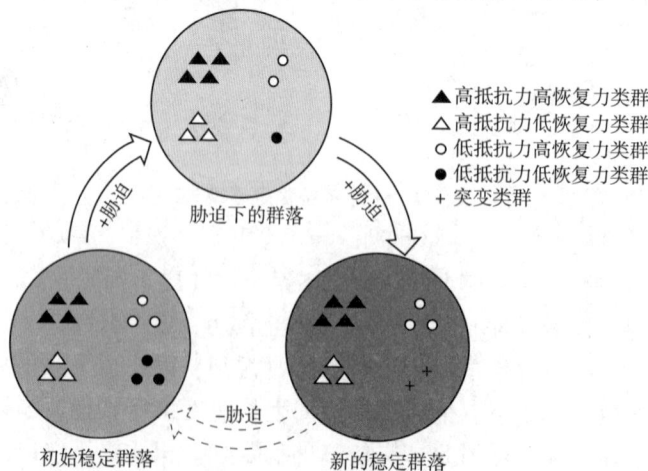

图1-5　湿地微生物群落对环境干扰的适应性

应外界干扰而被淘汰被新的突变类群(以+表示)所替代。当外界干扰消除后，新的稳定的微生物群落有可能再次回到初始群落的状态。

1.2.4 自组织理论

自组织理论也是解释生态系统稳定性的重要支撑。自组织指系统的自我组织发展。Haken(2006)将系统的发展分为他组织与自组织。当系统依靠外界的指令(如指向性外力)而排列成有序结构时，这一结构称为他组织结构；而当系统不依靠外界的指令而只是消耗外界输入的能量(如进食)，系统内部组分相互协同以使系统从无序变为有序结构时，这一结构称为自组织结构(Camazine，2001)。自组织研究的核心内容之一是"有序"如何从"无序"中自发产生。自组生态系统由于内在的正反馈调节机制，可能驱动系统形成多稳态，也可能提升系统自我维持能力。

最新的研究认为，在河口湿地多重胁迫条件下，先锋植物早期定植的空间扩展过程中，其地上部分可能通过自发形成特定空间格局特征，而地下部分的根茎网络可能形成特定的拓扑结构特征(Huang et al.，2022)。这些结构能够发挥多种重要功能：抵御海浪冲击、缺氧等胁迫；实现养分获取效率最大化；避免过度种内竞争；产生营养级联效应，促进斑块内底栖生物等类群的多样性维持。这种"自下而上"的自组织规律可能主要受到功能性状的调控，如植株高度、纤维素含量(碳氮比)、地上地下分配策略(根冠比)、克隆植物分蘖数等重要性状，能够影响缓解水力冲击胁迫的效率，从而产生不同植株密度、空间结构的自组织格局特征。植被斑块在促进自身维持的同时，通过改变斑块周边水流，增强水力冲击来抑制周边区域的斑块；从而导致斑块形成周期性的规则空间格局。这种自组织过程可能主要受到海陆梯度上的环境分异调控。例如，不同水力胁迫条件下，上述植被斑块受水力增强抑制作用的强度和范围具有明显差别，导致形成不同的斑块空间格局(Zhao et al.，2019)。

在景观尺度上，盐分和沉积物等可能介导长距离相互作用。例如，互花米草能够通过捕获沉积物促进低潮位的沉积过程，导致高程的局部抬升，从而对潮水产生阻抑效应，缩短中潮位的水淹时间和减少盐分输入；其长期积累效应可能导致中潮位土壤盐分下降到适合芦苇生长的阈值，从而显著改变芦苇与碱蓬之间的竞争关系，即具有较强竞争力的芦苇快速占据原先高度盐渍化的中潮位滩地，最终导致碱蓬盐沼系统丧失。这种长距离相互作用可能深刻改变该区域滨海湿地的生态系统稳态和韧性(Wang et al.，2022)。

概括而言，包括河口湿地在内的许多湿地类型在斑块、生境和景观尺度上都可能存在重要的自组织机制，经典理论认为生态系统在稳态转换途径上表现出不同的空间自组织格局，空间自组织格局可能是稳态转换的早期预警信号。最新理论分析表明，生态系统可能通过空间自组织的方式逃离稳态转换，即空间自组织可能是生态系统维持自身功能的重要方式(图1-6)。

1.2.5 洪水脉冲理论

洪水脉冲广义上指水文情势的年周期变化，而狭义的概念指河流在洪水期间水量的骤然涨落。洪水脉冲是河流—洪泛滩区湿地生态系统物质循环、能量流动和信息传

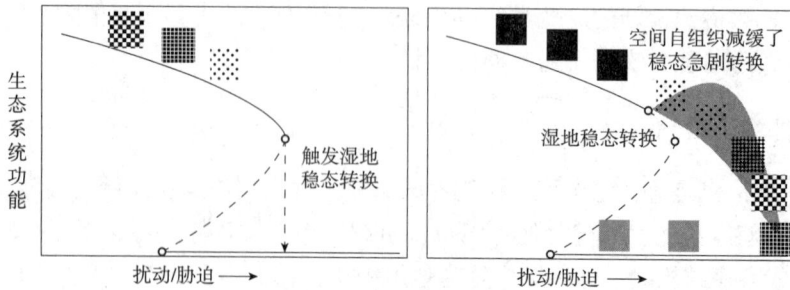

图 1-6　湿地稳态转换示意

递的主要驱动力。在河流—洪泛滩区湿地生态系统中，洪水脉冲直接或间接影响了河流—洪泛滩区湿地系统的水生或陆生生物群落的组成和种群密度，也影响了动物群落内物种的行为。

　　在枯水季节，在水位高程以上主要是沿岸陆生生物群落，主槽中生存着开放水面区生物群落和深水区生物群落，有一个孤立的水塘属于静水区。汛期到来，水位上涨至漫滩水位，水体中的营养物质随水体涌入滩区，之前的水塘与河流连成一体成为动水区，参与物质和能量的交换传输，沿岸陆生生物群落向更高的陆地发展或对淹没产生适应性，开放水面区生物群落有所发展，鱼类进入滩区。水位上涨达到洪峰水位时，河流漫溢范围最大。开放水面区生物群落进一步扩大，深水区生物群落发展到水塘。陆地栖息地被洪水淹没，大量枯枝落叶发生聚积和腐烂；陆生生物迁徙到未淹没地区或对洪水产生适应性；水生生物适应淹没环境或迁徙到滩地；由于营养物质增加和生物物种变化，滩区的食物网结构进行重组，此时初级生产量达到最大。当水位回落，滩区水体携带陆生生物腐殖质进入河流主槽；水陆转换区被陆生生物所占领，鱼类向主槽洄游，大量水鸟产生的营养物质搁浅并汇集成为陆生生物食物网的组成部分；水生生物向相对持久的水塘、湿地迁徙或适应周期性的干旱条件，水塘和湿地这些相对持久性的水体与河流主流逐渐隔离，发展为一种具有特殊物理、化学特征的生物栖息地。

　　洪水脉冲理论是继河流连续统理论、河流水力学理论和营养螺旋理论之后的第四个理论。洪水脉冲理论重点阐述四维河流系统时空尺度中的横向维度，强调周期性洪水脉冲下的河流与其洪泛区系统的横向水力联系对河流及其洪泛区系统进程的重要性，突出河流洪泛区系统的整体性及洪泛区功能的发挥（卢晓宁等，2007）。

　　洪水脉冲理论主要观点如下：

　　①洪水脉冲理论强调周期性的洪水脉冲是河流洪泛区系统进程最主要的驱动力，决定着洪泛区生物区系的存在、生产力和相互作用（Junk et al.，1989）。洪水是自然对河流和滨河生态系统的正常干扰，作为河流洪泛区景观最重要的物理变量，是河流洪泛区湿地系统得以维持的因素之一（National Research Council，1992）。

　　②洪水脉冲理论强调天然的河流洪泛区系统是一个动态统一体，洪泛区是生物多样性研究的热点区域，作为河流系统整体性的组成部分，在生态研究中不能将二者分离。

　　③洪水脉冲理论强调洪泛区系统具有高的生物量，而非河流连续统理论所强调的上游陆源物质输入的重要性。河流洪泛区系统的绝大部分初级和次级生产力都集中在

洪泛区，河流只是水及溶解性物质的传输通道（Junk et al.，1989），与河流相比，洪泛区具有更高的初级生产力。

④洪水脉冲理论认为河流洪泛区系统动静水生境的交替，非河流连续理论所关注的在空间上的变化，而是在时间维度上发生变化。洪水脉冲弱或无洪水脉冲的系统，其进程在空间尺度上的变化可以与具有洪水脉冲的系统在时间尺度上进程的变化相类比。

洪水脉冲对于河漫滩湿地有诸多作用：

①地形塑造方面。洪水泛滥时将河流主河道的泥沙和沉积物带到河漫滩，并通过水流作用侵蚀河漫滩底部，形成羽状地貌，在洪水退去后沉积物堆积下来，河道形态产生一定的变化。虽然地形的改变对原有植被起到了一定的破坏作用，但是洪水也将主河道中丰富的繁殖体带到了河漫滩，形成了在时间和空间上不断变化的河漫滩生态系统。

②加强水循环方面。洪水的漫溢对河漫滩湿地的地表水和地下水的循环和更新有着积极作用，在非汛期失去水力联系的洼地和矿物含量不断增加，水量不断减少的地下水在汛期洪水补充后得到改善，表层土壤的湿度提高，形成良好的水环境和土壤环境。

③维持生境多样性方面。因为洪水的作用，在淹没区内不同水深、不同土壤湿度和质地、不同的营养成分会形成各种各样的生境，不同的生境形成植物群落多种多样的景观镶嵌体。

当前洪水脉冲理论的研究热点集中于洪水脉冲对湿地生态系统功能（如物质循环、生物多样性维持和生态生产力）的影响机制，特别是洪水频率、强度和持续时间如何塑造湿地植被群落、土壤养分动态和水文过程的时空变化。研究难点在于洪水脉冲的非线性和不可预测性，尤其是气候变化和人类活动（如筑坝与河流改道）对洪水脉冲模式的干扰，使得评估其生态效应的复杂性增加。此外，湿地对极端洪水事件的响应及其恢复能力也存在不确定性。未来研究方向包括通过长期监测和生态模型模拟，揭示洪水脉冲的关键生态效应，并探索在湿地恢复与管理中如何利用或模拟自然洪水脉冲，以增强湿地生态系统的功能与稳定性。

1.2.6 "十分之一"定律

"十分之一"定律又称林德曼效率，1941 年，由美国生态学家林德曼（R. L. Lindeman）提出的。研究发现生物量从绿色植物向食草动物、食肉动物等按食物链的顺序在不同营养级上转移时，有稳定的数量级比例关系，从绿色植物开始的能量流动过程中，后一营养级获得的能量约为前一营养级能量的 10%，其余 90% 的能量因呼吸作用或分解作用而以热能的形式散失。如果把这种关系表现在图上，用横坐标表示生物量，在纵坐标上把食物链中各级消费者的数量依次逐级标出，那么，整个图形就像一个金字塔，在生态学中称之为群落中的数量金字塔。

1942 年，他在《生态学的营养动态概说》中指出，生态系统营养动态的基本过程就是能量在生态系统中的转化过程，生态系统内部的生物有机体都要依靠系统外部能量（太阳能）的输入，生态系统中的绿色植物，作为生产者首先通过光合作用吸收太阳能，因此，生产者是生态系统的能量基础。"十分之一"定律是林德曼在水生生态系统和实验室的培养箱的研究中得到的，大量研究表明，这一定律十分适用于水域生态系统，对陆地生态系统并不完全适用。陆地生态系统的消费效率有时比水域生态系统低得多，在其他不同类型的生态系统中，其值高则可达30%，低则可能只有1%或更低。

稳定的生态系统是"十分之一"定律的基础。对于一个稳定的生态系统来说，只有上一营养级处于相对的稳定状态，才能使下一营养级生物有可能处于相对的稳定状态。因此，能量大部分是被用于本营养级生物体自身的呼吸、生长发育和种族延续等生命活动，也就是说绝大部分的能量是用于生命活动消耗的，只有很少的一部分流向下一营养级的生物，也只有这样，才能使整个生态系统处于比较稳定的状态中。对于那些开放的或处于不稳定状态的生态系统，例如，一个小水池中的生物群落或人工控制的生态系统，该定律也就失去了应用的基础，它的能量传递效率也不再是固定的10%，有可能会更高。

"十分之一"定律所适用的对象是营养级，或者说，其适用对象是生态系统中整个食物网处于上下营养级的所有生物，而不只是在一条简单的食物链上下营养级的生物，更不是表现为捕食关系的两种生物的能量转换效率(陈进树，2010)。该理论是描述生态系统中能量流动研究的经典，成为许多植物群落和动物群落能量流动相关研究的基础。林德曼又以数学关系定量地表达了群落中的营养相互作用，建立了养分循环的理论模型，开创了定量描述生态系统能量流动的研究。

1.3 湿地生态学研究现状和发展趋势

1.3.1 湿地生态学研究的对象和任务

(1)研究对象

湿地生态学是一门新兴的、正在深入开拓和迅速发展的学科，也是现代生态学中内容最丰富、发展最快、影响最广泛的学科之一。其研究尺度包括生物种群、生物群落、生态系统、景观和区域等不同层次。研究对象主要是围绕湿地生物及非生物环境，如湿地植物、湿地动物、微生物、土壤和水体等。

(2)研究任务

湿地生态学研究的主要任务是理解湿地中生物体与生物体之间、生物与环境之间的相互关系及其功能，发现其系统运行的规律，以了解和管理复杂多变的湿地环境。目前，湿地与全球变化、湿地生物多样性保护、湿地退化过程与生态恢复机制等已成为国内外普遍关注的研究热点。研究任务包括：

①湿地生态系统的形成、发育和演替研究。该任务的完成需在充分研究地质演化历史的基础上结合野外沉积物剖面特征，通过历史环境反演，重塑沉积物在垂向上的沉积相态的演替模式。

②湿地生态系统的结构与功能研究。

③湿地生物多样性研究。包括湿地植物、动物、微生物等的地理分布格局及驱动机制研究。

④湿地生态系统的生态过程研究。主要包括生物过程(有机物的生产)、化学过程

(元素循环)和物理过程(能量流动)3 个主要过程。季节变化影响水位的变化,导致湿地系统氧化还原条件的改变,所以碳(C)、氮(N)、磷(P)、硫(S)、铁(Fe)及其他痕量元素的迁移转化规律需要加以明确,植物根际区域由于植物泌氧等影响导致与非根际土壤的氧化还原条件差异较大,因此需特别关注湿地植物根际环境元素的迁移转化过程及作用机制。

⑤湿地生态系统评价。包括湿地生态系统功能评价、生态效益评价和湿地环境影响评价等。

⑥湿地生态系统健康研究。

⑦湿地生态系统的保护、恢复与重建研究。

⑧建立湿地生态系统模型等。如水动力模型就是要用来描述湿地生态系统的水位和流速的时空变化过程。

1.3.2　湿地生态学研究的发展历程

(1)萌芽和形成阶段

据记载,湿地研究最早起源于对捕鱼、采盐和泥炭的利用和研究上。公元 46 年,在威悉河下游日耳曼人的记载中已将泥炭作为民用燃料(黄锡畴,1989)。16 世纪中叶,泥炭采掘在欧洲极为盛行。同时,捕鱼业、采盐业也发展迅速。俄国人对湖泊、沼泽的研究进展较快,1885 年,克朗锴开始在大学里讲授"沼泽学"(李炳玺等,2002),值得一提的是,湖沼学的创始人——瑞士学者 Forel,他在日内瓦湖的多年工作奠定了湖沼学的理论和方法基础。我国古代对湿地也存在许多认识(赵德祥,1982),《礼记·王制》中把水草丛生之处称为"沮泽"或"沮洳",在《尚书·禹贡》《水经注》《徐霞客游记》等古籍中都有关于湿地的记载,并赋予不同的名称,反映其成因类型和物理性状,对湖泊的利用更多见于文献记载。

1888 年,俄国在科星湖建立了第一个湖泊观测站;1901 年,在爱沙尼亚建立第一个沼泽实验站。在湖泊研究中,伴随着湖泊利用的需要,对于各大型湖泊(咸海、谢凡湖、奥涅加湖、日内瓦湖)和湖群(伏尔加河上游湖群、卡勒利湖群、苏格兰湖群等)开展了大量调查,并发表和出版了许多专题论文和理论著作。1915 年,俄国出版湖沼学奠基著作《沼泽和泥炭地及其发育和结构》和《沼泽表生学分类尝试》。20 世纪初,德国沼泽学家维别尔深入研究了全欧洲典型沼泽地的发生发展过程,发现了各地沼泽演化中连续变化的相似性。据此,他提出了沼泽 3 个阶段发育的理论(中国科学院长春地理研究所,1988)。20 世纪 40 年代,苏联学者开始研究湿地分类,雅卡出版了《苏联和西欧的沼泽类型及其地理分布》一书,成为世界上第一部比较系统介绍沼泽湿地的专著。苏联是世界上湿地研究起步较早的国家,在 20 世纪中叶,无论是在湖泊、沼泽资源考察,还是湖沼学理论方面,都处于世界领先地位。北欧四国及荷兰、爱尔兰、英国、法国、德国等国家由于拥有大面积的沼泽,因而对沼泽、泥炭的研究也具有悠久的历史和很高的造诣。当时,世界湿地研究活动主要集中在欧洲各国。

(2)发展阶段

20 世纪中叶以后,美国逐渐重视湿地研究,依靠其雄厚的经济力量和先进的手段而后来居上,在国际上处于领先地位。美国对湿地的细致研究始于 20 世纪 60 年代,主要进行了滨海盐碱沼泽、红树林以及淡水湿地研究。到了 70 年代，尤其是 70 年代末和 80 年代初，美国学者运用现代生态学理论进行湿地研究，并成立了一批湿地研究中心，研究领域迅速扩大，对河口湿地、海滨湿地、近海水域进行了大规模研究，涌现了一批著名学者，如 Odum、Mitsch、Miller 和 Turner 等，撰写了大量科技论文。湿地科学家协会（Society for Wetland Scientists）也成立于该时期，召开了多次湿地会议，推动了美国湿地研究的开展（余国营，2000）。这一时期，欧洲各国凭借本土丰富的湿地资源，湿地研究也进一步加深和拓宽，也取得了很大成就。20 世纪 70 年代初，苏联在基辅召开沼泽湿地分类会议和沼泽湿地保护会议，首次发布苏联欧洲部分沼泽湿地保护清单。这些国家湿地研究的广泛开展也带动了其他国家湿地研究的起步。但总的说来，这一时期湿地研究的中心仍是北美和西欧。中国湿地研究是从 20 世纪 60 年代对沼泽研究开始的。中国科学院长春地理研究所（现中国科学院东北地理与农业生态研究所）自 1958 年成立以来，就以沼泽研究为主要研究方向，与东北师范大学等科研、教学、生产部门共同开展了全国范围内沼泽和泥炭资源的综合考察，先后对三江平原、大小兴安岭、长白山、若尔盖草原、青藏高原、新疆、神农架、横断山，以及沿海地区的沼泽进行了综合考察。在湖泊湿地研究方面，从 20 世纪 50 年代开始，中国科学院水生生物研究所以长江中下游浅水湖泊为主要研究对象，进行了水生生物综合调查。自 20 世纪 60 年代以来，中国科学院南京地理与湖泊研究所进行了多项全国代表性湖泊的调查。在海岸和河口三角洲湿地的研究方面，国家海洋局在 1979—1984 年组织了全国海岸带和海涂自然资源综合调查，在土壤、生物和海岸湿地合理开发利用研究方面取得了许多成果。林业部（现国家林业和草原局）和中国科学院多次组织对包括湿地野生动物在内的综合考察，其中中国科学院动物研究所等对湿地鸟类（如朱鹮、中华秋沙鸭、东方白鹳等）进行了较深入的种群特征、栖息地生态环境评价与保护对策研究。2019 年，中国林业科学研究院湿地研究所正式成立，是我国专门从事湿地生态科学基础理论与应用技术研发的机构。

（3）繁荣阶段

1982 年在印度召开了第一届国际湿地会议，湿地生态学研究得到各国的广泛关注，国际合作和交流越来越频繁。现阶段湿地生态学的主要研究热点包括湿地生物地球化学循环、湿地生态水文与水资源、湿地生物多样性、湿地退化与恢复、湿地调查与监测、湿地生态系统服务等方面。

湿地中的还原环境或氧化、还原环境交替，易导致变价元素形态和过程的多样性，从而影响湿地生态系统的相关功能（崔丽娟等，2011；Wang et al.，2022）。对于湿地生态系统中关键限制性元素的认知，是理解并联系微观—宏观各个尺度元素循环与生态系统中物种组成、群落结构乃至景观格局的核心问题。

湿地关键水文过程在不同时空尺度的变化规律、湿地生态过程与水文过程的耦合作用机制、多尺度湿地生态水文过程的模拟与调控是目前湿地生态水文学的热点研究内容。近年来，鉴于适当的水文阻隔能对下游生态系统的状态和功能产生良性影响，间歇性河流/短暂性河流的下游水域水文连通性的定量评估、孤立湿地/非洪泛区湿地的下游水域水文连通性的定量评估等成为新兴研究焦点。水文连通概念与理论的完善可为阐释变化环境下湿地生态格局和过程对水文情势的响应提供理论支撑。水库、堤坝建设与人工调水措施对水文连通过程的影响，为研究湿地生态水文响应提供新的切入点。湿地生态水文模型是生态水文学的重点研究内容，湿地生态水文模型的研究已经由关注湿地内部单一生态过程和水文过程的研究向揭示生态过程与水文过程耦合作用机制转变，相关研究更侧重于湿地生态系统多要素、多尺度、多过程等复杂的交互作用。

始于 20 世纪 90 年代的生物多样性与生态系统功能研究也已成为湿地生态学界关注的热点。2007 年以后，研究者发现维持生态系统多功能性比维持单个生态系统功能需要更多的物种(徐炜等，2016)。由此，生物多样性与生态系统多功能性的研究受到广泛关注，逐渐成为当前生态学研究的热点。互花米草对我国滨海盐沼湿地的入侵已经引起了滨海盐沼生态系统结构和过程的改变，导致滨海盐沼物种丰度与生物多样性减少(谢宝华等，2018)。目前，生物入侵与湿地生物多样性保护也已成为湿地生态学研究的热点领域。经过近些年的发展，入侵生态学在湿地生态系统生物入侵机理(如遗传学、适应性进化、生理响应、种间互作、群落可侵入性)、入侵后效果(如生态系统结构、生物多样性、人类健康)以及入侵种对环境变化的响应等方面都取得了很大进步。

湿地观测研究已经逐渐形成体系，湿地观测从零星的野外观测点到非系统的湿地观测站，再发展到大型的湿地观测台(站)，目前已经逐渐发展为网络化的观测台(站)和众多研究网络。湿地观测的内容不断丰富，从最初的湿地类型、湿地面积等较为单一要素的观测到目前的湿地气象、土壤、水文、水质和生物等全要素系统观测。

目前，关于湿地退化机理的研究已扩展到生态学、水文学、生物学、土壤学及生物地球化学等各领域，并在遥感技术支持下，注重宏观退化过程与微观退化机理的结合。然而，退化机理研究大多为宏观、定性的退化过程与机理研究，较少从生理生化过程、生物地球化学过程、土壤生物化学过程等方面开展退化微观过程与机理研究，缺乏对湿地退化机理的深入认识。当前，国际上湿地恢复机制研究由注重单要素的恢复过程，向微观机理与宏观过程相结合的多目标兼顾的综合恢复机制发展。我国的研究更侧重水、土、生物等单要素、单目标的恢复，近年来，逐渐开始注重基于多要素的生态系统修复机制及流域尺度功能提升的优化管理研究。

1.3.3　湿地生态学研究的发展趋势

(1)重点关注的研究方向及趋势

湿地保护和修复是一个重大问题，未来仍需要对湿地生态系统的结构、功能及关键生态过程进行深入研究，加强湿地分类及湿地碳汇功能、湿地土壤的生物地球化循环等研究。

目前，湿地元素地球化学循环方面的研究主要集中在群落尺度的控制实验和单一或少数元素及生态系统功能指标变量的区域模拟，缺乏大尺度上元素地球化学循环改变与生态系统及景观格局演变耦合作用机制的认知，因此，其结果远不足以为多重胁迫下湿地生态系统适应性调控提供充分的科学依据，尚需有机联系湿地生态系统各个尺度(分子—组织—个体—种群—群落—生态系统)上的元素生物地球化学循环过程与局部—区域—全球等宏观尺度上的生态过程、格局与功能。

①开展多手段结合实验。未来在加强野外长期监测及温室综合模拟和控制实验的同时，应重点开展多途径、多气候变化驱动因子协同实验，并充分利用模型开展相关

模拟预测。泥炭沼泽碳库的稳定性既是发挥湿地碳中和作用的关键，也是全球变化研究中的难点，因此亟须聚焦土壤碳库演变机制及其对气候变化的响应（王国栋等，2022），运用土壤学、微生物学和生态学等知识，通过包括大尺度样带研究、模型模拟、通量监测、野外土壤剖面模拟增温和室内控制等实验手段，从不同尺度揭示气候变化背景下泥炭沼泽土壤碳库的稳定性及其调控机制，为退化泥炭沼泽恢复和保护提供数据支撑和解决方案，丰富泥炭沼泽土壤碳库可持续管理理论。

②开展湿地碳储量和碳汇研究。提升泥炭地、滨海盐沼、红树林等湿地生态系统固碳能力提供科技支撑。持续开展湿地碳储量与碳汇能力估算的方法学研究，明确不同区域不同类型湿地碳计量相关参数，推动湿地碳汇的联网观测研究，推进我国湿地碳汇核算方法与标准的制定，提高湿地碳储量和碳汇能力估算精度，建立湿地生态系统碳汇监测核算体系。提高湿地碳储量和碳汇的调查与长期跟踪监测能力，积累湿地碳汇研究的第一手数据，实施湿地生态保护修复碳汇成效监测评估，为湿地碳储量与碳汇能力精准估算及"双碳"目标提供基础数据支撑。这对履行《巴黎协定》规定的减排增汇目标，实现我国碳中和、碳达峰目标具有重要意义。

③开展湿地生物多样性研究。加强湿地生物入侵途径、风险评估及其有效控制研究，包括危险性外来入侵生物调查与监测预警、外来入侵物种直接或间接经济损失评估、外来物种风险评估指标体系和风险等级划分、外来物种风险综合评估模型。在建立及优化湿地生态系统多功能性综合评价指标的基础上，继续开展全球变化背景下不同时空尺度下不同维度的多样性（物种多样性、功能多样性、谱系多样性）与湿地生态系统多功能性的关系及其影响机制的研究，关注多样性丧失对湿地生态系统多功能性的影响及不同生态系统功能间的权衡关系。

④开展流域尺度的湿地恢复研究。湿地退化与生态恢复研究应在结合遥感、生态模型等新技术和新手段的支持下，不断加深针对不同湿地类型的宏观退化过程和微观退化过程与机理及其定量化的研究，在此基础上，注重结构恢复和功能提升的多目标兼顾的流域尺度综合恢复机制，完善湿地生态恢复理论。同时，加强大江大河流域湿地生态需水估算和"水文—生态—社会"系统的综合研究，开展流域尺度多因子驱动、多目标兼顾的适应性退化湿地生态恢复技术研发与示范，制订基于自然的湿地生态修复方案，并逐渐建立完善的湿地生态恢复效果评价机制。

⑤开展人工湿地机理研究。通过一些表观可控因子的调节已经不能满足提高人工湿地处理效率的要求，人工湿地的污染物去除机理越来越受到重视。现有关于人工湿地的模型研究大多为灰箱模型，对于人工湿地内部的过程进行了简化和假设，从而导致了模型参数不具有广泛性。而在实际人工湿地中，条件复杂，影响因子繁多，导致模型预测值与真实值存在较大差异。因此，如何提高预测精确度，从而指导设计，辅助解释机理，会成为模型发展的重要内容。在技术研发与应用层面，亟须攻克以下难题：研发提升人工湿地在极端/胁迫环境条件下净化效能的关键技术，以拓展其应用范围；面向联合国可持续发展目标，研发可发挥多种生态服务功能的人工湿地系统；优化人工湿地运行管理模式，以实现人工湿地长期稳定可持续运行；运用现代化信息技术、数据模拟和智慧调控等技术建设智慧湿地管理平台，从而提高人工湿地的智能化管理水平。

⑥研发湿地近自然恢复技术。基于生态系统自组织理论，采用适当的生物、生态及工程技术，综合调控湿地的水文、土壤和生物要素；基于小范围湿地恢复，调控种群增长、空间扩散、生物沉积等关键过程，撬动受损湿地的自组织恢复进程，驱动受损湿地生态系统的结构和功能的整体恢复，大幅降低恢复的工程量和成本（崔丽娟等，2025）。

（2）研究的空间尺度

我国东北平原区域湿地研究历史较为悠久，如三江平原、松嫩平原、辽河三角洲、黄河三角洲以及滨海区域的湿地资源各方面研究比较深入（Xu et al.，2012）。相比之下，我国西部湿地研究较为薄弱。近年来，若尔盖高原湿地、青藏高原湿地等研究得到重视和发展。另外，伴随国家第二次全国湿地调查成果利用以及卫星遥感技术的普及，我国湿地资源研究将再次得到快速发展。湿地研究的空间尺度走向分化，宏观尺度的研究区域不断扩大，逐渐由景观向区域和国家尺度发展。生态系统和群落等微观尺度研究得到快速发展，生物地球化学研究成为热点。如湿地土壤碳氮过程研究，温室气体（甲烷）排放过程研究，湿地铁、磷等元素化学过程，人工湿地污染物去除过程以及湿地水环境微生物过程研究将得到快速发展。

思考题

1. 简述湿地的定义和类型。
2. 湿地生态学的理论有哪些特殊性？
3. 湿地生态学研究有哪些热点？

第 2 章
湿地生态系统结构与功能

湿地生态系统是指在常年或周期性积水、或土壤处于水饱和状态的区域内,湿地生物与其相互作用的环境之间,通过物质循环、能量流动和信息传递相互作用、相互依存,并具有自我调节功能的统一整体。湿地生态系统广泛分布于世界各地,与森林、海洋并称为全球三大生态系统。

湿地生态系统具有复杂的结构特征,融合了水生与陆生生态系统的双重特性。湿地生态系统特有的水文、厌氧土壤与过饱和水分条件,孕育了独特的生物群落,共同维系着高效的物质循环、能量流动和信息传递,使湿地成为生物多样性最丰富、湿地生态功能最多样的区域之一,对维持自然生态系统平衡具有不可替代的作用。

2.1 湿地生态系统的组分和结构

湿地生态系统由生物组分与非生物组分构成。生物组分包括生产者(如湿地植物)、消费者(如鱼类、鸟类)和分解者(如细菌、真菌等微生物),它们通过食物链和食物网相互关联。非生物组分则涵盖水、土壤、气候及无机物质,表现为长期受到永久性或季节性淹水条件影响的特征,是湿地生态系统形成的环境基础。

2.1.1 生物组分

(1)生产者

湿地生态系统中的生产者是指能利用简单的无机物制造有机物的自养生物,包括湿地植物(含藻类)以及一些原核生物,它们是湿地生态系统中最基础的成分。太阳能通过生产者的光合作用源源不断地输入湿地生态系统,光合作用将二氧化碳和水转换成糖类等初级产品,进一步合成脂肪和蛋白质,用于其自身的生长,然后再被湿地中的其他生物所利用。光合作用不仅为生产者本身的生长和繁殖提供营养物质和能量,也是湿地生态系统中消费者和分解者最基本的能量来源,没有生产者也就不会有消费者和分解者。

湿地植物是湿地生态系统生产者中最主要的组成部分。根据植物与水分的关系,湿地植物可以划分为湿生植物、挺水植物、浮叶植物和沉水植物。

(2)消费者

湿地生态系统中的消费者不能利用无机物制造有机物,而是直接或间接依赖于生产者所制造的有机物而生存的异养生物。根据食性的不同，消费者可分为以下几类。

①草食动物(herbivore)。是以植物的根、茎、叶和种子等为主要食物的动物，故又称植食动物，属初级消费者，如某些吸食湿地植物汁液或取食植物叶片的昆虫(如蚜虫和鳞翅目幼虫等)、食草的麋鹿(*Elaphurus davidianus*)等；绿头鸭(*Anas platyrhynchos*)、斑嘴鸭(*Anas poecilorhyncha*)等也属于草食动物，它们利用锋利的喙来切割和摄取水生植物。

②肉食动物(carnivore)。是以动物性食物为食的动物，可分为：一级肉食动物，又称二级消费者，是以捕食草食动物为食的动物，如湿地中某些以浮游动物为食的鱼类、捕食性昆虫等，还包括以草食动物为食的捕食性鸟类和兽类。二级肉食动物，又称三级消费者，是以一级肉食动物为食的动物，如池塘中的黑鱼(*Ophiocephalus argus*)或鳜鱼(*Siniperca chuatsi*)。夜鹭(*Nycticorax nycticorax*)也是一种典型的肉食性水鸟，常以蛙类、鱼类、水生软体动物等为食。

③杂食性动物(omnivore)。这类动物通常具有较强的环境适应能力，它们的食物来源相对广泛，既可以吃植物性食物，也可以吃动物性食物。例如，黑水鸡(*Gallinula chloropus*)就是一种典型的杂食性水鸟，它们既吃小鱼虾和水生昆虫等，也吃水生植物的根、茎、叶等。

(3) 分解者

分解者都属于异养生物，异养生物在湿地生态系统中承担着将复杂的有机物质逐步分解为无机物并最终以简单化合物和元素形式回归到环境中的功能，故又称还原者。分解者是湿地发挥净化功能的最大贡献者。

在湿地生态系统中，如果没有分解者，动植物残体及粪便将堆积而不腐烂，物质就不能循环，湿地生态系统也将毁灭。分解作用不是仅由一类生物所完成的，而是在各个阶段由不同生物承担的复杂过程，如池塘生态系统中的分解者就有两类：一类是细菌和真菌；另一类是蟹、软体动物和蠕虫等无脊椎动物，它们都发挥着分解者的作用(图 2-1)。

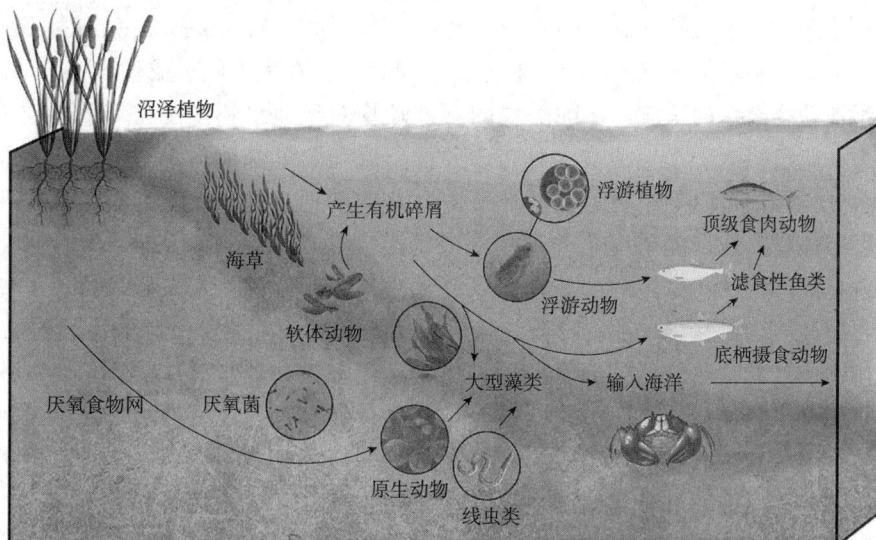

图 2-1　湿地生态系统结构

2.1.2　非生物组分

湿地生态系统的非生物组分主要包括水、土壤、地形地貌和气候条件等。水是湿地的核心要素，决定了湿地的水文动态和化学特征。湿地土壤通常为水饱和状态，富含有机质和矿物质，具有独特的泥炭层或沉积物，影响着养分的储存和循环。地形地貌决定了水的流动和积聚模式，形成了不同的湿地类型，如湖泊、沼泽和泥炭地等。气候条件，包括温度、降水和湿度等，调节着湿地的水量平衡和生物活动。这些非生物组分共同塑造了湿地的生态环境，影响其功能和生物多样性。

（1）水

水是湿地生态系统的重要组成部分，也是湿地生态系统中能量和营养物质的传输纽带。水的存在塑造了湿地独特的生态环境，湿地水文条件的特殊性是湿地生态系统独特性的重要体现之一。长期的淹水使湿地土壤经常处于水分过饱和状态，形成了厌氧环境，这与排水条件良好的陆地系统形成了鲜明的对比；同时，位于水陆交错带的湿地，水深较浅，光照条件相对较好，与深水水生系统的深水环境和低光照条件也有较大的差异。湿地水分补给形式有大气降水、河流、冰雪融水、潮汐和地下水等。

水对湿地生物的生存和繁衍也具有至关重要的作用，体现在湿地生物对淹水环境条件的适应上。

①湿地植物对水的适应。大多数湿地植物通过发达的通气组织、退化的机械组织以及带状、线状的叶片来适应水环境。水环境与陆地环境有很大的差异，水体的主要特点包括弱光、缺氧、密度大、黏性强、温度变化平缓，以及能溶解各种无机盐类等。水生植物与陆生植物的主要区别：首先，水生植物具有发达的通气组织，以保证各器官组织对氧的需要。例如，从荷花叶片气孔进入的空气，通过叶柄、茎进入地下茎和根部的气室，形成了一个完整的通气组织，以保证植物体各部分对氧气的需要。其次，湿地植物的机械组织（厚角组织和厚壁组织）不发达或退化，以增强植物的弹性和抗扭曲能力，适应于水体流动。同时，水生植物在水下的叶片多分裂成带状、线状，而且很薄，以增加吸收阳光、无机盐和氧气的面积。例如，北京水毛茛（*Ranunculus pekinensis*）在同一植株上生有两种不同形状的叶片，在水面上呈片状，在水下则裂成丝状。

②湿地动物对水的适应。不同类群的湿地动物对湿地水环境变化有着各自不同的适应能力和调节机制。水生动物的分布、种群形成和数量变动与水中的盐分含量密切相关。渗透压调节可以限制湿地动物体表对盐和水的通透性，改变所排出的尿液、粪便的浓度与体积，逆浓度梯度地主动吸收或排出盐分和水。例如，淡水动物体液的浓度对环境是高渗性的，体内的部分盐分既能通过体表组织弥散，又能随尿液、粪便排出体外，因此体内的盐分浓度有降低的趋势。例如，淡水鱼类要保持水盐代谢的平衡，一是使排出体外的盐分降低到最低限度；二是通过食物和鳃从水中主动吸收盐分；三是不断将过剩水排出体外，而丢失的盐分可通过食物获得，也可通过鳃或上皮组织主动从环境中吸收盐分，如钠离子等。两栖动物体表能分泌黏液以保持湿润；爬行动物厚的角质层、鸟类的羽毛和尾脂腺、哺乳动物的皮脂腺和毛，都能防止动物体内水分过快蒸发，以保持体内水分平衡。

③湿地微生物对水的适应。湿地微生物对水的适应表现为多种生理和生态特征。

湿地微生物能够在水饱和或缺氧的环境中生存，它们通过厌氧代谢途径（如硫酸盐还原）获取能量，适应水中氧气含量低的条件。湿地微生物能够形成生物膜，使其能够在水体表面或沉积物中附着，增强了其对水流和水位变化的适应性。此外，湿地微生物在水体中参与养分循环，能够快速响应水质变化，通过分解有机物和矿化养分，维持湿地生态系统的稳定性和生产力。这些适应性使得湿地微生物在复杂的水环境中发挥着重要的生态功能。

（2）土壤

湿地土壤一般指受长期水渍并具有水渍条件下特殊土层的土壤，多发育在负地貌部位，有潜育化过程和潴育化过程的土壤。

潜育化过程是指土壤在长时间处于水饱和状态（如受地下水或渍水影响）下，发生的一种土壤形成过程。在这个过程中，土壤处于强烈的还原状态，形成蓝灰色的潜育层。潜育化通常发生在排水不良的土壤中，如低洼地带或常年渍水的区域。这些土壤几乎处于完全闭气状态，氧化还原电位低，铁形成低价铁；在厌氧条件下，土壤有机物分解形成还原性物质，这些物质与还原态的低价铁、锰结合形成络合物或离子态，向下淋移。低价铁进一步形成蓝铁矿、硫化亚铁等，使土壤呈现还原状态特征的蓝灰色或青灰色；潜育层在淹水和低价铁存在的情况下，土壤结构被破坏，土体呈分散的软糊状。然而，当潜育层暴露在空气中时，好氧和厌氧过程的交替会使土壤形成网纹或铁、锰结核，颜色更加丰富。潜育化过程需要满足淹水、有机质的存在及厌氧微生物等多种条件的共同作用。

潴育化过程则是指土壤在季节性淹水条件下，土壤形成中的氧化还原过程交替进行的过程。与潜育化不同，潴育化过程主要发生在地下水浸润土层、地下水升降频繁的区域，如华北平原潮土区。由于雨季和旱季的交替，土层处于干湿交替的状态：在土壤淹水时，铁锰被还原并发生迁移，当土体水位下降时，铁锰被氧化并淀积在土壤中，形成具有锈斑锈纹和铁锰结核的潴育层。潴育化过程中，通常不会像潜育化那样形成完全分散的软糊状土体。潴育化过程需要满足季节性淹水、地下水升降频繁以及土壤中存在可还原的铁锰物质等条件。

湿地土壤按照土壤类型可分为沼泽土、泥炭土、白浆土等。这些土壤类型在有机质含量、土壤结构、水分状况等方面存在差异，但都具有湿地土壤的共同特征。按照成土过程，湿地土壤可以划分为有机土、潜育土、盐成土、水稻土等。

一般的湿地土壤比较黏重，通气渗水性差，土壤容重一般比矿物质土小。然而对于泥炭土，其土壤孔隙度大、草根层厚且含水量大，持水能力强，矿物质和有机质含量高。泥炭土的有机质含量可高达 60%~90%，其草根层的潜育沼泽土的持水能力为 200%~400%；草本泥炭为 400%~800%，藓类泥炭一般可超过 1 000%。

湿地土壤是湿地生态系统获取化学物质的最初场所及生物地球化学循环的中介。由于湿地土壤的吸附和持留作用以及土壤微生物具有的分解和转化能力，使湿地土壤具有维持生物多样性、分配和调节地表水分、分解固定和降解污染物等功能。

（3）地形地貌

地形地貌是湿地形成的重要因素之一。地势低洼、排水不畅的地区更容易积水，从而为湿地的形成提供了基础条件。在山地、高原、平原、河口、海岸等不同地形条件下，都可能产生不同类型的湿地。地形地貌条件也决定了湿地的空间分布格局。例如，在山地地区，湿地可能主要分布在山谷、沟壑等低洼地带；在平原地区，湿地则可能广泛分布于河流、湖泊周边及低洼地区。

微地形通过影响湿地生态系统内部的水文条件，影响湿地动植物物种分布格局。

（4）气候

气候条件是影响湿地水热条件的重要因素，气候对湿地生态系统结构的影响因素主要包括降水和温度。水热条件直接影响湿地植物生长和动植物残体分解的速率。降水对湿地水文具有重要影响，其时空分布格局影响洪泛频率和持续时间，会对湿地水文周期产生重要作用，同时也会对植物生长产生影响，从而影响湿地的植被类型。温度和积温影响植物的种类和群落、物候等。

2.1.3　湿地生态系统的结构

2.1.3.1　空间结构

由于受到不同水分条件以及营养条件的限制，湿地生物呈现明显的规律性分布。湿地生态系统一般都有分层现象。分层结构显著提高了湿地植物利用环境资源的能力。与此同时，在其中生活的动物，也表现明显的分层现象。以湖泊湿地为例，大量的浮游植物聚集于水的表层，浮游动物和鱼、虾等多生活在水中，在底层沉积的污泥层中有大量的贝类和细菌等微生物。

（1）水平结构

湿地生态系统的水平结构主要表现为湿地植被随着水位和土壤含水量的变化，呈现条带性的分布（图2-2）。

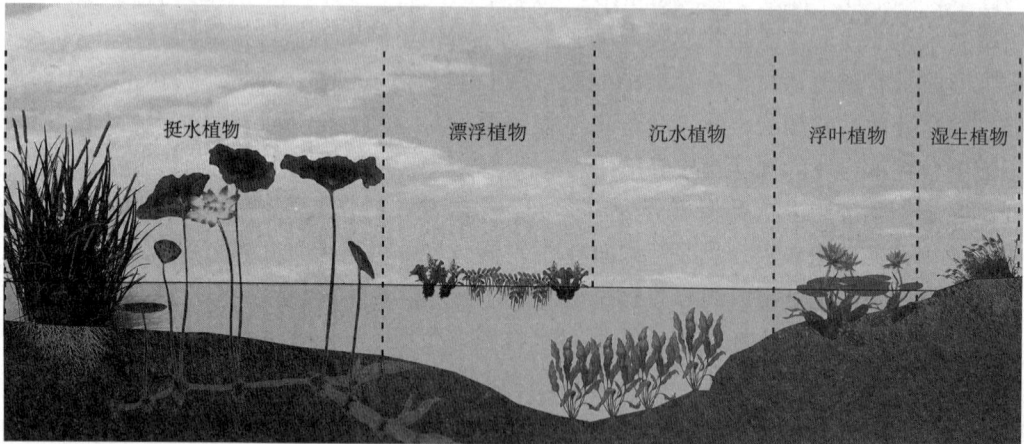

图2-2　湖泊湿地生态系统的水平结构

淡水湖泊及其周围的湿地区向湖心植物变化依次为草甸植物—湿生植物—水生植物。其中，水生植物由湖岸向湖心又依次变化为挺水植物—漂浮/浮叶植物—沉水植物。森林沼泽也会呈现水平结构的变化，例如，长白山森林沼泽中的圆池，在圆池周边分别是薹草（*Carex* spp.）—笃斯越橘（*Vaccinium uliginosum*）—长白落叶松（*Larix olgensis*）。

不同水鸟对水深的需求不同，在水平方向会根据其喙和腿的长短沿着高程（淹水深度)梯度分布。例如，在湖泊和沼泽湿地中，一些能够潜水的鸟类通常活动于湖沼中水比较深的区域，因为该区域拥有更丰富的鱼类种群或可食的植物根茎；涉禽通常在湿地集群筑巢，并在浅水区域觅食鱼类、底栖动物等，如苍鹭(*Ardea cinerea*)和大白鹭(*Ardea albus*)。此外，湿地生态系统及其周围也生存着大量的鸣禽，其一般在附近的高地或树上筑巢、栖息，在湿地边缘区域觅食。

(2)垂直结构

湿地生态系统的垂直分层主要体现在动物分布上(图2-3)，如湖泊的浮游动物表现明显的垂直分层现象。影响浮游动物垂直分布的主要原因是光照、温度、食物和含氧量等因素。此外，鱼类、底栖动物等水生动物在湿地生态系统中也具有明显的垂直分层结构，其中部分鱼类还有垂直迁徙的习性。例如，美洲鲑(*Oncorhynchus clarkii clarkii*)会随着季节性表现出垂直分布的变化。在夏季，其倾向于处于或低于温跃层生活，但并非在最冷的水域，而在湖泊处于春季等温状态时则更靠近水面。在一日内，其在夜间更靠近水面，而白天则位于深水区域(Thomas et al.，2023)。

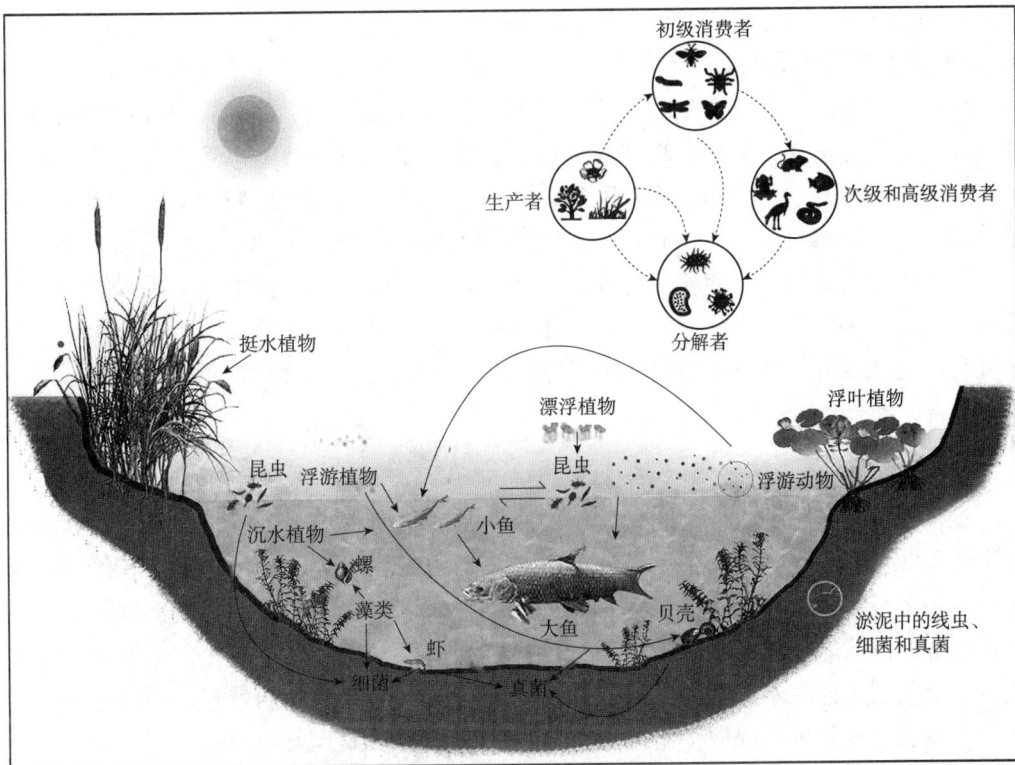

图 2-3　湿地生态系统的垂直结构

2.1.3.2　时间结构

湿地生态系统的结构和外貌会随时间而变化，这是湿地动植物和水文过程随时间变化的动态反映，如水鸟的迁徙、鱼类的洄游、湿地植物的荣枯、湿地水文的周期性变化等。一般采用3个时间尺度来度量生态系统的时间结构。

(1)大尺度：宏进化

湿地生态系统的形成和发展经历了漫长的地质历史过程。从地质时间尺度上看，湿地生态系统的进化与地球环境的变迁紧密相连。例如,随着海平面的升降、气候的变化以及地质构造的运动,湿地生态系统的分布和类型也发生了显著的变化。滨海湿地的稳定受到多种因素的共同影响,其中最关键的因素是土壤表面高程增加速率与海平面上升速率的匹配、有机和无机物质的积累、植物生产力、矿物沉积供应以及对环境变化的适应性。这些因素共同决定了滨海湿地在面对海平面上升和其他环境压力时的稳定性和可持续性(Morris et al.,2016)。

(2)中尺度:群落演替

湿地群落的演替是湿地生态系统时间结构的重要表现之一。从先锋物种的入侵到顶极群落的形成,湿地群落会经历一系列复杂的演替过程。这些过程可能受到水分条件、地貌特征、物种间相互作用等多种因素的影响。在演替过程中,湿地的植被和动物群落逐渐复杂化和多样化,湿地生态系统逐渐形成一个相对稳定、可持续的状态。在滨海地区的研究发现,植被—泥沙—水流相互作用形成的正反馈机制是潮汐湿地形成的关键。植被分布模式通过影响水流动力学过程,决定了滨海湿地潮沟网络的结构特征(van de Vijsel et al.,2023)。

(3)小尺度:以昼夜、季节和年的周期性变化

湿地生态系统中的许多生物过程都受到昼夜变化的影响。例如,湿地植物的光合作用在白天较为活跃,而在夜晚则基本停止。季节变化对湿地生态系统的结构和功能也会产生深远的影响。例如,随着季节的更替,湿地水位会发生变化,进而影响湿地植被的生长和分布。同时,季节变化还会影响湿地动物的迁徙、繁殖和觅食等行为。

湿地生态系统的年际变化可能受到气候变化、水文条件、物种组成等多种因素的影响。例如,干旱年份可能导致湿地水位下降,进而影响湿地植被的生长和湿地动物的生存状况。相反,湿润年份则可能促进湿地植被的生长和湿地动物的繁殖。

2.1.3.3　营养结构

(1)食物链

湿地生态系统各种组分之间最本质的联系是通过营养关系实现的,是通过食物链把生物与非生物、生产者与消费者、消费者与消费者联系为一个整体。食物链是由生产者和各级消费者组成的能量运转序列,是生物之间食物关系的体现,即生物因捕食而形成的链状顺序关系。湿地食物链以种群为单位,联系着湿地生态系统中的不同物种。能量的传递在不同物种之间表现为单向传导、逐级递减的特点。湿地生态系统中主要有牧食食物链和碎屑食物链两大类型,前者是以取食活体植物为起点的食物链;后者是以对死亡植物或动物尸体分解为起点的食物链。这两种食物链在生态系统中往往是同时存在的。

(2)食物网

在湿地生态系统中,生物间的营养联系并不是一对一的简单关系。不同食物链之间常常相互交叉形成复杂的网络式结构,即食物网。食物网形象地反映了湿地生态系统内各类生物有机体之间的营养位置和相互关系。湿地生态系统内部的营养结构不是固定不变的,食物网关系也会发生变化。如果食物网中某一条食物链发生了障碍,一般可以通过其他的食物链来实现必要的调整和补偿。营养结构网络上某一环节发生了变化，其影响常常会波及整个生态系统。湿地生态系统中多是高营养阶层的生物类群对系统起控制作用，在对湖泊或库塘的富营养化治理中，常采用加大草食性鱼类放养密度的措施，就是以此为依据的。

在湿地生态系统中，能量通过营养级逐级减少，如果把通过各营养级的能流量从低营养级到高营养级绘图，将呈金字塔形，称为能量锥体或能量金字塔。一般来说，能量锥体一般能保持金字塔形，而生物量锥体有时则出现倒置的情况。例如，湖泊中生产者(浮游植物)的个体很小，生活史很短，某一时刻调查浮游植物的生物量常低于浮游动物的生物量。因此，有时根据湿地生态系统调查结果绘制的生物量锥体是倒置的。但是，这并不表明生产者环节流过的能量要比在消费者环节流过的少，而是由于浮游植物个体小、代谢快、生命短，某一时刻的现存量反而要比浮游动物少，数量锥体倒置的情况就更多一些，但一年中浮游植物的总能流量还是较浮游动物多。

2.1.3.4　互作结构

湿地生态系统中除了生物之间的捕食关系外，还包括湿地生物之间的互利共生、偏利共生等关系。湿地生态系统中各种生物之间由营养关系、共生关系或竞争关系等而联系起来的链条即为湿地生物链(崔丽娟等，2011)。

根据湿地生态系统各组分的空间分布规律及系统能流的状态特征，湿地生物链结构可分为 3 类：梳状结构、链状结构和网状结构。由于系统各组分之间相互依赖、相互制约，某一环节的薄弱都会影响整个湿地生物链的稳定性，进而导致湿地生物链结构的转变。

①链状结构。是湿地生物链的基本组成结构，它以中间物种作为链接点，通过该链接点实现系统中所有生物和功能群的物质流、能量流和信息流的单向传递。

②梳状结构。是以单一目标物种作为链接点，通过该链接点实现系统中所有生物的物质流、能量流和信息流的单向传递。

③网状结构。通过不同的链接点实现系统中所有生物的物质流、能量流和信息流的多向循环传递，网状结构生物链中的每个物种均可作为链接点。

2.2　湿地生态系统功能

湿地生态系统的功能主要包括物质循环、能量流动和信息传递等几个方面，共同维持着生态系统的正常运转。其中，能量是维持生态系统运转的动力源泉。

2.2.1　湿地生态系统的物质循环

湿地生态系统从大气和土壤等环境中获得营养物质，通过绿色植物吸收进入生态系统，再被其他生物重复利用，最后归入环境中，这个过程称为物质循环或生物地球化学循环。能量流动和物质循环是生态系统的两个基本过程。正是这两个过程，使生态系统的非生物成分和生物成分组成了一个完整的功能单位(孙儒泳，2002)。

(1)库和流通率

在湿地生态系统的物质循环中，对于某一种元素而言，存在一个或多个主要的"库"。在库里，该元素的数量远远超过正常结合在生命系统中的数量，并且通常只能缓慢地将该元素从储库中释放。物质在湿地生态系统中的循环实际上是在库与库之间的彼此流通。例如，磷在湿地水体、浮游生物体和底泥中分别形成 3 个库。磷在这些库之间的转移(如浮游生物吸收水中磷，死后残体沉降至底泥并分解转化，底泥中的磷再缓慢释放回水中)构成了湿地生态系统的磷循环。

　　在湿地生态系统的物质循环中，不同物质的流通率和周转时间差异较大。以氮元素为例，氮在湿地生态系统中以多种形式存在(如氨态氮、硝态氮、有机氮等)，并通过硝化作用、反硝化作用、植物吸收利用等过程进行循环。在一个健康的湿地生态系统中，氮元素的流通率很高。这主要是由于湿地中富含硝化细菌和反硝化细菌，能够迅速将氨态氮转化为硝态氮，再将硝态氮还原为氮气释放回大气。同时，湿地植物也能够高效吸收利用这些氮元素进行生长。相反，在一个受到污染或干扰的湿地生态系统中，氮元素的流通率可能会降低。这可能是由于湿地中硝化细菌和反硝化细菌的数量减少或活性降低，导致氮转化过程变慢；也可能是由于湿地植物生长受阻，无法有效吸收利用氮元素。在这样的系统中，氮元素可能会在湿地中积累，导致水质恶化，氮元素从湿地中释放回大气的速度也会变慢。

(2)物质循环的类型

　　湿地生态系统的物质循环可分为三大类型：水循环、气体型循环和沉积型循环。

　　水循环是湿地生态系统中最基础的物质循环类型。湿地生态系统中所有的物质循环都是在水循环的推动下完成的。水循环是在太阳能驱动下，从河流、湖泊、沼泽和滨海地区蒸发或蒸散变成水汽，水汽进入大气后遇冷凝结成雨和雪降落到地表，形成地表径流和地下暗流，汇集于湿地的过程。

　　气体型循环涉及以气态形式参与循环的物质，如碳(C)、氧(O)、氮(N)等。这些物质在大气圈和水圈中储存，并通过生物地球化学过程在生物体和无机环境之间进行交换。以碳循环为例，湿地植物通过光合作用吸收大气中的二氧化碳(CO_2)，并将其转化为有机碳储存在植物体内。当植物死亡或分解时，有机碳会被微生物分解为 CO_2 并释放回大气中，完成一个碳循环。

　　沉积型循环涉及的物质主要通过岩石风化和沉积物分解转变为被利用的营养物质。以磷(P)循环为例，磷是植物生长所需的重要营养元素之一。岩石风化后，溶解在水中的磷酸盐会随着水流进入湿地生态系统，被植物吸收利用。当植物死亡或分解时，磷酸盐会重新释放到环境中，并可能沉积在湿地底泥中。在长时间尺度上，这些沉积的磷酸盐可能会通过地质过程再次释放到环境中参与循环。

　　湿地生态系统中很多特色的循环(如碳循环、氮循环、磷循环、硫循环和铁循环等)在全球生态系统中处于重要的地位，湿地是碳循环中的重要"汇"之一，是氮循环中氮转化的重要场所，也是磷循环中重要的汇集地之一。

2.2.2　湿地生态系统的能量流动

　　湿地生态系统的能量流动是生态系统功能的重要组成部分。湿地生态系统的能量流动起点是生产者(主要是绿色植物)通过光合作用将太阳能转化为化学能，储存在有机物中。这个过程是湿地生态系统能量流动的基石，为整个生态系统提供了初始的能量来源。湿地生态系统的能量流动较其他生态系统有较大的差异。

（1）水体增加了湿地生态系统的能量储存容量

水体的存在显著增加了湿地生态系统的能量储存容量。水具有较高的比热容，约为 4.18 J/(g·℃)，远高于一般土壤的 0.8~1.0 J/(g·℃)（Mitsch et al., 2015）。这一特性使得湿地能够储存大量热能，有效缓冲温度变化。在温带地区，夏季湿地可储存 20~30 MJ/m² 的热能，这种巨大的热容量效应不仅减缓了日温差和季节温差，还为湿地生物提供了相对稳定的热环境。实际观测表明，湿地的日温差可比周围陆地小 2~5℃（Bridgham et al., 2013）。

（2）湿地生态系统水—气界面的能量交换更为活跃

湿地的蒸发作用强烈，蒸发量可达陆地生态系统的 1.5~2.0 倍（Acreman et al., 2003）。这种显著的潜热传输过程约占净辐射的 60%~80%，不仅影响局地气候，如增加空气湿度、形成雾等，还在很大程度上决定了湿地的能量平衡特征。在晴天正午，湿地的净辐射通常为 400~600 W/m²，其中潜热占据主导地位，远大于显热和地热通量（Roulet et al., 1997）。此外，水—气界面还是 CO_2、CH_4 等温室气体交换的活跃场所，这些过程深刻影响着碳循环和能量平衡。例如，北方泥炭地每年的 CH_4 排放可达 20~50 g/m²，这不仅是重要的碳通量，也代表着显著的能量转移（Whiting et al., 2001）。

（3）厌氧环境下的湿地生态系统能量转化效率较低

在缺氧条件下，厌氧呼吸和发酵过程的能量释放效率远低于有氧呼吸。例如，在有氧条件下，每摩尔葡萄糖可产生 38 个 ATP 分子，而在厌氧发酵中仅能产生 2~3 个 ATP（Reddy et al., 2008）。这种低效的能量转化不仅影响了微生物活性和有机质分解速率，还导致了有机质的大量积累。湿地，特别是泥炭地，因此成为重要的碳汇，平均储碳量可达 250 t C/hm²（Kayranli et al., 2010）。这种有机质积累过程实际上是一种长期的能量储存机制，在全球碳循环和气候调节中扮演着关键角色。

（4）季节性水位变化导致能量流动模式的周期性变化

水文周期的变化导致能量流动模式呈现周期性变化。在旱季，有氧分解过程加强，能量流动加快；而在湿季，厌氧过程主导，能量流动相对减缓（Batzer et al., 2014）。这种周期性变化不仅影响了能量转化的效率和途径，还塑造了湿地生物的适应策略。许多植物的生长节律、动物的迁徙与繁殖都与这种水文周期紧密同步。例如，候鸟的迁徙时间往往与湿地能量峰值高度吻合，这体现了生物与环境能量流动的协同进化（Weller, 1999）。

2.2.3 湿地生态系统的信息传递

湿地生态系统各生命成分之间广泛存在着信息传递，这也是生态系统的基本功能之一，具体包括物理信息、化学信息和行为信息 3 类。

（1）物理信息

湿地生态系统中以物理形式（如各种光、声、热、电、磁等）为传递形式的信息称为物理信息。例如，某些水鸟在迁徙时，会依据夜间星座的位置来确定方向，这一过程是对天体所发出的光信息进行有效利用的体现。湿地动物更多依靠声音信息确定食物的位置或发现敌害，例如，水鸟繁殖期间，鸣叫是其信息传递的重要方式。动物对电也很敏感，特别是鱼类、两栖类，其皮肤具有很强的导电性，尤其是组织内部的电感器灵敏度更高，例如，电鳗(*Electrophorus electricus*)等水生动物能够产生和接收电信号，用于导航、觅食和社群交流。

湿地环境中的声学信号传递呈现出独特的传播特征。水—气界面的存在使得声波传播呈现出复杂的反射和折射现象。研究发现，在湿地的水体中，声波传播速度约为 1 500 m/s，比空气中快约 4.3 倍。一些物种能够控制其声音的发射方向，以最大化在特定环境中的传播效果。例如，美洲牛蛙(*Lithobates catesbeianus*)能够通过调整其身体姿势和声囊的使用来控制声音的发射方向，这有助于声音在水—气界面的有效传播(Penna，1998)。

(2)化学信息

湿地生态系统中的化学信息表现出高度的复杂性。由于水体的存在，化学物质的扩散和稀释过程更为复杂。水体中的化学信号，如植物分泌的他感物质或动物释放的信息素，能够在更大空间范围内发挥作用，形成复杂的化学通信网络(Brönmark et al.，2012)。湿地中的化学信息传递不仅涉及溶解态物质，还包括与颗粒物结合的信息分子。芦苇释放的酚类化合物能与沉积物颗粒结合，形成持久性的化学信息库，影响其他植物的生长和微生物群落结构。微生物群落通过胞外酶和代谢产物进行的化学通信在湿地生态系统中也扮演着关键角色，这些过程直接影响着养分循环和能量流动(Reddy et al.，2015)。

(3)行为信息

在湿地生态系统中，生物演化出了独特的行为信息传递方式。许多鱼类通过特定的游动模式、身体姿态和色彩变化来传递信息。例如，北美大嘴鲈(*Micropterus salmoides*)在繁殖季节会通过特定的游动模式和鳍的展示来传递领地和求偶信息(Parkos，2011)。许多湿地昆虫和蛛形纲动物利用植物茎秆或水面作为振动信号的传播媒介。例如，水黾(*Gerridae* spp.)通过在水面产生特定的涟漪模式来传递领地和求偶信息，研究发现，这些振动信号可以在水面传播数米远，远超过视觉信号的有效范围(Wilcox，1995)。

思考题

1. 简述湿地生态系统的主要特征。
2. 以湖泊湿地为例，阐述湿地生态系统的分层结构。
3. 简述湿地生态系统的功能。

第 3 章

湿地水文、土壤与物质循环

3.1 湿地水文循环过程

3.1.1 湿地水文循环概述

湿地是淡水储存库。我国湿地储存约 2.7×10^{12} t 淡水,占全国可利用淡水资源总量的 96%。湿地在输水、储水和供水方面发挥着巨大效益,在淡水循环中发挥着重大作用。它不仅能涵养水源、调节稳定流域水资源,而且能吸纳并涵蓄降水,调节稳定区域气候。湿地是实现水资源良性循环和人类经济社会可持续利用的基本条件和重要支撑。据研究,直径为 12 742 km 的地球,体积为 1.08×10^{12} km^3。地球上的淡水水球直径为 160 km,仅相当于从上海到杭州的直线距离。在这些淡水中,68.6% 位于极地和高海拔地区的冰川和冰盖,另有 30.1% 为地下水、地表径流、湖泊,其他淡水仅占地球淡水资源总量的 1.3%。全球淡水资源按地区分布,巴西、俄罗斯、加拿大、中国、美国、印度尼西亚、印度、哥伦比亚和刚果 9 个国家的淡水资源占世界淡水资源的 60%,而约占世界人口总数 40% 的 80 个国家和地区面临淡水不足的境况,其中 26 个国家的 3 亿人完全生活在缺水状态。

湿地水文学是研究存在于湿地上空大气层中、地表面和地壳内部各种形态水在水量和水质上的运动、变化、分布,以及与环境和人类活动之间相互的联系和作用。湿地的水文功能主要包括调蓄洪水、调节河川径流、提供水源、改善水质、调节气候等功能,其独特的水文功能对维持流域生态系统的健康和改善区域生态环境具有十分重要的意义。湿地水文过程反映了水文要素在时间上的持续或周期性变化。湿地通过水文过程进行能量和物质交换,湿地水文过程影响着湿地环境的生物、物理和化学特征,控制着湿地的形成和演化。

3.1.2 湿地水文循环的主要过程

(1) 湿地降水

降水包括降雨和降雪,随地理、时间和季节变化,变化依赖于大气和地形因素。部分降水被植物覆盖截留,保存在树冠层,称为截留量,实际透过植被达到下面的水量称为贯穿降水量,植被茎秆留下的水量称为茎流量。截留量取决于总的降水量以及植被发育的阶段。截留量在研究单次大暴雨时可忽略不计，但在湿地水量平衡研究中十分重要。

（2）湿地蒸散过程

湿地蒸散是水分子由物体表面向大气逸散的现象，根据物体表面不同分为水面蒸发、土壤蒸发和植物蒸腾。大陆上降水约有 60% 消耗于蒸散，其中湿地蒸散占有重要地位，是水循环的重要环节。

①湿地水面蒸发。从分子运动的观点看，水面蒸发可视为水体与大气之间界面上的分子交换现象。从能态理论看，由于水分子都具有一定的动能，动能大的分子先逸出水面，使水面动能减小，温度降低。湿地水面蒸发的主要影响因素有太阳辐射、温度、风速、气压、水质等；湿地水面蒸发量计算方法主要有器测法、经验公式、热量平衡法等。

②土壤蒸发。是发生在湿地潮湿土壤孔隙中的水的蒸发现象，与水面蒸发相比，不仅蒸发面的性质不同，更重要的是供水条件的差异。湿地土壤蒸发是土壤失去水分的干化过程，根据土壤供水条件差别及蒸发率的变化，分为 3 个阶段：定常蒸发率阶段（Ⅰ）、蒸发率下降阶段（Ⅱ）和水汽扩散控制阶段（Ⅲ）。影响湿地土壤蒸发的主要因素有湿地土壤孔隙、湿地地下水位、温度梯度等。计算方法有器测法、经验公式等。

③植物蒸腾。是指湿地植物根系从土壤等外部环境中吸收的水分，通过叶面、枝干蒸发到大气中的一种生理过程。影响湿地植物蒸腾因素有温度、日照、土壤含水量、植物的生理特性等。计算方法有器测法、水量平衡法等。

（3）湿地渗漏过程

湿地渗漏过程指水分从地表渗入土壤和地下的运动过程。下渗是将地表水与土壤水、地下水联系起来的纽带。下渗动力是地表水沿岩土孔隙下渗，在重力、分子力和毛管力综合作用下形成的。下渗率又称下渗强度（f），是指单位面积单位时间渗入土壤的水量。下渗能力又称下渗容量（fp），是指在充分供水条件下的下渗率。湿地是地球水资源的有效储存形式，其在蓄水防洪、补给地下水和维持区域水量平衡中发挥着重要作用，特别是在补给地下水方面，能促进水资源的优化配置，有效维持水资源的科学合理利用。湿地补给地下水主要通过湿地水体渗漏过程实现。当地下水充足时，湿地水向上移动变为地表水，排出地表，进而调节河川径流，对地表水及地下水的天然优化配置起到一个调控作用，从而维持水的良性循环。

当前，湿地补给地下水研究已成为湿地科学、水文学等相关领域的研究热点。特别是关于湿地地表水与地下水相互作用的研究，对于湿地水资源的合理利用以及湿地生态保育具有重要的意义。湿地补给地下水最早的研究见于 Boussinesq（1877）对河流湿地与连续冲积含水层作用规律的探讨，一直到 20 世纪末期，关于湿地补给地下水的研究才逐渐纳入研究领域。国际水文科学协会（International Association of Hydrological Science，IAHS）和国际水文地质学家协会（International Association of Hydrogeologists，IAH）分别于 1986 年和 1994 年将湿地补给地下水作为研究地表水与地下水关系的一部分核心内容正式提上日程，呼吁相关科研人员关注该领域研究。湿地补给地下水研究内容主要涉及湿地形成机理、湿地退化规律、湿地水量平衡、湿地生态需水、湿地蓄水防洪等诸多前沿问题。

湿地渗漏计算一般通过遥感数据提取获得的归一化水指数（normalized difference

water index，NDWI)和野外实测的水深数据计算获得供水总量或通过统计数据得到供水总量。湿地渗漏耗水量采用式(3-1)进行估算，式(3-1)中的渗透系数(K)与土壤类型、剖面组成等有关(表3-1)。湿地渗漏耗水量估算公式：

$$W_b = K \times I \times A \times T \tag{3-1}$$

式中　W_b——渗漏耗水量，m^3；

　　　K——渗透系数，见表3-1；

　　　I——水力坡度，值取1；

　　　A——渗流剖面面积，m^2；

　　　T——计算时段时长。

表 3-1　土壤渗透系数

土壤质地	土壤粒径		渗透系数 K（m/s）
	粒径(mm)	所占重量(%)	
黏土			$<5.70 \times 10^{-8}$
粉质黏土			$5.70 \times 10^{-8} \sim 1.16 \times 10^{-6}$
粉土			$1.16 \times 10^{-6} \sim 5.79 \times 10^{-6}$
粉砂	>0.075	>50	$5.79 \times 10^{-6} \sim 1.16 \times 10^{-5}$
细砂	>0.075	>85	$1.16 \times 10^{-5} \sim 5.79 \times 10^{-5}$
中砂	>0.25	>50	$5.79 \times 10^{-5} \sim 2.31 \times 10^{-4}$
均质中砂			$4.05 \times 10^{-4} \sim 5.79 \times 10^{-4}$
粗砂	>0.50	>50	$2.31 \times 10^{-4} \sim 5.79 \times 10^{-4}$
圆砾	>2.00	>50	$5.79 \times 10^{-4} \sim 1.16 \times 10^{-3}$
卵石	>20.00	>50	$1.16 \times 10^{-3} \sim 5.79 \times 10^{-3}$
稍有裂隙的岩石			$2.31 \times 10^{-4} \sim 6.94 \times 10^{-4}$
裂隙多的岩石			$>6.94 \times 10^{-4}$

注：崔丽娟等，2017。

　　湿地渗漏计算与土壤类型密切相关。以某块湿地渗漏计算为例，该区域湿地的主要土壤类型包括暗棕壤、暗色草甸土、水稻土、沼泽土、潮土、白浆土和黑钙土(图3-1)，可将这些土壤的渗透系数分为5个区间，即<0.005 m/d、0.005~0.010 m/d、0.010~0.020 m/d、0.020~0.200 m/d 和 0.200~0.500 m/d(图3-2)。根据该区域湿地底质特征、土壤质地以及国内外相关研究结果等，确定该区域湿地中的土壤渗透系数为0.0005~0.010，分属于<0.005 m/d 和 0.005~0.010 m/d 两个区间(图3-3)。

　　借助 ArcGIS 空间统计，得出不同湿地类和不同湿地型不同渗透系数范围内的面积，其中属于0.0005 渗透系数的湿地面积有 1 260 494.00 hm²，属于0.001 渗透系数的湿地面积有 323 524.40 hm²，属于0.005 渗透系数的湿地面积有 359 270.00 hm²，属于0.008 渗透系数的湿地面积有 175 478.00 hm²，属于0.010 渗透系数的湿地面积有 112 132.50 hm²。而属于0.0005 渗透系数的湿地面积最大，而属于0.010 渗透系数的湿地面积最小。通过遥感数据(2013 年 8 月和 2017 年 7 月的 Landsat 遥感数据)提取获得的水体指数(NDWI)和野外实测的水深数据计算获得湿地现状储水总量。

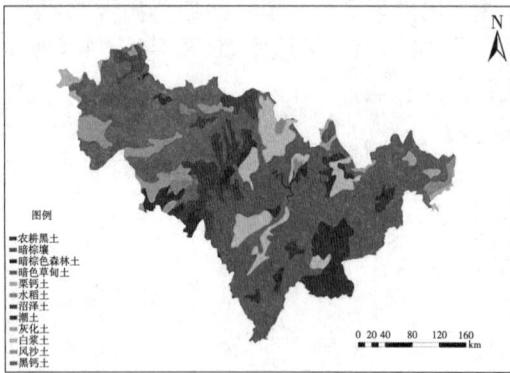

图 3-1 土壤类型图

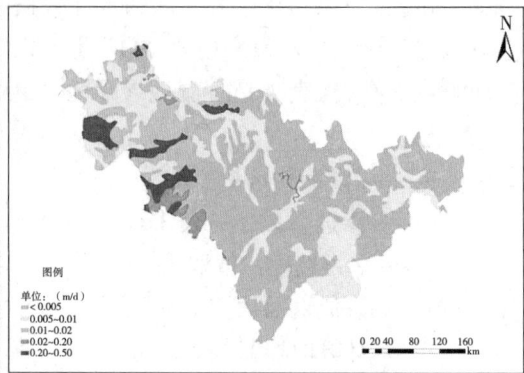

图 3-2 湿地土壤渗透系数分布图

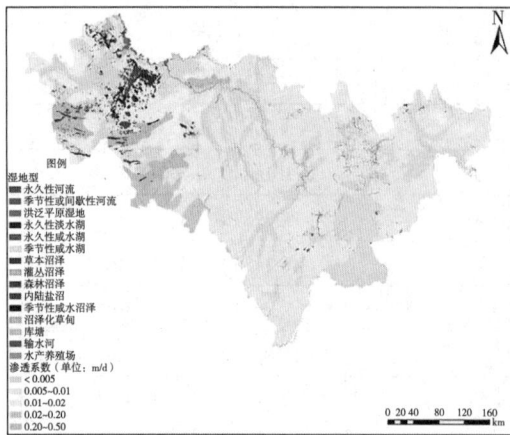

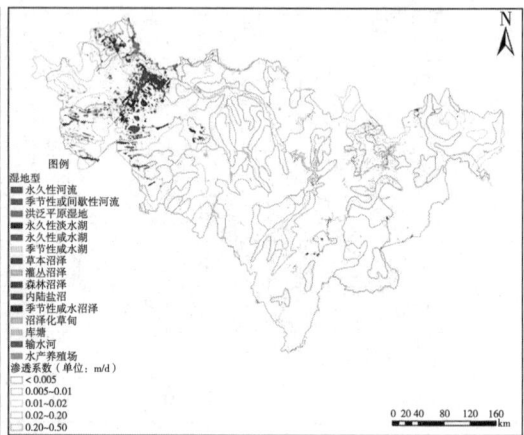

图 3-3 湿地与土壤渗透系数空间分布叠加图

3.1.3 湿地水文调节效应

湿地水文调节效应可划分为多种类型。按时间尺度可分为短暂快速地变化和长期缓慢地变化；按不同规模可分为大、小水文效应；从性质上则可分为可逆效应和不可逆效应等。湿地水文调节效应体现在湿地水体流动的空间特征和时间特征，如水流流速、水位波动、洪峰与低峰时的流量变化、湿地土壤盐分、微生物活性、营养元素的有效性等。这些特征不仅影响湿地生物物种的分布和丰度，还会影响湿地生态系统的健康状况。部分湿地生物会对水流的时间变化做出响应，如通过增加死亡率、改变可用的资源数量、打破物种之间原有的相互作用等方式，实现种群结构的调整和优化，以适应环境的变化，达到种群存续的目的。水流对湿地基质的持续冲刷会导致营养物质的流失，进而会降低湿地生境质量，影响浮游生物的生存，而由于生物链的作用，整个湿地生态系统的健康状况也会受到威胁。

（1）湿地水文过程对湿地生物的影响

水是湿地存在的决定性因素，同时也是决定湿地生物组成的主导因素之一。水文过程在不同时间尺度和空间尺度上的动态变化改变着湿地的特征和结构，影响着湿地生物物种的分布、丰度和群落的组成。例如，河流湿地的水文过程波动不仅影响河流的物质能量的迁移转换，而且影响河流支流和三角洲的形成，还影响河流生态系统中的浅滩、激流、深潭和静水区域的分布，基质的多样性和稳定性以及主河道与漫滩的相互作用特征。连通性的丧失会导致湿地生物种群的隔离、湿地鱼类和其他生物的局部消失，维持湿地水文过程的连通性有助于提高湿地生物物种的生命力，对于保护和维持湿地生物多样性是非常必要的。

①水文过程频繁变化对生物的影响。湿地水文过程频繁变化对于湿地生态系统的正面影响在于：改变湿地土壤结构，促使更多的物种扎根并逐渐形成新的群落类型，加速湿地植被的演替进程，形成新的湿地植被景观；被冲刷或搁浅的水生生物能够作为其他湿地动物的食物来源，水文过程短期或周期性的陡涨陡落有利于维持湿地生态系统的稳定性。其负面影响在于：增加对湿地土壤的冲刷，威胁土壤生物中敏感物种的生存，引起湿地植物幼苗干化并限制湿地植物种子扩散，破坏湿地生物生命循环的稳定性，促使外来生物入侵，导致部分湿地生物消失甚至灭绝，并威胁本地物种，改变生物群落结构。水文过程的陡涨陡落会导致湿地水生生物被冲刷或搁浅，危害湿地植物的正常生长。

②来水时间变化对生物的影响。湿地水文过程的非正常波动对湿地生物会产生多种影响。正面影响：例如，丰水期水量的减少，可能为某些湿地鸟类的觅食提供便利，尤其对于涉禽；同时也有可能促进某些湿地植物的扩散，如柽柳在水位降低后产生的湿润环境中会大面积繁殖。负面影响：例如，丰水期流量过度减少可能会导致鱼类产卵、孵化和迁徙的激发因素中断，使鱼类无法进入洄游区；湿地水文过程季节性波动会改变湿地生物网的结构和功能，导致生物链断裂及功能丧失。

③洪水泛滥对湿地生物的影响。湿地与洪水的相互作用可以看作大自然将洪水转化为资源水的过程，观测表明，一些洪泛滩区植物种子的传播和发芽在很大程度上依赖于洪水脉冲，即在高水位时种子得以传播，低水位时种子萌芽。尽管种子萌芽生长还涉及其他一些敏感因子(如盐度、温度、土层厚度、pH 值和光照等)，但是洪水脉冲经常起关键作用。历史上的大洪水在制造灾难的同时也为后人滋养了宝贵的湿地资源。洪水泛滥的负面影响：首先，表现为对植物根系的不良影响。湿地土壤水分过多或积水时，会因土壤孔隙充满水分，引起通气状况恶化，使植物根系处于缺氧环境中，有氧呼吸受到抑制，对水分和矿物质的吸收受阻，植物生长很快停止，叶片自下而上萎蔫、枯黄、脱落，根系逐渐变黑、腐烂。其次，表现为影响湿地植物的地上部分，长期淹水会导致湿地植物的光合作用受阻，有氧呼吸减弱而无氧呼吸增强，体内能量代谢恶化，各种生命活动陷于紊乱，各种器官和组织腐烂甚至脱落。洪水泛滥对湿地动物的负面影响还常常导致流行病的蔓延，造成湿地动物的大量死亡。洪水泛滥的正面影响是通过周期性泛滥洪水把河流与洪泛湿地动态地联结起来，形成河流与洪泛湿地有机高效物质能量交换系统，促进生物之间的能量交换和物质循环，完善湿地生态系统食物网结构，促进鱼类等生物提高生物量，同时也为各类珍稀濒危水禽提供重要的栖息环境。在洪水回落后的旱季，洪泛湿地上的植物生长主要依靠洪水携带的营养物质和水生植物的分解物来维持。

(2)湿地生物对水文过程的响应

①湿地植物对湿地水文过程的响应。湿地植物主要包括湿生植物和水生植物，其

中水生植物又分为挺水植物、漂浮植物、浮叶植物和沉水植物。湿生植物多生长在湿生环境或短期淹水地带，是湿地植物中耐旱能力较强的种类。生长在淹水环境中的挺水植物、浮叶植物和沉水植物因长期适应缺氧环境，其根、茎、叶已形成连贯的通气组织，能够保证植物体各部分对氧气的需要；漂浮植物长期漂浮在水面之上，一般长有气囊组织，能够随着水流运动迁徙到其他地方，如槐叶蘋（*Limnobium laevigatum*）、大薸（*Pistia stratiotes*）、浮萍（*Lemna minor*）等。另外，湿地植物的不同生长期对水位有不同要求，如香蒲在萌芽期喜潮湿或浅水环境，而生长期则需要较大的水深。湿地植物，特别是大型维管植物，是影响湿地水文过程的主要生物类群。湿地植物可以改变湿地环境条件，特别是地貌等特征，进而影响湿地水文过程。茎和叶减缓水流，促进泥沙等颗粒物的沉积，而植物根系和地下茎的生长，又可以增加沉积物的稳定性，从而使湿地基底分布高程改变，也会影响区域的水文过程，包括相应的水文周期。

②湿地动物对湿地水文过程的响应。湿地动物包含湿地水鸟、昆虫、鱼类、两栖类等动物。湿地动物通过形态结构、行为和生理上的变化来适应湿地环境中的不同水文过程变化，如涉禽多活动于浅水区域和滩涂地带，游禽多活动于深水区。湿地动物对水文过程的适应与湿地植物的不同之处在于湿地动物有活动能力，能通过迁移行为和自身生理特征变化主动避开不良的水环境，如有些湿地动物能通过调节体内的渗透压来维持与湿地环境的水分平衡，做出对湿地水文过程变化的响应。湿地中的动物也通过营巢、摄食等行为，直接或间接地影响湿地水文过程。无脊椎动物，如牡蛎、河蚬等滤食性种类，通过滤食行为，可以改变流过其周边的水流的模式；掘穴生活的底栖动物，由于其掘穴扰动以及形成的洞穴会直接影响沉积物的渗透性，改变相应的水文过程。大型脊椎动物，如美洲河狸等通过筑坝、掘穴以及取食相应的植被，改变地貌和水系，进而影响甚至完全改变湿地水文过程。

（3）湿地水文过程对湿地生态系统的影响

湿地受到洪水脉冲影响后，高水位湿地中的积水区、滩地以及湿生植被分布区通过水体流动形成由储水系统变成水体传输系统，即从静水系统发展为动水系统。这种动态湿地水系统为不同类型湿地生物物种提供了避难所、栖息地和觅食所。另外，强烈的洪水脉冲可以促使湿地生态系统中的淡水发生替换，即输移水体中的有机残骸堆积物，调节湿地动植物种群。洪水脉冲以随机的方式改变湿地水文过程连通性的时空格局，从而形成高度异质性的栖息地特征，能够为多种湿地生物提供栖息环境，促进湿地生态系统的发育和稳定，维持湿地生态系统的健康。

当湿地水位回落，河流与小型湖泊、洼地和水塘之间的连通性降低，洪泛滩区的水体停止运动，滞留在滩区的水体又恢复为静水状态，在较深的水体中会出现温度成层现象和缺氧现象。同时陆生堆积有机物质被洪水淹没后腐烂，由于耗氧作用，湿地水生生态系统处于缺氧状态，可能影响某些湿地生物的生存，降低湿地生态系统生物链的稳定性。当湿地水体处于静水状态时，湿地会储存无机和有机物质，促使这些物质在湿地生态系统中循环，最终这些物质会在湿地积水区沉积。而动态湿地水系则是一个开放的系统，它从陆地传输携带溶解态物质和悬浮物质到湿地中，从上游直到河口，为湿地生态系统提供充足的物质，稳定湿地生态系统，维持湿地生态系统的健康。

3.2　湿地土壤

3.2.1　湿地土壤的概念和功能

(1) 湿地土壤的概念

湿地土壤是长期或生长季积水、周期性淹水条件下，土层具有多水和还原环境特征，生长有水生或湿生植物的陆地表面疏松表层。具有两个突出特征：一是水成或湿成过程的主导性；二是还原环境的持续性。

湿地土壤有别于其他土壤的主要特征是水分盈余。一年内至少有一个阶段湿地土壤孔隙皆被水充满，处于饱和状态。长期淹水或过饱和状态使土壤孔隙中的氧气被排除或耗尽，表现为强还原环境，决定了湿地生态系统中营养物质的赋存形态及其迁移转化过程。土壤水分处于过饱和状态，土壤微生物种类较少，活性较弱，对动植物残体的分解作用受到抑制，导致动植物残体原地堆积，进而造成有机碳的不断积累。

(2) 湿地土壤的生态功能

湿地土壤是构成湿地生态系统的主要环境因子之一，对于湿地生态系统发挥其生态功能起着重要作用。

①生物多样性维持功能。湿地土壤发挥着地上生物与地下生物联系的桥梁和纽带的作用，不仅是湿地植物的支撑者，也是土壤微生物、土壤动物的生活场所，不仅决定湿地植物的空间分布差异，而且决定土壤微生物、土壤动物的类群、数量和生长。

②养分供给功能。湿地土壤储存了大量的营养物质，截留与沉积了水体的部分养分元素，为湿地动植物提供了生长、栖息和繁殖所需要的养分。养分元素的迁移、吸收是湿地生物地球化学循环的重要组成部分。

③固碳功能。由于湿地土壤的还原环境，使微生物活性较弱，因此土壤分解有机质，释放 CO_2 十分缓慢，长年累月形成了富含有机质的湿地土壤和泥炭层，起到了固定碳的作用。湿地土壤中碳的变化对全球碳循环和全球变化的研究具有重要意义。

④净化功能。湿地土壤通过截留、吸收、沉淀、吸附、交换、代谢、氧化还原等途径完成对污染物质的净化。湿地土壤具有较好的团粒结构，是许多化学反应的载体，利于污染物质的去除。湿地土壤生物在土壤净化方面扮演着重要的分解者角色。

⑤水文调节功能。湿地土壤含水量以及饱和持水量决定湿地土壤水调蓄空间。土壤渗透性是土壤对降水和地表径流的入渗和吸收能力，渗透率越大，土壤的水文调节能力越强。

⑥指示功能。湿地土壤记录着不同的成土过程、环境变化和人类活动的信息。利用湿地沉积记录中的植硅体、孢粉、年代学、矿物、粒度、环境磁学等指标分析，可以重建植被和气候变化过程，反映湿地环境变迁、土壤侵蚀程度、土壤成土过程及成土年龄等状况。

3.2.2　湿地土壤类型和分布

(1) 湿地土壤类型

我国湿地土壤类型多，随气候和环境条件的不同而不同，但对湿地土壤在土壤分类体系中的地位和作用研究相对较少。

我国土壤分类从 20 世纪 50 年代初采用以地带性的生物气候条件为首要依据的发生分类制。在全国第二次土壤普查研究成果基础上制定的《中国土壤分类与代码》(GB/T 17296—2009)将我国现行的土壤采用土纲、亚纲、土类、亚类、土属、土种、亚种 7 级分类制,包括 12 个土纲、30 个亚纲、60 个土类、200 多个亚类。涉及湿地土壤的有水成土纲的沼泽土和泥炭土两个土类,半水成土纲的草甸土和潮土,人为土纲的水稻土,淋溶土纲的白浆土以及盐碱土纲的滨海盐土、碱土等。

20 世纪 70 年代,国际上土壤分类进入了以诊断层、诊断特性为基础的定量化阶段。80 年代中期,我国开始了土壤系统分类的研究,根据 33 个诊断层和 25 个诊断特性,划分出 14 个土纲,但也没有统一的湿地土壤土纲。我国湿地土壤分属 4 个土纲、7 个亚纲、21 个土类(表 3-2)。当前国内出现了土壤发生分类和系统分类并存局面,主要湿地土壤在两种分类体系下的近似参比(表 3-3)。

表 3-2　中国湿地土壤类型

土纲	亚纲	土类
有机土	永冻有机土	落叶永冻有机土
		纤维永冻有机土
		半腐永冻有机土
	正常有机土	落叶正常有机土
		纤维正常有机土
		半腐正常有机土
		高腐正常有机土
人为土	水耕人为土	潜育水耕人为土
		铁渗水耕人为土
		铁聚水耕人为土
		简育水耕人为土
盐成土	正常盐成土	潮湿正常盐成土
潜育土	永冻潜育土	有机永陈潜育土
		简育永冻潜育土
	滞水潜育土	有机滞水潜育土
		简育滞水潜育土
	正常潜育土	含硫正常潜育土
		有机正常潜育土
		表锈正常潜育土
		暗沃正常潜育土
		简育正常潜育土

注:引自杨青等,2007。

表 3-3　湿地土壤类型在中国土壤分类系统与系统分类间的参比

| 中国土壤分类系统 | | 中国土壤系统分类 | |
土纲	土类	土纲	土类
水成土	沼泽土	潜育土	有机、暗沃、简育正常潜育土
	泥炭土	有机土	落叶、纤维、半腐、高腐正常有机土
半水成土	草甸土	雏形土	暗色、淡色潮湿雏形土
	林灌草甸土	雏形土	叶垫潮湿雏形土
	山地草甸土	雏形土	滞水常湿雏形土 冷凉湿润雏形土
	潮土	雏形土	淡色潮湿雏形土 底锈湿润雏形土
盐碱土	滨海盐土	盐成土	潮湿正常盐成土
	碱土	盐成土	潮湿碱积盐成土 简育碱积盐成土
人为土	水稻土	人为土	铁渗、潜育、简育、铁聚水耕人为土
淋溶土	白浆土	淋溶土	漂白冷凉淋溶土

（2）湿地土壤分布

我国湿地土壤从寒温带到热带、从沿海到内陆、从平原到高原山区均有分布，总面积约 $53.60 \times 10^4 \text{ km}^2$，居世界第三位，其中水稻土面积居世界首位。

①沼泽土。是低湿地区沼泽植物下形成的具有潜育层或兼有泥炭层的土壤。广泛呈点状分布于全国各地的积水低地。我国的黑龙江、吉林和四川西北部分布尤为集中，以东北的三江平原、川西北高原的若尔盖地区分布面积较大。

②泥炭土。是沼泽中死亡的植物体未得到充分分解而在原地逐年堆积而形成的有机土壤。与其他陆地生态系统相比，泥炭地的单位面积碳储量最高。主要分布于低洼地、河塘、山地沼泽地区。我国泥炭土主要分布在大小兴安岭、长白山区、青藏高原、阿尔泰山等区域。

③水稻土。是人工灌溉耕种条件下形成的具有水耕表层和水耕氧化还原层的土壤。可形成于有灌溉条件并长期种稻的任何土壤类型上。从温带到热带均有分布，以亚洲最为集中，印度和中国面积最大。在我国几乎分布全国各地，由北向南呈现逐渐增加趋势，集中分布在秦岭—淮河以南地区，以长江中下游平原、成都平原、珠江三角洲平原等地区最为集中。

④盐碱土。是盐土、碱土及各种盐化、碱化土壤的统称，是可溶性盐类或碱性物质在地下水作用下向表层或次表层聚集的土壤。我国盐碱土主要分布在西北、东北、华北及滨海地区。其中，滨海盐土是由于海水浸渍而形成的盐渍土，母质为滨海沉积物。分布于沿海一带，大致平行于海岸线呈带状分布，从海边向内陆方向，土壤含盐量和地下水矿化度渐次递减，从南到北逐渐加强。以渤海湾和黄海一带滨海平原分布最广。

⑤草甸土。是在草甸草本植被作用和地下水浸润影响下形成的土壤。我国的草甸土主要分布在东北地区的三江平原、松嫩平原、辽河平原、内蒙古及西北地区的河谷平原或湖盆地区及新疆的洪积扇缘地下水溢出带和河流低阶地。山地草甸土是发育在平缓山地上部喜湿性草甸植被及草甸灌丛草甸矮林下，具有暗腐殖质表层和氧化还原特征的土壤。主要分布于我国西部、西南及东部的中山区，在青藏高原东侧的云贵高原、秦岭、大巴山、大凉山及其以东地区，在大兴安岭、长白山南段及其以南的中山区均有分布，海拔 1 000~3 760 m。其分布区域随山地所在地区的生物气候条件、山体高度、植被类型与覆盖度而变化。

⑥潮土。见于河流冲积平原或低平阶地，母质是近代河流冲积物，地下水位浅，潜水参与土壤形成过程。广泛分布在中国黄淮海平原及河谷平原、滨湖低地与山间谷地等。

⑦白浆土。是在温带湿润半湿润平缓岗地森林草原下发育的土壤。我国白浆土分布较广，在大小兴安岭、长白山、鲁南山区及江淮丘陵等地均有连片分布。在东北地区，白浆土广泛分布在黑龙江省和吉林省东部地区，即从三江平原地区，向南延至辽宁省的沈丹铁路附近。淮河以南及长江中下游地区，集中分布在安徽、江苏、浙江、湖北与湖南等省份。在西南地区，主要分布在四川东部地区的山区、丘陵及平坝地区。在南方各省份的阶地与山丘坡麓亦有零星分布。

上述主要湿地类型中，以沼泽土、潮土和水稻土等分布较广。

3.2.3　湿地土壤形成过程

土壤是成土母质在一定水热条件和生物的作用下，经过一系列物理作用、化学作用和生物化学作用形成的。土壤形成因素可分为两大类：自然成土因素和人为活动因素。自然形成因素存在于一切土壤的形成过程中，这种关系，可以用函数表示：

$$土壤 = f(母质，生物，气候，地形，时间，\cdots) \tag{3-2}$$

人类活动在土壤形成过程中具有独特的作用，并与上述 5 个因素有本质的区别。人类活动对自然土壤进行改造，可改变土壤的发育程度和发育方向。

土壤形成过程是一个综合性过程，是物质的地质大循环与生物小循环矛盾统一的结果。成土条件的复杂性，决定了土壤形成过程总体的内容、性质及其表现形式也是多种多样的。在湿地特殊的水文条件和植被条件下，湿地土壤表现出不同于一般陆地土壤的特殊的理化性质和生态功能，这些性质和功能对于湿地生态系统平衡的维持和演替具有重要作用。水文是影响湿地土壤形成过程的决定性因素。水文过程控制湿地的形成与演化，影响湿地物种组成、主要生产量、有机物沉积和营养物的循环等，使湿地成为一个独特的不同于陆地系统和深水水生系统的生态系统。气候是控制湿地消长的最根本的动力因素，气候变化对湿地土壤的物质循环、能量流动、湿地生产力、水文过程、生物地球化学过程、湿地动植物以及湿地生态功能也具有重要影响。长期人类干扰会降低湿地的稳定性，影响其物质生产、营养元素循环、能量流动及水文等关键生态过程，从而改变湿地生态系统的环境特征。

典型的湿地土壤形成过程包括有机质累积过程、表聚过程、潜育化过程、潴育化过程、白浆化过程等。

①土壤有机质累积过程。在具有一定初级生产力的植被条件下，以植物体为主要输入源，在土壤中不断分解和转化并增加有机物质的过程，是湿地土壤最为普遍的一个成土过程。土壤有机质累积过程是由输入、分解、转化、输出过程构成的复杂的碳循环过程。一方面，外来有机物质不断地输入土壤，并经微生物的分解和转化形成新的腐殖质；另一方面，土壤原有有机质不断地被分解和矿化，离开土壤。输入土壤的有机物质主要由每年加入土壤的动植物残体的数量和类型决定，而土壤有机质的输出则主要取决于土壤有机质的氧化及土壤侵蚀的程度，输入土壤的有机物质与有机碳从土壤中输出之间的平衡决定了土壤有机质的累积。一般说来，有机质聚积有以下表现形式：

a. 腐殖化。主要见于草本植被下，植物残体在微生物作用下被转化成腐殖质，聚积在土体的上部而形成暗色腐殖层（黑土层）。腐殖化过程使土体发生分化，往往在土体上部形成一个暗色腐殖质层。

b. 泥炭化。在低温或高湿条件下，植物残体呈半分解状态，大多仅有颜色的改变，植物组织仍保持原状。在低洼过湿条件下形成泥炭层，在高寒条件下形成毡状草皮层。

泥炭化作用形成泥炭堆积，泥炭层厚度是沼泽土和泥炭土最主要的区别（图 3-4）。沼泽土的剖面主要由两个发生层组成，即上部为腐殖质层（A）或泥炭层（H），下部为潜育层（G），因此，沼泽土的剖面构型为 AH-G 型。泥炭土的剖面构型为 H-G 型。泥炭层（H）的厚度大于 50 cm，有时在 H 层之下有腐殖质过渡层。

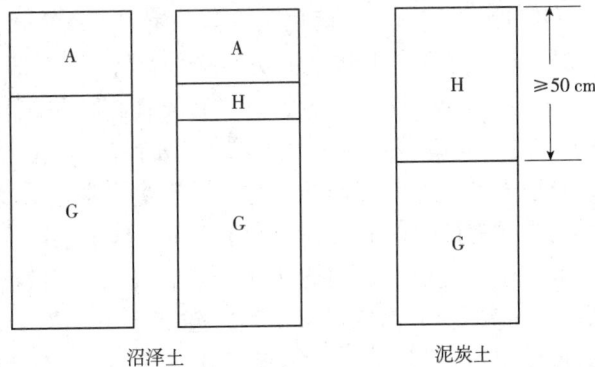

A. 腐殖质层；H. 泥炭层；G. 潜育层。

图 3-4　沼泽土与泥炭土区别示意

②表聚过程。土壤有机质、营养元素、盐分等在土壤表层显著积累的过程。表聚过程包括植物根系对土壤有机质和营养元素的表聚过程。植物有选择地从土壤中吸收营养元素，在生物体积累，以凋落物形式输入土壤，把营养元素及其他元素保存和积累在土壤中。根系对于土壤有机质、营养元素在土壤剖面不同深度的分布存在重要的影响。土层深度 0~20 cm，有根系的土壤中有机质、全氮、全磷、硝态氮和氨态氮等物质含量显著高于无根系的土壤；土层深度 20 cm 以下，有根系与无根系的土壤中养分含量差异逐渐减小；土层深度达 100 cm，有根系的土壤有机质含量反而低于无根系土壤。根系对土壤全磷和氨态氮的影响没有其他养分那么明显，除在表层（0~30 cm）存在明显的表聚现象外，其他层次出现交叉现象。

表聚过程也包括地下水所含盐分随毛管水上升到地表并不断积累的过程。土壤底层或地下水的盐分随毛管水上升到地表，水分蒸发后，盐分在地表发生积累。易溶性盐分在土壤表层积累的现象或过程，也称盐碱化。在滨海地区，土壤受海水浸渍影响而发生盐碱化。在干旱和半干旱内陆地区，地表水和地下水排泄不畅，水位较高，地面蒸发作用强烈，土壤母质和地下水中所含盐分随着土壤毛细管水向上迁移富集，造成地表聚盐。

盐碱化作用形成盐碱土，包括盐土和碱土，一般依据土壤 pH 值、饱和土浆电导率、碱化度（交换性钠饱和度）等划分（表 3-4）。

表 3-4　盐土和碱土区分主要参考指标

中国土壤分类系统（亚纲）	形成过程	主要盐分组成	pH 值	饱和土浆电导率（ds/m）	碱化度 ESP（%）
盐土	盐化过程	氯化钠、硫酸钠等	<8.5	>4	<15
碱土	碱化过程	碳酸氢钠、碳酸钠等	>8.5	<4	>15

③潜育化过程。长期积水或地下水位过高，土壤受到有机质厌氧分解，缺氧环境导致铁锰化合物在一定深度发生还原反应的过程。由于铁氧化物还原为二价铁（Fe^{2+}），土体一定深度呈现二价铁标志性的灰蓝色至青灰色。潜育化过程发生有两个条件：湿地土壤常年或季节性积水，土壤氧化还原电位低（Eh 值一般低于 250 mV），铁以低价态为主。同时，土壤有机物在厌氧条件分解形成还原性物质，并与还原态的低价铁、锰形成络合物或离子态向下淋溶。低价铁形成蓝铁矿、硫化亚铁等，使土壤呈还原状态特征的蓝灰色或青灰色，形成潜育层。潜育层在淹水和低价铁存在的情况下，土壤结构破坏，土体呈分散的软糊状；这种潜育层一旦暴露在空气时，好氧和厌氧过程的交替会使土壤形成网纹或铁、锰结核，使其颜色更加丰富。潜育化过程是潜育土发育、有机土形成的重要过程。

④潴育化过程。土层干湿交替，引起土壤中铁、锰物质处于还原和氧化的交替过程。潴育化过程主要发生在直接受地下水浸润的土层中。地下水雨季升高，旱季下降，水位的起伏、波动导致土层干湿交替，引起土体中氧化还原作用的交替出现，土体中铁、锰元素随着水分上下运动、分离或局部沉淀。在渍水中，铁、锰被还原迁移，由于锰离子的移动性较铁离子稍强，在该土层中往往铁富集于土层中部，锰相对富集于土层的上下两端，形成了铁、锰的相对分离。水位下降时，铁、锰又被氧化而产生淀积，形成一个有锈纹、锈斑以及黑色铁锰结核的土层。潴育化过程又称假潜育化过程。

⑤白浆化过程。因季节性上层滞水引起土壤表层铁锰还原并随水迁移而使土壤脱色的过程。白浆化过程的结果是形成粉砂含量高、铁锰含量贫乏的淡色白浆层。白浆化过程又称漂白淋洗作用、假灰化作用等。氧化还原交替引发的铁解作用是白浆化过程的主要机制。湿润但又有较明显干湿季节变动的气候条件下，土壤处于氧化还原交替的环境中。在雨季，高有机质含量的表土层处于水分饱和的还原环境，颜色较深矿物中的铁、锰呈低价易溶态向下淋移，黏粒部分深色的有机物质也向下淋溶，土壤表层或次表层黏粒含量降低，颜色也逐渐变浅。向下淋移的 Fe^{2+} 和 Mn^{2+} 随渗透水和黏粒下移到土壤中下部后，由于水分减少，遇空气氧化为高价的 Fe^{3+} 和 Mn^{4+}，并在土壤颗粒表面淀积下来形成胶膜。黏粒的淀积形成的黏粒淀积层加剧了表层的滞水现象，使 Fe^{2+}、Mn^{2+} 和黏粒进一步向下淋移。这样，土壤次表层的质地逐步粉粒化，颜色进一步变浅，几乎呈白色。

潜育化、潴育化和白浆化过程都是由于土体滞(积)水引起的成土过程。

⑥人为活动作用。人为活动介入之后，土壤形成过程的方向在不同程度上发生变化。通过耕作、施肥、灌溉排水等，改变原来土壤在自然状态下的物质循环与迁移积累，促使土壤性状发生明显改变，形成在形态、理化性质和生物学特证上有别于原有土壤的新土壤，同时又具备可供鉴别的新的发生层段和属性，从而形成新的土壤类型。

湿地土壤的定义多种多样，当前需要根据湿地的基本组成要素及其水文、生物特征，开展科学定义，同时完善湿地土壤分类系统，研究不同气候和环境条件下湿地土壤特征。湿地土壤具有碳储存、养分供给、生物多样性维持等多重功能，全球气候变化背景下，需研究气候变化对湿地土壤功能的影响，以及湿地土壤对气候变化的反馈机制。探讨生物入侵、污染和养分输入对湿地土壤健康的影响。解析湿地土壤生物多样性对维持和增强湿地土壤健康及多功能性(包括碳储存、养分循环、污染物净化等)的影响机制，并评估全球变化和人类活动对湿地土壤的影响。特别是在"双碳"背景下，湿地土壤作为重要的碳储库与碳汇，其碳库稳定机制及碳汇计量与监测已成为当前研究和管理关注的热点问题。

3.3　湿地物质循环过程

3.3.1　湿地碳循环过程

湿地植物(包括水生植物、沼生植物、盐生植物，以及一些中生的草本植物和浮游植物等)通过光合作用将大气中的 CO_2 转化为有机碳即碳水化合物，固定在植物体内，再经食物链传递进入湿地动物；湿地动植物通过呼吸作用将摄入体内的一部分碳转化为 CO_2 而重新释放到大气中；另一部分碳则在湿地动植物体内储存；动植物死后残体中的一部分碳通过腐殖化过程而保留在土壤中，另一部分残体碳则在微生物的作用下通过土壤有机质的矿化过程分解成温室气体 CO_2 和甲烷(CH_4)等而最终排入大气(图 3-5)。大气中的 CO_2 这样循环一次约需 20 年。湿地生态系统具有较高的净初级生产力，湿地长期或季节性淹水所形成的缺氧环境有利于碳在土壤中累积。一小部分未被微生物分解的湿地动植物残体直接在被矿化分解前被掩埋而成为有机沉积物，这些沉积物经过漫长的年代，在热能和压力作用下转变成泥炭土或矿物燃料，如煤、石油和天然气等。当它们在风化过程中或作为燃料燃烧时，其中的碳被氧化为 CO_2 排入大气。

土壤有机质是除碳酸盐及 CO_2 以外的各种含碳化合物的总称，由植物、动物和微生物等生物残体转化而来。在转化过程中，大部分生物残体在微生物的作用下，以较快的速度被分解为 CO_2 和水而进入大气之中，还有一部分被转化为土壤有机质。根据土壤有机质分解的难易程度，将土壤有机质分为活性碳库和惰性碳库，以及介于两者之间的缓效碳库。其中，活性碳库是指容易被土壤微生物分解矿化，并对植、微生物来说活性较高的那部分有机碳，如碳水化合物、氨基酸和蛋白质等。惰性碳库是指土壤中存在的极难分解的那部分有机碳，如纤维素和半纤维素等。而缓效碳库是化学性质和物理性质稳定介于活性和惰性碳库之间的那部分有机碳，如木质素和角质。土壤腐殖质是指排除未分解和半分解生物残体后土壤中所保留的含碳化合物，是土壤有

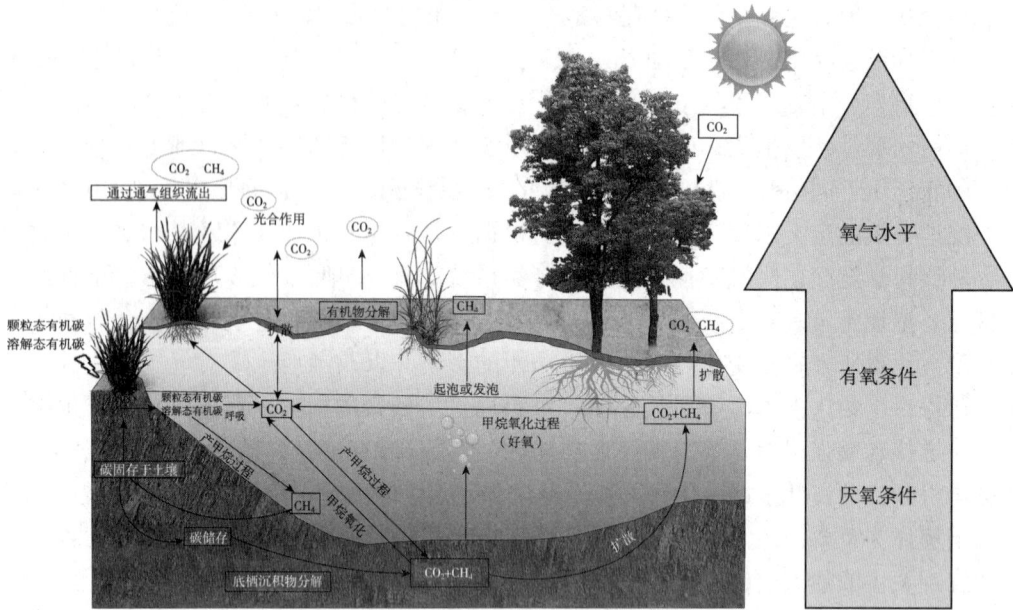

图 3-5 湿地碳循环过程

(改自 Inglett et al. ，2011)

机质存在的主要形态，一般占有机质总量的 50%~65%。土壤腐殖质不是一种纯化合物，而是代表一类有着特殊化学和生物特性的、构造复杂的高分子化合物，呈酸性，颜色为褐色或暗褐色。按照腐殖质在酸、碱溶液中的溶解度，可将土壤腐殖质分为 3 种类型：①胡敏素，即腐殖质中不溶于酸和碱的部分；②胡敏酸，即腐殖质中溶于碱不溶于酸的部分；③富里酸，即腐殖质中既溶于酸也溶于碱的部分。

土壤的腐殖化作用是指湿地植物、动物和微生物残体在微生物作用下，通过生物和化学作用形成腐殖质的过程，一般用腐殖化系数来度量。腐殖化系数是指定量加入土壤中的生物残体(以碳量计)腐解一年后的残留量与初始量的比值。土壤腐殖化过程主要受生物残体的化学组成、水热条件以及 pH 值等土壤理化性质的共同影响。

土壤有机质矿化作用是在微生物的作用下土壤有机质被分解成简单有机化合物并释放出 CO_2 的过程。土壤有机质矿化除了产生各种可供植物吸收利用的养分外，也可为进一步合成腐殖质提供原料，同时该过程还影响温室气体的产生。因此，土壤有机质矿化作用及其对环境因子的影响对生态系统稳定性和全球气候变化具有重要意义。土壤有机质的矿化过程不仅受土壤微生物群落、胞外酶，以及有机质组成、来源、降解难易程度等底物可利用性的影响，还受到土壤氧含量或氧化还原状况的影响。在通气良好的土壤中，有机碳以氧化降解为主，产物主要是 CO_2 和水，参与分解的微生物活动旺盛，有机质矿化速率快；在淹水还原条件下，好氧微生物活性受到抑制，分解速度低且分解不彻底，产物多为各种有机酸和甲烷。研究发现，水位变化显著影响湿地温室气体 CO_2 和 CH_4 排放。例如，若尔盖高寒泥炭地淹水显著降低了 CO_2 排放通量，同时，通过增加产甲烷菌基因丰度而促进 CH_4 排放通量。

湿地生态系统因淹水导致透气性较差，仅在土壤—水界面存在很薄的一层氧化层，是温室气体甲烷的重要排放源。甲烷排放是甲烷产生与氧化作用共同作用的结果。甲烷产生大致可以分为 3 个阶段：

①水解过程。即复杂的大分子有机质在胞外酶的作用下被水解为小分子单体，单体发酵被分解为小分子有机物，如乙醇等。

②乙酸形成过程。即小分子有机物在互营菌和产乙酸菌的共同作用下生成乙酸、CO_2 和氢气。

③产甲烷过程。即乙酸、CO_2 和氢气在产甲烷古菌的作用下最终生成甲烷。产甲烷古菌根据底物不同可分为两大类型，利用乙酸的乙酸营养型古菌和利用 CO_2 或氢气的氢营养型古菌。甲烷氧化主要发生在表层土和根际好氧区域中。甲烷氧化是由甲烷氧化细菌完成，甲烷氧化菌将甲烷氧化成二氧化碳，并获得自身生长所需要的能量，甲烷氧化菌利用甲烷作为唯一的碳源和能量来源。

3.3.2 湿地氮循环过程

氮是蛋白质、核酸、磷脂、酶、维生素、生物碱等物质的组成部分，被称为生命要素。氮不仅是限制植物生长、调节生态系统结构和功能、限制植物群落生产力的关键元素，也是导致水体富营养化的关键元素之一。湿地氮循环，是指气态氮、无机氮化合物和有机氮化合物这 3 种形态的氮，在湿地环境中通过物理、化学和生物的作用进行的各种迁移转化和能量交换过程。湿地生态系统中氮元素赋存形态包括有机氮、无机氮和游离态氮。其中，有机氮是湿地土壤氮的主要组成成分，约占土壤总氮含量的 95% 以上，大部分有机氮不能被植物直接吸收利用；而无机氮主要包括氨态氮、硝态氮和亚硝态氮，这部分无机氮尽管能被植物吸收和利用，但其含量较低。湿地生态系统氮循环过程大致可认为划分为 3 个子过程，即氮素的输入过程（包括生物固氮、大气氮沉降、人为氮输入和径流输入等）、氮素的转化过程（包括氮素氨化作用、硝化作用、NH_4^+ 的同化作用等）和氮素的输出过程（如反硝化作用导致的气态氮损失、氨挥发、径流输出、植物收割等），这 3 个子过程实际上是有机结合在一起交叉进行的，相互之间存在着复杂的耦合关系（图 3-6）。

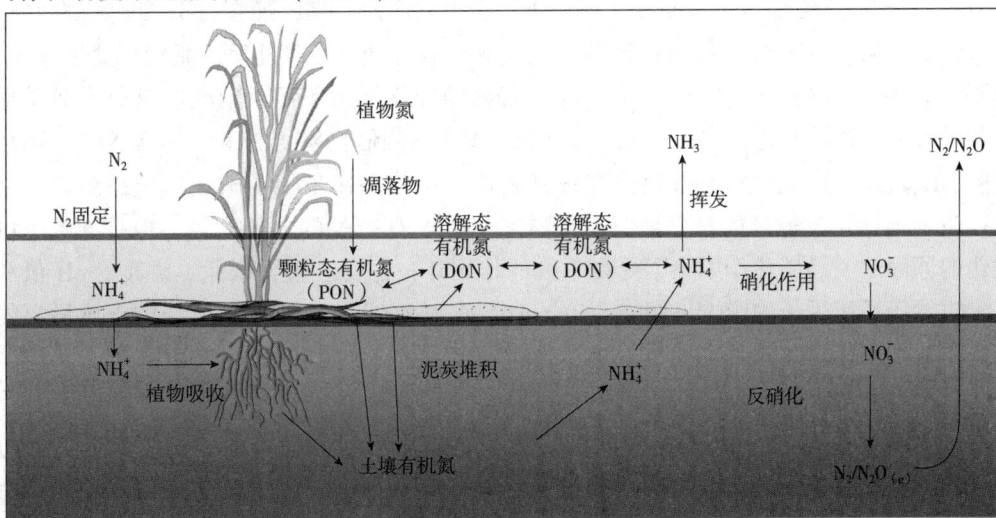

图 3-6 湿地氮循环过程

（改自 Reddy et al.，2008）

生物固氮是指固氮微生物在固氮酶催化作用下将大气中的分子态氮转化为氮化合物的过程，是生态系统氮素的主要来源。根据固氮微生物与湿地植物间的关系，可将生物固氮分为自生固氮、共生固氮和联合固氮 3 种类型。其中，共生固氮占生物固氮总量的 60% 以上，是生物固氮研究的热点。大气氮沉降主要有湿沉降、干沉降和混合沉降 3 类。除生物固氮和大气氮沉降外，人为氮输入和径流氮输入也是湿地生态系统氮素的主要来源，这些氮主要包括农业面源氮肥、点源工业和生活污水排放等。湿地生态系统氮的输入在一定程度上可以提高植物生产力，改变植物群落结构组成及植物体内氮含量，改善凋落物的化学质量，缓解微生物代谢的氮限制；但随着氮输入量持续增加，湿地生态系统处于氮饱和以后，不仅是造成水体富营养化的关键因素之一，还可能引起植物生产力降低，破坏湿地生态系统平衡。

氮素在湿地生态系统中的循环过程主要包括：含氮有机化合物在微生物矿化作用下分解为溶解态无机氮；植物吸收溶解态无机氮并同化为有机氮；植物体内的有机氮被动物摄取并转移；植物和动物的残体沉积到湿地中，含有的有机氮又可被微生物矿化分解为无机氮并继续循环。其中，氨化作用、硝化作用、反硝化作用等是湿地生态系统氮循环的重要过程。

（1）氨化作用

氨化作用是指细菌、真菌、放线菌等多种微生物分解有机氮并释放出氨的过程，也叫矿化作用，主要包括水解过程（氨基化过程）和氨化过程两个阶段。氨基化过程指大分子的含氮化合物在水解酶的作用下，被逐步分解为氨基酸等小分子的含氮化合物过程；而氨化过程是在脱氨酶的作用下，小分子的含氮化合物在有氧的条件下，最终生成氨，并释放出能量。

（2）硝化作用

硝化作用是指在有氧条件下氨态氮被微生物转化为硝态氮的过程，该过程由两个步骤组成，即 NH_4^+ 氧化成 NO_2^-（氨氧化作用）及接下来 NO_2^- 被氧化成 NO_3^-（亚硝酸盐氧化作用）的过程。氨氧化作用又称为亚硝化作用，是氨氧化细菌（AOB）或氨氧化古菌（AOA）在氨单加氧酶（AMO）的催化作用下，将氨（NH_3）氧化成羟胺（NH_2OH），并经羟胺氧化还原酶（HAO）催化作用将羟胺氧化成亚硝酸盐（NO_2^-）的过程。亚硝酸盐不稳定，只要有氧气就会在亚硝酸盐氧化还原酶（NOR）的催化作用下将亚硝酸盐氧化生成硝酸盐（NO_3^-）的过程。硝化过程中，氨单加氧酶 AMO 只能催化氧化 NH_3，而非 NH_4^+，因环境中 NH_3 较少，因此，NH_4^+ 氧化成羟胺是硝化作用的限速步骤。硝化作用是湿地土壤氮素生物地球化学循环的重要环节，是温室气体 N_2O 产生的重要途径，也是导致土壤酸化的原因之一。硝化作用除了受微生物的作用外，也受土壤含水量、温度、pH 值和氮素供给等环境因子的影响。例如，Breuer et al.（2002）研究发现，适当的土壤增温能提高硝化作用速率，同时发现 14~26℃ 是硝化作用的最适温度范围。

（3）厌氧氨氧化

厌氧氨氧化（anammox）是指在厌氧条件下，厌氧氨氧化菌以硝酸盐或亚硝酸盐为电子受体，将氨态氮直接氧化为氮气的过程。1995 年，Mulder 在中试反硝化流化床中首次发现厌氧氨氧化细菌，开启了厌氧氨氧化研究的历程。在自然界中，Thamdrup et al.（2002）利用 [15]N 稳定性同位素示踪技术首次证实了海洋沉积物中存在厌氧氨氧化过程，并推算出高达67%的N_2生成和厌氧氨氧化作用相关,该过程的发现重新定义了氮循环。现代工农业发展将大量氮化合物带入环境,破坏了原有湿地生态系统氮代谢平衡,而厌氧氨氧化过程可同时去除硝态氮和氨态氮,且避免了温室气体N_2O的产生,对维持生态系统氮平衡、水体氮污染修复、缓解温室效应具有重要意义。研究表明,植物根际显著影响厌氧氨氧化过程,且河口湿地根际厌氧氨氧化速率显著低于非根际土壤。

硝化作用产生的硝态氮是土壤氮素的重要赋存形态,易淋溶,在厌氧环境下极易被还原。根据其还原产物的不同可分为反硝化和硝酸盐异化还原为铵(dissimilatory nitrate reduction to ammonium,DNRA)两种途径。其中,反硝化作用是指在厌氧条件下,微生物将环境中的硝酸盐通过一系列中间产物(NO_2^-、NO、N_2O)还原为氮气(N_2)的生物化学过程。反硝化作用分为4个步骤,即在硝酸盐还原酶的作用下将硝酸盐还原为亚硝酸盐,在亚硝酸盐还原酶的作用下将亚硝酸盐还原为NO,在NO还原酶的作用下将NO还原为N_2O,最终在N_2O还原酶作用下将N_2O还原为N_2。其反应过程为$NO_3^- \rightarrow NO_2^- \rightarrow NO \rightarrow N_2O \rightarrow N_2$。反硝化作用是湿地氮素移除的主要过程,是由一系列反硝化微生物参与的复杂过程,而这些微生物广泛分布于细菌、真菌和古细菌中,而放线菌和酵母菌中也发现有反硝化作用的微生物。研究发现,人工净化湿地中nirS型反硝化微生物是影响反硝化作用的主要因子。土壤中反硝化作用的强弱,主要取决于土壤通气状况、pH值、温度和有机质含量,其中尤以通气性的影响最为明显。

固氮作用、硝化作用和反硝化作用作为氮循环的关键环节而备受关注。硝化和反硝化过程均可以产生温室气体N_2O,是湿地与气候变化研究的热点。氮沉降增加条件下,泥炭地N_2O排放通量呈上升趋势,进一步促进气候变暖。此外,氮循环中在厌氧条件下硝酸盐还可以异化还原为铵(DNRA),即在厌氧条件下通过一些严格厌氧微生物将硝态氮异化还原为铵的过程,是除反硝化、厌氧氨氧化外的第三种硝酸盐异化还原过程。该过程将NO_3^-还原为NH_4^+所需的自由能比反硝化作用将NO_3^-还原为N_2O和N_2所需的自由能高,因此,在厌氧条件下反硝化作用更容易发生,但在NO_3^-浓度极低和更强还原势条件下,硝酸盐异化还原为铵的过程更容易发生。该过程将湿地中的NO_3^-还原为容易被植物直接吸收利用的NH_4^+,因此提高了湿地氮素利用效率。此外,该过程可为厌氧氨氧化提供反应底物NH_4^+,促进了厌氧氨氧化反应,二者耦合反应可实现湿地氮污染的有效去除。

3.3.3　湿地磷循环过程

磷素是生命活动必需的营养元素之一,它参与细胞的分裂,物质、能量的合成与转运,具有不可替代的功能。湿地磷循环是指磷元素在湿地生态系统和环境中迁移、转化和往复的过程,磷通过大气沉降、地表径流及污染输入等途径进入湿地,在沉积物/土壤、水和生物体间迁移转化,最后通过生物捕获、沉积或径流等途径输出。湿地土壤磷形态主要包括有机磷和无机磷两大类。其中,有机磷的成分主要与生物活动有关,并且与一些已知生物体组成中的含磷有机化合物相类似,如磷酸单脂、磷酸二酯、植素等。有机磷不易直接被湿地植物吸收利用,只能在其他生物,尤其是在微生物的作用下,矿化分解为易被植物吸收利用的溶解性活性磷。无机磷成分多且种类复杂,可以再分为活性无机磷和非活性无机磷。活性无机磷主要包括弱结合态磷(又称可交换态磷，Ex-P）、铁结合态磷（Fe-P）和铝结合态磷（Al-P），这 3 种形态磷容易被生物所利用，活性无机磷在沉积物中的含量与水体富营养化程度有良好的关系。弱结合态磷指沉积物间隙水中的磷以及那些因无力吸附作用被固定在沉积物颗粒表面的磷，这部分磷的活性较高，易被生物生长利用，但所占比例很低；铁结合态磷通常与沉积物中的铁、锰的氧化物/氢氧化物结合在一起，铁磷最不稳定，其稳定性受 pH 值、氧化还原电位、微生物等因素的影响。沉积物内源磷的释放主要来自铁磷的释放。铁磷容易发生氧化还原反应，伴随着铁的氧化还原反应，铁磷会发生沉淀或释放的迁移过程；铝结合态磷主要是与铝氧化物和铝土矿物结合的磷，铝磷容易受沉积物氧化还原条件与 pH 条件的控制，在还原条件下容易重新释放进入间隙水和上覆水中。而非活性无机磷主要包括了钙结合态磷（Ca-P）与闭蓄态磷，其中钙磷包含了原生碎屑磷、自生磷灰石、生物磷灰石等，钙磷一般被认为是永久性的磷汇，在短时间内难以参与湿地磷循环过程，但在沉积环境处于弱酸状态下时，也可能产生一定的释放；而闭蓄态磷通常指被固定在矿物晶格内的磷，且往往被铁氧化物胶膜所包被。按照磷的溶解性，又可将湿地中磷分为溶解态磷和颗粒态磷，其中，溶解态磷是指能通过 $0.45\ \mu m$ 微孔滤膜的溶解在滤液中的磷。一般情况下，水中溶解态磷素主要以正磷酸盐（PO_4^{3-}、HPO_4^{2-} 和 $H_2PO_4^-$）的形式存在，这三者之前受 pH 值调控而相互转化。而把可以被 $0.45\ \mu m$ 微孔滤膜阻留的磷称为颗粒态磷，颗粒态磷又可细分为颗粒态有机磷和颗粒态无机磷。

输入湿地生态系统中的磷经过一系列的物理、化学和生物过程，在搬运、沉淀、絮凝、吸附和吸收等作用下储存于土壤中，成为磷的内负荷。当沉积物—水界面环境条件发生变化时，蓄积在沉积物中的磷又会通过各种解析和释放作用重新进入水中。沉积物—水界面是磷循环的重要场所，频繁地发生着磷的迁移转化（图 3-7）。通常，沉积物中磷含量远大于上覆水，仅少量磷的释放就会显著增加上覆水磷含量，因此，沉积物内源磷释放作为富营养化水体磷循环的关键过程备受关注。沉积物中磷通过解吸、溶解、矿化等作用释放到上覆水体中，这一过程受沉积物矿物组成、溶解氧、氧化还原电位、pH 值、温度及生物作用等的共同影响，是一个极其复杂的过程。一般认为，沉积物粒径分布不仅引起沉积物对磷吸附能力的差异，对内源磷释放也有重要影响。

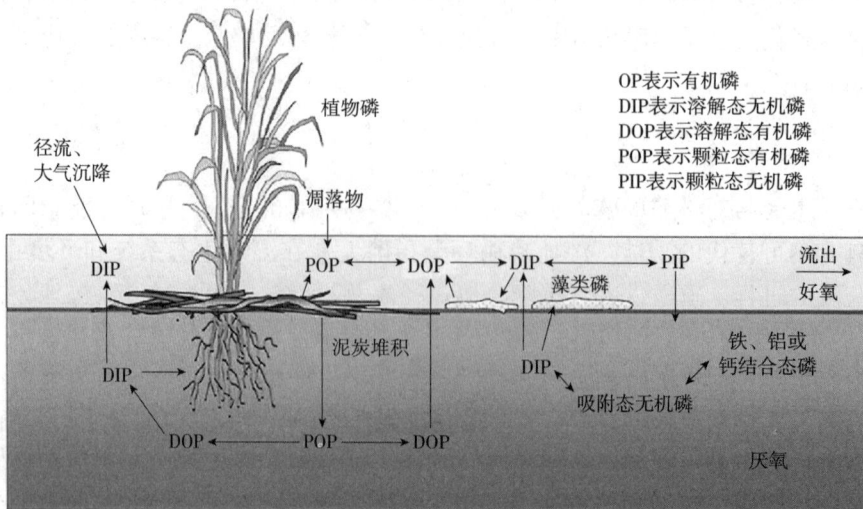

图 3-7　湿地磷循环过程

粒径越细，比表面积越大，对磷酸盐具有较高的吸附性能。除物理因素外，氧化还原条件尤为重要，好氧与厌氧条件下沉积物磷释放过程差异显著。研究发现，在厌氧条件下沉积物磷的释放速率是有氧条件下的 37 倍。沉积物内源磷释放与铁、锰、铝元素的赋存形态密切相关，好氧状态下（$Eh>350\ mV$）铁、锰以氧化态形式存在，可与磷酸盐结合形成共沉淀，从而抑制沉积物中磷的释放。而在厌氧（还原）条件下，铁锰很容易被微生物还原为二价，导致吸附在铁锰矿物表面的磷释放到上覆水中。此外，在沉积物—水界面上，pH 值是影响磷吸附/解吸、沉淀/溶解，以及氧化还原作用的支配性因素。一般认为，沉积物—水界面磷素释放水平与 pH 值呈"U"形相关，即中性条件下释磷量最小，而释磷量随着酸度和碱度的升高而增加。这是因为在中性条件下，磷主要以 HPO_4^{2-} 和 $H_2PO_4^-$ 存在，该形态的磷最容易被沉积物吸附，释放量也就最小；在 pH 值较低时，沉积物中的磷以溶解作用为主，与钙等物质结合的磷会在 H^+ 的作用朝着解吸的方向移动，致使沉积物释磷量增加；而在 pH 值较高时，OH^- 会与磷酸根离子发生竞争吸附，继而将铁铝化合物表面上的磷置换出来，使水体中磷素含量增加。

思考题

1. 简述湿地水文循环过程。
2. 湿地水文调节效应是什么？举例阐述。
3. 湿地土壤的形成有哪些过程？
4. 简述潴育化和白浆化过程。
5. 简述沼泽土和泥炭土区别。
6. 简述湿地碳循环、氮循环和磷循环过程。

第4章

湿地生物多样性

4.1 生物多样性概述

4.1.1 生物多样性的定义

生物多样性是一个内容广泛的概念,用于描述自然界生命体的多样化程度。不同的学者对生物多样性有不同的定义。在获得广泛认同的《生物多样性公约》(Convention on Biological Diversity, 1992)中,生物多样性的定义是所有活的生物体中的变异性,这些变异来源于陆地、海洋和其他水生生态系统及其所构成的生态综合体,包括物种内、物种之间和生态系统的多样性。

我国学者也对生物多样性进行了定义。蒋志刚等(1997)对于生物多样性的定义是:生物多样性是生物及其环境形成的生态复合体以及与此相关的各种生态过程的综合,包括动物、植物、微生物和它们所拥有的基因,以及它们与其生存环境共同构成的生态系统。孙儒泳(1993)认为,生物多样性包括了地球上生命的所有变异。

可以看出,学术界对"生物多样性"这个概念的表述虽有不同,但至少有两点共识:一是生物多样性的概念包含了所有类型的有机生命体,并强调的是生命体之间的多样性和变异性;二是这种多样性和变异性来源广泛并且具有层次性,如种内、种间和生态系统间等层次。所以,理解该概念的重点在于辨析各层次上,多样性是如何表现的,以及不同层次上的变异如何联系,从而呈现我们所看到的丰富的生物多样性。一般认为,生物多样性包括遗传多样性、物种多样性和生态系统多样性3个主要层次。

4.1.2 生物多样性的层次

(1)遗传多样性

遗传多样性是生物多样性的重要组成部分。广义的遗传多样性是指地球上生物所携带的各种遗传信息的总和。这些遗传信息储存在生物个体的基因之中。因此,遗传多样性也就是生物的遗传基因的多样性。任何一个物种或一个生物个体都保存着大量的遗传基因,因此,可被看作一个基因库。一个物种所包含的基因越丰富,它对环境的适应能力越强。基因的多样性是生命进化和物种分化的基础。

狭义的遗传多样性主要是指生物种内基因的变化,包括种内显著不同的种群之间以及同一种群内的遗传变异。此外，遗传多样性可以表现在多个层次上，如分子、细胞、个体等。在自然界中，对于绝大多数有性生殖的物种而言，种群内的个体之间往往没有完全一致的基因型，而种群就是由这些具有不同遗传结构的多个个体组成的。

在生物的长期演化过程中，遗传物质的改变（或突变）是产生遗传多样性的根本原因。遗传物质的突变主要有两种类型，即染色体数量和结构的变化以及基因位点内部核苷酸的变化，前者称为染色体的畸变，后者称为基因突变（或点突变）。此外，基因重组也可以导致生物产生遗传变异。

（2）物种多样性

物种是生物分类的基本单位。对于什么是物种一直是分类学家和系统进化学家所关注和讨论的问题。一般认为，物种是能够（或可能）相互配育的、拥有自然种群的类群，这些类群与其他类群存在着生殖隔离。我国学者陈世骧（1978）对物种所下的定义为：物种是繁殖单元，由又连续又间断的居群组成；物种是进化的单元，是生物系统的基本环节，是分类的基本单元。在分类学上，确定一个物种必须同时考虑形态、地理、遗传等特征，也就是说，作为一个物种必须同时具备如下条件：①具有相对稳定且一致的形态学特征，以便与其他物种相区别；②以种群的形式生活在一定的空间内，占据着一定的地理分布区，并在该区域内生存和繁衍后代；③每个物种具有特定的遗传基因库，同种的不同个体之间可以互相配对和繁殖后代，不同种的个体之间存在着生殖隔离，不能配育或即使杂交也不产生具有繁殖能力的后代。

物种多样性是指地球上动物、植物、微生物等生物种类的丰富程度。物种多样性包括两个方面的含义：一是指一定区域内的物种丰富程度，可称为区域物种多样性；二是指生态学方面的物种分布的均匀程度，可称为生态多样性或群落物种多样性（蒋志刚等，1997）。物种多样性是衡量一定地区生物资源丰富程度的一个客观指标。

在描述一个国家或地区生物多样性丰富程度时，最常用的指标是区域物种多样性。区域物种多样性的测量有以下 3 个指标：①物种总数，指特定区域内所拥有的特定类群的物种数量；②物种密度，指单位面积内的特定类群的物种数量；③特有种比例，指在一定区域内某个特定类群特有种占该地区物种总数的比例。

（3）生态系统多样性

生态系统是各种生物与其周围环境所构成的自然综合体。所有的物种都是生态系统的组成部分。在生态系统之中，不仅各个物种之间相互依赖，彼此制约，而且生物与其周围的各种环境因子也是相互作用的。从结构上看，生态系统主要由生产者、消费者、分解者所构成。生态系统的功能是对地球上的各种化学元素进行循环和维持能量在各组分之间的正常流动。生态系统的多样性主要是指地球上生态系统组成、功能的多样性以及各种生态过程的多样性，包括生境的多样性、生物群落和生态过程的多样化等多个方面。其中，生境的多样性是生态系统多样性形成的基础，生物群落的多样化可以反映生态系统类型的多样性。

4.1.3　我国湿地生物多样性概况

湿地生态系统因其介于陆地与水体的过渡地带，兼具陆生和水生的水文、土壤和气候特点，为湿地动植物形成、生存和繁衍提供了独特的生境条件，形成了其他任何单一生态系统都无法比拟的天然基因库和丰富的生物多样性。湿地对于保护物种、维持生物多样性具有难以替代的生态价值。尽管湿地仅覆盖地球陆地表面约 6%，但 40% 的动植物依赖湿地生存或繁殖。超过 10 万种淡水物种是在湿地中发现的。

以湿地植物和湿地动物为例。在湿地植物方面，具有种类丰富、地理成分复杂、广布植物繁多的特点。据第二次全国湿地资源调查（2009—2013）统计，共记录到湿地植物 4 220 种，隶属 3 门 239 科 1 255 属，其中，苔藓植物 39 科 70 属 137 种，蕨类植物 44 科 84 属 185 种，裸子植物 2 科 5 属 12 种，被子植物 154 科 1 096 属 3 886 种；在湿地动物方面，共记录到脊椎动物 2 312 种，隶属于 5 纲 51 目 266 科，其中，鱼类 25 目 200 科 1 763 种，两栖类 3 目 11 科 215 种，爬行类 3 目 12 科 83 种，鸟类 12 目 32 科 271 种，哺乳类 7 目 10 科 20 种（国家林业局，2015）。

4.2　湿地植物多样性

4.2.1　湿地植物多样性与湿地植被

湿地生态系统中广泛分布着种类繁多的植物，这种多样性的直观表现就是湿地植被的多样性。各种植物组合在一起便形成了植物群落，这些植物群落的总体，就是湿地植被。湿地植物群落多样性因生境条件和植物的适应性而异。每种植物群落都是各种植物在外界环境条件影响之下，在一定地段上相互适应的有规律的组合，并且随着时间和环境条件的变化而变化（Kirkman et al. ，2000）。这样就使各种植物群落之间既有差别，又有联系。植被分类是指鉴别和区分各种植物群落，并按照一定的原则，根据各种植物群落的相似性和差异性，结合其发生、发展过程中的规律，将其进行归纳和系统化的过程，最终形成具有一定科学依据的分类系统（宋永昌，2001）。

湿地植被分类在学术界存在很多争议，各国学者根据本国湿地植被特点和不同学派的观点，形成了各具理论体系的湿地植被分类系统（中国湿地植被编辑委员会，1999）。中国幅员辽阔，自然地理条件多样，湿地类型复杂多样，不仅有与欧亚大陆和北美，乃至热带滨海相似的湿地类型，而且在青藏高原还发育着中国特有的高寒湿地类型。对中国丰富多彩的湿地植被进行分类，具有较大的理论挑战性和创新性。中国湿地植被分类系统依据植物群落学和生态学原则，主要以植物群落本身特征作为分类依据，同时十分注重群落的生态关系，抓住群落外貌和种类组成两方面特点，在较高的等级单位中，以优势种为主，在较低的单位中更重视特征种或标志种。从植物的种、属成分，生境、群落的外貌特征和动态特征等方面，将中国湿地植被的分类单位确定为植被型组、植被型、群系和群丛 4 个主要等级，并在每一分类单位间增设辅助单位，如植被亚型、群系组等。

在中国湿地植被分类系统中，植被型组是最高级单位，由建群种生活型相近、生境相似的植物群落联合组成，如沼泽、红树林湿地、海草床湿地等。植被型则是在植被型组内，根据建群种的生活型的异同而划分，如沼泽可以继续划分为森林沼泽型、灌丛沼泽型等。群系是湿地植被分类中最重要的中级单位，以建群种或优势种相同的群丛归纳而成，如在各种类型的长白落叶松沼泽林中，建群种都是长白落叶松。群丛是植被分类的最基本单位，同一类植物群丛，不仅优势种、关键种或建群种相同，群落结构和外貌，以及生态环境等特征也一致。在植被分类单位的命名上，植被型组的命名依据群落中建群种的生活型所表现的外貌状况和生境差异而定。植被型的命名是根据群落的优势种生活型，如森林沼泽，灌丛沼泽等。群系的命名是根据群落的建群种或优势种，如兴安落叶松沼泽。群丛的命名则是根据群落中各层的优势种，如兴安落叶松—油桦—瘤囊薹草群丛。

总的来看，湿地植物是一个生态系统类型指向性的概念，一般指只出现或经常出现在湿地中的植物，包括所有类型湿地中的常见植物种类，其实质是各种植物类型概念在湿地生境中的统称，如水生植物、湿生植物、漂浮植物、沉水植物、浮叶植物、挺水植物、红树林植物、近海海草床、沼生植物等都属于湿地植物的范畴。在扰动或演替比较频繁的湿地中，很多盐生甚至中、旱生植物也应该纳入湿地植物的范畴中。湿地植物具有物种多样性高、地理成分复杂和广布型植物多的特点。从物种数量的丰富性来看，湿地苔藓植物中以泥炭藓科最多，蕨类植物中以木贼科最多，裸子植物以松科最多，被子植物以莎草科最多（中国湿地百科全书编辑委员会，2009）。从地理成分上看，中国湿地植物区系比较复杂，分别归于泛热带分布、温带分布、世界分布、中国特有和北极高山分布 5 个类型，其中以温带成分为主体。湿地植物中的很多种类都具有隐域分布的特点，即不对地域具有特殊偏好，普遍分布于世界各地的适宜环境中。中国有很多较独特的湿地物种，如孑遗木本植物——水杉（*Metasequoia glyptostroboides*）和水松（*Glyptostrobus pensilis*），这些植物在区域生态系统安全和物种演化历程研究中具有特殊意义。

种类繁多的湿地植物为人类文明的发展提供了丰富的物质支持和精神财富，其中最具代表性的物种是水稻（*Oryza sativa*），它的栽培面积为各类粮食作物之最，是世界上近一半人口的主要粮食。中国具有数千年水稻栽培的历史，与稻作相关的文化遗产已成为民族传统文化中不可或缺的内容。但是，目前由于湿地普遍存在退化的现象，湿地植物的多样性已经面临着严峻的考验。此外，由于湿地生态系统中植被的结构相对简单，在扰动发生时容易发生剧烈变化，在当前交通运输便利，物种交流日益频繁的情况下，外来植物入侵对湿地植物多样性的风险亟待关注，如凤眼莲（*Pontederia crassipes*）、喜旱莲子草（*Alternanthera philoxeroides*）、互花米草等外来物种已经对中国湿地生态系统健康造成了严重的影响，未来的实践工作应该注重对外来物种的风险防控和入侵植物的治理。

4.2.2 湿地植物的主要类型

湿地植物是湿地生态系统中的主要生产者，对于维持整个系统的平衡与稳定发挥着重要的作用。湿地植物不仅包含生长于水下的植物，还包括能在浅水水域生长，或者在潮湿的沟谷、河岸、洪泛迹地中生长的植物。甚至一些耐盐碱的植物，由于适应了湿地水文过程剧烈变化而导致的高盐碱度生境，也通常被纳入湿地植物的范畴。结合常见归类形式及其在我国湿地生态系统中的典型性，列举以下主要类型：

（1）挺水植物

挺水植物是指根及根茎扎于水底基质，茎呈直立状态，上部枝叶挺出水面的一类湿地植物。主要分布在浅水处，分布区域的水深一般在 1.5 m 之内，并常在河岸、湖边等水陆过渡地带形成大片的群落(图 4-1)。在湿地植物群落中，挺水植物一般植株较为高大，常构成最主要的植被景观框架。

图 4-1　湿地各类型水生植物梯度

挺水植物植株硬挺，能够不依赖水位情况而直立于水面，兼具水生植物和陆生植物的生物学特性，通常具有发达的通气组织、地下根茎和块根。典型挺水植物莲(*Nelumbo nucifera*)，其地下茎(莲藕)具有很多洞孔储存空气支持呼吸，并且连通挺水茎、叶片等形成水上水下一体化的气体通道网，使植物体能够适应水淹缺氧的环境，同时，深埋泥底的地下茎还能作为环境干旱时的水分、养分供给器，即使在强烈的蒸腾作用下，也可保障植株能够忍受一定程度的干旱胁迫。常见的挺水植物还有芦苇(*Phragmites australis*)、香蒲(*Typha orientalis*)等，种类繁多。

(2)漂浮植物

漂浮植物是湿地植物中的一种常见类型，突出特征是植物体漂浮于水面，根(或类似于根的特化组织)悬浮于水中，通常不与水底基质发生直接接触，随着水流或波浪漂移在水面上。该类植物分布广泛，常见于湖泡、沟渠等流速缓和的水生生境，常以大量连续分布的形式出现(图 4-1)，但是其群落的组成与结构不稳定，会随着水体的温度、水质的改变而发生变化。

常见的漂浮植物有满江红(*Azolla pinnata*)、槐叶蘋、浮萍等。该类植物的形态呈现与漂浮相适应的特征，如满江红整体呈现为叶片状。该类植物中还存在根的退化或不发达情况，如槐叶蘋在水面下生长的像根一样的须状结构就是变态叶，以由叶演化而来的假根取代根的功能。

最新研究显示，漂浮植物可能在湿地碳资源的动态过程中发挥独特作用。对于紫萍(*Spirodela polyrhiza*)的研究显示，其可能存在营养模式的多样性，不仅可进行光合自养，还可利用多种有机碳源进行异养和混合营养，该现象在高等植物中比较少见。混合营养条件下紫萍生物量积累大于异养和自养之和，混合营养和异养相结合的两步培养策略有助于进一步提高紫萍淀粉产量，并促进其对总氮、总磷及化学需氧量（COD）的吸收效率。该发现为认识高等植物的营养方式，开发漂浮植物在污水处理、生物质能以及食物饲料等领域的应用提供了新的思考途径（Sun et al.，2020）。

(3) 浮叶植物

浮叶植物是指根固着于水底的基质而叶漂浮于水面的一类湿地植物，一般沿岸生长，或生长在挺水植物向湖心一侧，并能在离岸一定的水深范围内形成群落，如果水深有限，则浮叶植物群落能够跨越整个水面进行覆盖性生长（图 4-1）。

浮叶植物具有两种类型：一种是根状茎发达，埋藏于水底基质中，有发育良好的通气组织，同时浮于水面的叶片上常有蜡质膜，如睡莲（*Nymphaea tetragona*）；另一种是根埋藏于水底基质中，细弱的茎并不埋藏于水底基质中，叶片浮于水面，如欧菱（*Trapa natans*）等。浮叶植物与挺水植物在分布上常有重叠，其区别在于，无论水位上升或下降，浮叶植物的叶片总保持浮在水面，其柔软的叶柄则会相应伸长或者弯曲。

浮叶植物有助于抑制藻类过度生长，为鱼类等水生生物提供栖息地，并从水中吸取多种营养物质和重金属元素，向水体释放氧气，常应用于水体污染防治。此外，很多浮叶植物还拥有较高的观赏价值，其花色丰富，叶形优美，常用于植物景观配置中。

此外，浮叶植物由于常生长于开阔水面，光资源水平常表现为充足且平均，因此不同种类间的光能利用方式较为趋同。例如，与挺水植物相比较，浮叶植物的光合荧光参数变化幅度较小，可能反映了挺水植物所处环境的异质性较高，需要进化出复杂的光合荧光机制，通过生理性热耗散的方式来避免强光压力，而浮叶植物由于光资源方面的选择压力较小，并且由于其且叶片下表面直接与水接触，有助于热量的快速耗散，不需要生理过程的进一步辅助，因此光合荧光参数的变化水平较小（谢春等，2018）。

(4) 沉水植物

沉水植物的茎和叶一般完全在水下生长，根系附着于水底基质中。有时花和种实等部位可能略微挺出水面。沉水植物的分布较广，从河、湖等水体到海岸带都可能出现，并呈现出各种各样的植物形态。根据种类和生长习性的不同，它们可能在水体底部区域形成连续分布的"草甸"状结构，也可能在垂直方向上生长伸长至近水面，并在不同植株茎干之间保留大量的开放空间，形成独特的"水底森林"景观（图 4-1）。

沉水植物对水体的净化也有较重要的作用。沉水植物茎叶附着层形成的微界面硝化/反硝化作用是水体重要的自然脱氮机制。一般认为，沉水植物与漂浮植物和挺水植物相比，其茎叶微界面为附着生物提供了更大的栖息地，同时沉水植被的分泌物和残体为微生物提供了必要的有机物质，微界面的光合/呼吸作用为硝化/反硝化细菌创造了富氧/缺氧条件（董彬等，2017）。

沉水植物的群落结构也在水体生态中发挥了重要作用。例如，在富营养化的水体环境中，氮磷浓度的升高往往会直接导致水体透明度的降低，进而影响水下光场的分布，而不同沉水植物会通过功能性状的权衡来适应水下弱光环境，如穗状狐尾藻、竹叶眼子菜、篦齿眼子菜等沉水植物会通过茎伸长快速生长到水面来获取足够的光照；而苦草则主要通过提高光合作用的效率来适应弱光环境。前者属于分布于水体上层的冠层型沉水植物，而后者则属于分布于水体下层的莲座型沉水植物。两者在生态位上相互区分，又在功能上相互配合，充分利用了水体中各层次上的光照资源，共同促进了对水体的净化。有研究表明，当沉水植物丰富度达到 3 种物种以上时，能够显著改善水质指标和水体透明度。在选择沉水植物物种时，应该根据生长型进行搭配，以促进资源利用效率以及生态修复效果(Zhang et al. ，2019；Liu et al. ，2020)。

(5)湿生植物

湿生植物是指生长在过度潮湿生境的植物物种总称，属于水生向陆生的过渡型植物。主要分布于河流、湖泊、沼泽向陆域过渡的土壤潮湿地带。兼具耐旱和耐涝生理结构，具有一定的耐旱和耐涝能力。有些种类还能忍耐短期水淹，甚至长期挺立在水中也能正常生长(图4-1)。

湿生植物常沿水位梯度呈明显的分层分布，对水位变化极为敏感。水文情势决定其生长及空间分布，周期性淹没利于群落的建群和发展。是维护湿地生态系统结构和功能的重要物理屏障，具有降低地表径流以保护水岸、拦截悬浮物质以维护水生态、吸收营养物质以防止水体富营养化等环境功能。同时，为鱼类、鸟类等动物提供了重要的生境和食物资源，在湿地生物多样性保育中发挥着不可替代的功能作用。

(6)湿地盐生植物

湿地盐生植物是指生长在湿地生境中的盐生植物，是一个生态系统类型与植物生理特征双重指向的概念。湿地由于处于水陆过渡地带，其多样化的水文过程容易产生盐碱性土壤，如湿地退化引起的地下水位下降造成表层土盐分聚集，沿海湿地高盐度海水反灌等，从而使各类型湿地生态系统中都出现了与之适应的盐生植物(图4-2)。

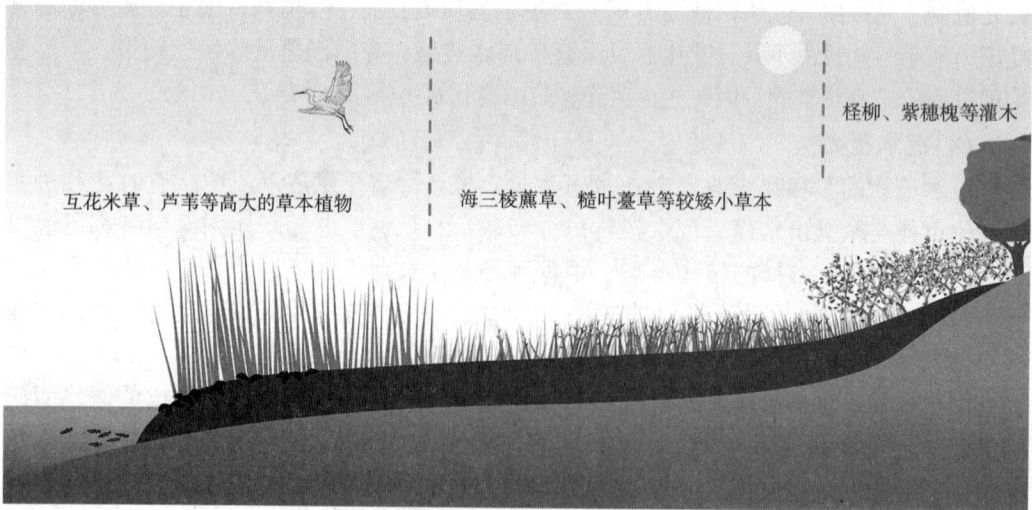

柽柳、紫穗槐等灌木

互花米草、芦苇等高大的草本植物　　海三棱藨草、糙叶薹草等较矮小草本

图4-2　湿地盐生植物

盐生植物按其生理特征可分为真盐生植物、泌盐盐生植物和假盐生植物。真盐生植物通过茎或叶的肉质化，达到多吸收和储藏水分，稀释体内盐分的效果，湿地植物中常见的盐地碱蓬(*Suaeda salsa*)就属于叶肉质化的类型，并形成连片分布的景观。泌盐盐生植物是通过盐腺或囊泡等结构将体内盐分排出，盐沼湿地植物中的柽柳(*Tamarix chinensis*)就属于泌盐盐生植物。假盐生植物则是通过对盐离子进行选择性吸

收，或将盐分储藏在不影响重要生理活动的部位（如根或茎秆基部等），来达到抵抗高浓度盐分危害的目的。各生理类型在划分上并不完全排他，可能兼有几种方式，并且在湿地环境中也可能重叠分布（赵可夫等，2001）。

湿地盐生植物主要有两种分布方式：一种是广泛散布于各类型湿地的盐碱化地段中，但植被主体不是盐生植物，如发育良好的湖泊、湿草甸，通常只在局部地段形成盐生植被。另一种是以盐生植物为主要建群种的湿地植被，如盐沼湿地和红树林湿地。盐沼湿地是一种分布广泛的湿地类型，主要包括潮间盐水沼泽，河口地带，季节性或永久性咸水沼泽等，主要分布在我国北方沿海和内陆盐碱湖滨。按植物生活型和群落环境可以分为灌丛盐沼和草丛盐沼两个亚型。灌丛盐沼植被以肉质旱生型灌木为优势种，主要分布在我国半湿润、半干旱和干旱区，常见于黄淮海平原、内蒙古高原、甘肃河西走廊、青海柴达木盆地和塔里木盆地等地。常见的灌丛盐沼主要为盐角草群落和柽柳群落两种类型。草丛盐沼植被也主要由喜湿耐盐碱的植物组成，但其建群种的生活型大多为草本。该类型广泛分布于内陆盐碱湖滨和滨海滩涂。在滨海主要分布在杭州湾以北，即浙江、江苏、上海、山东、河北和辽宁等地的沙质淤泥海滩、近海三角洲地带。主要有碱蓬群落、碱茅群落、赖草群落、海三棱蔗草群落、獐毛群落、互花米草群落等类型。

4.2.3　湿地植物的克隆生长特性

(1) 克隆生长现象在湿地植物中的普遍性

克隆生长是指在自然条件下通过营养生长而产生具有潜在独立性个体的过程。具有克隆生长习性的植物被称为克隆植物，常见的芦苇、竹子等植物都是典型的克隆植物。

从形态发生的角度看，克隆生长实质上是根系和（或）枝系不断重复形成和发展的过程，并且这种生长方式可能更注重于植物在横向空间上的扩展。例如，湿地植物扁秆荆三棱（*Bolboschoenus planiculmis*）通过地下根茎和球茎系统，形成不断扩张的网络，就是一个典型的克隆生长过程（图 4-3）。

在植物界中，克隆生长是一种普遍存在的繁殖方式。总体来看，单子叶植物中的克隆植物多于双子叶植物，草本植物中多于木本植物，多次结实植物中多于一次性结实植物，水生植物中多于陆生植物，极地冻原中多于热带雨林。在中国湿地中，克隆植物所占比重达到 66.79%，占有重要地位。可以说，无论是对湿地植物的基础研究，还是有关湿地植物的生产实践中，克隆生长都是不可忽略的一个重要性状。

(2) 克隆生长对湿地植物遗传多样性的特殊意义

克隆生长使湿地植物种群呈现特殊的层次结构，对湿地植物遗传物质的交流具有特殊意义。正确认识克隆生长所形成的种群层级结构，是认识湿地植物遗传交流过程的前提。

克隆植物的种群结构可以划分为分株、克隆片段和基株 3 个层次。最初的一个分株一般是由合子(种子)萌发形成的实生苗，称为源株、亲株或母株。由母株经克隆生长形成的分株，称为后代分株或子株。而分株之间通常是相互连接的，这样就构成了

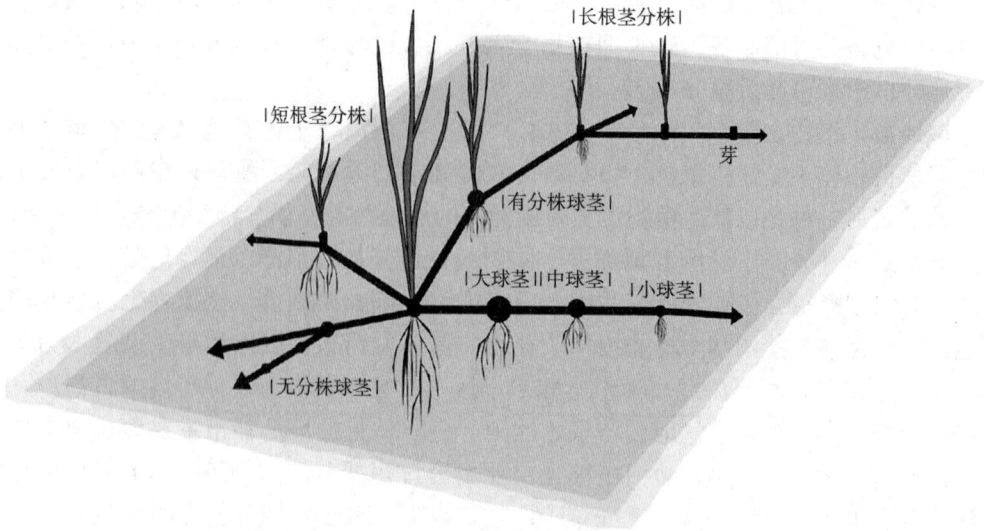

图 4-3　扁秆荆三棱分株与球茎系统示意
（改自王沭竹等，2016）

一个克隆片段，有时也称为分株系统。基株则是指同一母株经过克隆生长所形成的所有分株的集合。自然条件下，克隆植物的种群是由不确定数量的基株构成的，同时，每个基株中的分株数量也是不确定的。这样，克隆植物种群中就同时存在着基株种群和分株种群两种概念。

基株种群和分株种群使克隆植物的遗传交流过程变得复杂。在非克隆植物中，两个不同个体间的交配可能属于随机交配。但在克隆植物中，形态上看似独立的两个个体，很可能只是同一基株下的不同分株，因此，这两个个体的交配过程实质上属于自交，并可能产生不同于随机交配的一系列遗传学后果，从而影响种群的遗传多样性。因此，正确区分种群结构层次，是客观认识克隆植物遗传交流过程的基础。

总体来看，克隆生长及其带来的克隆规模扩张，是有益于增加克隆植物种群遗传多样性的，克隆生长形成了更多的分株，尤其是处于整个克隆边缘的分株数量，这些边缘分株更可能接收外源花粉等遗传物质，从而降低种群的自交率，维持或增加遗传多样性。虽然克隆生长也增加了分株之间的自交机会，但是这可以通过不同基株的混杂分布或雌雄异熟等调控机制予以规避。目前，克隆生长对交配格局及遗传多样性的影响，已经成为湿地植物进化生物学研究中的热点问题。

4.3　红树林的生物多样性

4.3.1　红树林湿地的植物多样性

(1) 红树植物的分类

红树林是指生长在热带、亚热带海岸潮间带的木本植物群落，组成红树林的植物称为红树植物。全球红树植物共有 16 科 84 种，通常划分为真红树植物(true mangroves)和半红树植物(semi-mangroves)，其中真红树植物生长在潮间带，具有更高的耐淹和耐盐能力，共有 70 种；半红树植物即能生长在潮间带，也能生长在受不规则潮汐影响的潮上带，共有 14 种（王伯荪，2003）。国际上并没有统一的红树植物认定标准，有些国家和组织认为半红树植物不属于红树植物，将半红树植物归入红树林的伴生植物；在我国真红树植物和半红树植物的划分界线虽有明确表述，但是也存在一些争议，如通常分布在潮上带的卤蕨（*Acrostichum aureum*）一直被归为真红树植物等。

（2）红树植物的分布

天然红树林主要分布在北纬 30°至南纬 30°之间，覆盖了全球 75%的热带和亚热带海岸线，日本的西表岛是北部界限，新西兰的北岛是南部界限。全球红树林联盟（Global Mangrove Alliance，GMA）和世界自然保护联盟（International Union for Conservation of Nature，IUCN）发布的《2024 年世界红树林状况》指出全球红树林面积达 147 256 km²，分布在 128 个国家或地区。印度尼西亚是全球红树林面积最大的国家，面积达 336.4×10⁴ hm²（Hutomo et al.，2004），我国由于纬度较高，处于红树林分布北缘，面积仅有 2.7×10⁴ hm²，不足全球红树林面积的 0.2%。

由于不同红树植物对水淹条件的耐受性不同，在空间上往往呈现规律性的带状分布，每个条带内优势种明显，甚至以纯林分布，在低潮带体现更为明显，通常情况下从低潮带向高潮带物种组成多样性逐渐增加。以海南东寨港红树林为例，分布在低潮带的典型树种包括海榄雌（*Avicennia marina*）、蜡烛果（*Aegiceras corniculatum*）等，其中蜡烛果耐淹水能力最强；中潮带的典型树种包括秋茄树（*Kandelia obovata*）、红海兰（*Rhizophora stylosa*）等，秋茄树以其显著的耐低温特性被广泛应用在浙江省的红树林营造；高潮带典型树种包括木榄（*Bruguiera gymnorhiza*）、角果木（*Ceriops tagal*）、榄李（*Lumnitzera racemosa*）等，角果木属于嗜热种，因此只在海南和广东（湛江徐闻）有分布；半红树植物可分布在高潮带，如黄槿（*Talipariti tiliaceum*）、水黄皮（*Pongamia pinnata*）、海杧果（*Cerbera manghas*）等，其中黄槿分布最为广泛；半红树植物也可分布在潮上带，例如阔苞菊（*Pluchea indica*）、苦郎树（*Volkameria inermis*）等，常与陆生植物，如仙人掌（*Opuntia dillenii*）、薇甘菊（*Mikania micranth*）、露兜树（*Pandanus tectorius*）等混生。

红树林与陆地天然林一样不断地进行着群落演替，由先锋种海榄雌、老鼠簕（*Acanthus ilicifolius*）等向演替中后期树种红海兰、木榄等演变，在植物组成结构上呈现一定的规律性，在对海南东寨港 30 年林窗监测的基础上发现，物种组成丰富度最高的时期为开始恢复后 8 年，随后逐渐稳定，群落结构趋于简单。与陆地天然林不同，红树植物群落演替同时伴随着空间位移，例如在珠三角地区，以淤积型海岸为主，沉积作用使得潮滩向海一侧推进并形成更宽的潮滩，高潮位的潮汐作用减弱，与植物地下部分生长对地表抬高作用叠加，导致水文动力减弱不再满足红树植物生长要求，高潮位的红树植物逐渐退化并向陆生植物演替。

（3）红树植物的适应性特征

由于红树植物长期处于高盐、淹水、水文冲刷等不利环境，在进化过程中形成了一系列与环境相适应的功能性状，主要包括胎生繁殖、根系特征和耐盐性。

①胎生繁殖。胎生现象对红树植物适应潮间带环境具有重要意义。一般植物的种子需要离开母体后再开始萌芽和进一步生长，但某些红树植物种子成熟后不经过休眠或只有短暂休眠直接在果实里萌发，吸取母树的养分逐渐长成笔状或纺锤状的胎生苗

后从母体脱落，具有该类胎生现象的红树植物称为胎生红树植物。植物界的胎生现象绝大多数发生于红树植物，但是并不是所有的红树植物都有胎生现象，我国 20 多种红树植物中超过一半的种类不以胎生方式进行繁殖。红树植物的胎生现象可以分为显胎生和隐胎生两类，前者的胚轴伸出果皮逐渐长成一个柱状的幼苗，所以其繁殖体既不是果实，也不是种子，而是尚未长根的幼苗，通常称作胚轴，木榄、秋茄树等即属于此类；隐胎生植物的胚轴并不伸出果皮，而是为果皮包被，在其落地一段时间以后才伸出果皮，此类植物有海榄雌、蜡烛果等。

胎生现象被认为是协同进化的结果，而非单纯由自然选择压力驱动（Shi et al.，2005），动荡的外界条件使红树植物幼苗发育阶段显得尤为关键，为了适应高盐、淹水、缺氧、水文冲刷等恶劣条件，胎生繁殖体在母体上通过能量积累、渗透调节和形态完善等生理过程，为后续的潮间带适应做准备。繁殖体在母体上会积累足够的能量和营养，并通过渗透调节机制来应对高盐环境的挑战。此外，胎生繁殖体的密度通常接近或低于海水密度，使其能够随水漂浮和传播，从而增加其定植的机会。红树植物也会通过内源激素调节种子发育和脱落，研究中发现在桐花树的胎生发育过程中，脱落酸（ABA）含量在种子期达到最低，而赤霉素（GA_3）含量则在种子期最高，随后逐渐下降，这表明赤霉素在促进种子萌发中起主要作用，而脱落酸则在种子萌发后逐渐增加。

②根系特征。红树植物具有发达的根系，是适应长期淹水环境的重要生理结构，根据功能不同，红树植物的根系可划分为如下 4 类：

a. 指状呼吸根。帮助红树植物在长期淹水缺氧的环境中进行气体交换，如海桑（*Sonneratia caseolaris*）、海榄雌等，在红树植物适生区范围内，树龄越大、淹水时间越长指状呼吸根越发达，东寨港演丰东河两侧 20 世纪 90 年代人工种植的无瓣海桑（*Sonneratia apetala*）单位面积算状呼吸根数量可达 143 条/m^2。

b. 支柱根。介于真正根结构和茎结构之间的特殊结构，支撑植物保持稳定，如红海兰、红树（*Rhizophora apiculata*）等，长期野外观测发现淹水时间越长，支柱根越发达，且分枝越靠近树冠层，支柱根分维直径则取决于与相邻红树植物根系的空间位置关系。

c. 膝状根。既能支撑植物提高稳定性，又有一定的辅助呼吸功能，如木榄、海莲（*Bruguiera sexangula*）等，其侧向地下根在远离主干的方向上弯曲形成环状或拱状等类似形状，东寨港红树林湿地木榄和海莲林中的膝状根特征最为显著。

d. 板状根。可增加植物稳定性同时提高地表养分利用率，如秋茄树、银叶树（*Heritiera littoralis*）等，板状根的大小体现能够植物对地面资源的竞争结果，海南文昌八门湾的银叶树板状根垂向高度可达 2 m。

红树植物的根系是其适应潮间带环境的关键因素，形成复杂的形态结构有利于应对盐分、缺氧、台风等环境胁迫。湿地缺氧环境中生成低浓度 H_2S，通过生长素信号通路促进侧根的形成，还能够通过调控钙依赖性蛋白激酶（CDPKs）、活性氧（ROS）、氮代谢等途径，增强植物对多种逆境的响应能力（崔为体等，2012）。NO 作为一种细胞信号分子，在红树植物的根系发育中起着重要作用。NO 和 H_2S 在红树植物中具有复杂的相互作用，这种相互作用有助于红树植物在非生物胁迫条件下维持正常的生理功能，它们通过控制活性氧物种、激活抗氧化酶、诱导 Na^+ 提取和 K^+ 吸收、抑制脂质过氧化和气孔闭合等生物化学过程（汪伟等，2013），影响红树植物的根系发育。

③耐盐性。红树植物可分为泌盐植物和非泌盐植物，泌盐植物叶片或茎表皮细胞可以分化成盐腺，以排除体内多余的盐分，从而维持体内一定的盐浓度，减轻盐分对植物造成的伤害，例如蜡烛果、海榄雌等，在冬季或旱季，叶片背部可看到明显的盐晶泌出。非泌盐红树植物则通过形态、生理、生化过程调节提高耐盐性，例如，榄李（*Lumnitzera racemosa*）可通过叶片肉质化提高耐盐性，肉质化的叶片能储存大量的水分，使盐分浓度降低到不致使红树植物受到伤害的水平，海南儋州新英湾盐场附近发现榄李叶片厚度可超过 3 mm；秋茄树可通过积累或合成渗透调节物质（如松醇和甘露醇）来维持渗透平衡，通过阻止外界盐分进入体内，从而避免盐分对植物造成伤害（茹巧美等，2006）；木榄通过增强抗氧化酶系统的活性，以清除活性氧（ROS），减轻氧化应激对植物细胞的损害；海莲（*Bruguiera sexangula*）可以通过特异性积累缩合单宁聚集体（CTA）将 Na^+ 隔离到液泡区域中，将细胞质中的有毒 Na^+ 排出去，利于红树植物在盐渍环境中的生存，进一步增强耐盐性。

4.3.2　红树林湿地的动物多样性

红树林是生物多样性的重要热点，以较低的植物多样性供养极高的动物多样性，以其独特的环境条件，为众多生物提供了丰富的栖息地和食物来源，包括鸟类、鱼类、贝类、蟹类、昆虫、两栖爬行类、哺乳类动物等。

（1）鸟类

红树林湿地的鸟类多样性远高于其他类型的海岸地区和滨海湿地，这主要归因于红树林植物带来的空间异质性、郁闭度和叶层多样性。浅海水域、光滩、红树林、基围和陆缘构成了红树林的鸟类生境，这些生境的协同作用形成了一个整体性、营养通道广、群落结构稳定的鸟类群落。

在中国红树林区，共记录 421 种鸟类，包括多种国家一级和二级重点保护野生动物。例如，深圳福田红树林冬季调查记录了 119 种鸟类，湛江红树林共记录鸟类 314 种，东寨港红树林记录鸟类 229 种。红树林鸟类组成以涉禽为主，包括鹳形目、鹤形目和鸻形目类群，常见鸟类包括小白鹭（*Egretta garzetta*）、苍鹭（*Ardea cinerea*）等留鸟，以及大量越冬型候鸟，如黑脸琵鹭（*Platalea minor*）、勺嘴鹬（*Eurynorhynchus pygmeus*）、黄嘴白鹭（*Egretta eulophotes*）、黑嘴鸥（*Larus saundersi*）等珍稀濒危鸟类。红树林鸟类主要分布于红树林及其滩涂、河道潮汐涨落区以及附近的养殖塘或潜水湿地等环境中，受到自然气候条件以及人为因素的影响，红树林的扩张也可能对某些依赖裸露泥滩的鸟类造成威胁。

（2）底栖动物

红树植物的根系结构复杂，形成了松软的基质，为底栖动物提供了适宜的生存环境。红树林中底栖动物种类丰富，主要包括甲壳类，腹足类和双壳类，常见的包括弧边招潮蟹（*Uca arcuata*）、褶痕拟相手蟹（*Parasesarma plicatum*）、彩拟蟹守螺（*Cerithidea ornata*）、红树蚬（*Geloina coaxans*）、缢蛏（*Sinonovacula constricta*）等。底栖动物的分布与生境条件密切相关，包括植被类型、滩涂底质、滩涂高程、盐度等，例如在深圳湾潮间带，不同潮位带的大型底栖动物结构存在差异，秋茄林生物量和栖息密度的最高值都在中潮带。底栖动物组成也十分复杂，例如在海南东寨港共记录底栖动物 7 纲 79 科 221 种，其中多毛纲 4 科 10 种、颚足纲 1 科 2 种、腹足纲 23 科 58 种、革囊星虫纲 1 科 1 种、甲壳纲 21 科 70 种、双壳纲 27 科 78 种、头足纲 2 科 2 种。这些底栖动物在红树林扮演着重要的生态角色，不仅是食物链的重要组成部分，还起到增强沉积物孔隙度以及驱动沉积物中物质交换、养分循环和有机质分解等作用。

（3）鱼类

红树林的高生产力、复杂根系结构和低捕食压力使其成为鱼类幼体的理想栖息地，有助于鱼类在生命周期中的不同阶段生存。红树林中的鱼类种类繁多，东寨港红树林湿地的鱼类调查显示，东寨港红树林共记录鱼类 165 种，其中以鲈形目（Perciformes）种类最为丰富，包括 28 科 89 种，其中虾虎鱼科（Gobiidae）数量最多，共计 28 种，红树林常见的弹涂鱼（Periophthalmus modestus）、大弹涂鱼（Boleophthalmus pectinirostris）均属于此科其次为鮨科（Serranidae）和塘鳢科（Eleotridae），常见鱼类包括布氏石斑鱼（Epinephelus bleekeri）、锯嵴塘鳢（Butis koilomatodon）等。影响鱼类多样性的因素很多，不同红树林区域的鱼类分布存在显著差异，不同季节鱼类组成也差异明显，例如在泉州湾，春夏季以定居种为主，而秋冬季则以非定居中上层鱼类为主，这种季节性变化反映了红树林生态系统中不同鱼类对环境条件的适应性。

（4）昆虫

红树林生态系统中昆虫的多样性非常丰富，昆虫在红树林中扮演着多种生态角色，可以作为传粉者帮助植物繁殖，通过捕食和寄生控制食草昆虫的数量维持生态平衡等。红树林昆虫的统计数据不多，根据东寨港红树林湿地调查，记录昆虫 9 目 66 科 208 种，其中半翅目 7 种、鞘翅目 12 种、双翅目 9 种、同翅目 6 种、膜翅目 37 种、蜻蜓目 21 种、竹节虫目 1 种、鳞翅目 106 种、蜚蠊目 3 种、螳螂目 1 种、直翅目 4 种、等翅目 1 种。

目前，国内已报道的红树林害虫为 7 目 49 科 116 种，近年来常见的红树林害虫包括：广州小斑螟（Oligochroa cantonella），海榄雌的重要食叶性害虫，幼虫具暴食性，大发生时能在较短时间内将白骨壤林的叶片吃光，严重影响白骨壤的正常生长；毛颚小卷蛾（Lasiognatha mormopa），蜡烛果的主要食叶性害虫，危害嫩叶，严重影响树木的生长和结实；小袋蛾（Acanthopsyche subferalbata），一种分布广食性杂的害虫，可危害海榄雌、秋茄树，初孵化的幼虫可使叶片吃成空洞或缺刻，严重时仅剩叶脉，影响树木生长；棉古毒蛾（Orgyia postica），一种多食性的害虫，可以取海桑、秋茄树、无瓣海桑、海榄雌等海榄雌白骨壤的果危害也较大。

（5）其他动物

红树林湿地也为大量哺乳动物提供栖息和觅食场所，例如，孟加拉国与印度交界的孙德尔本斯红树林常有孟加拉虎（Panthera tigris tigris）出没；东南亚红树林也常常可以看到长尾猴（Macaca fascicularis）。我国红树林面积较小，生态系统生产力不足以支撑高营养级的大型食肉动物，但常年栖息小型哺乳动物，例如，东寨港红树林共记录兽类 4 目 7 科 9 种，包括棕果蝠（Rousettus leschenaultii）、隐纹花松鼠（Tamiops swinhoei）和赤腹松鼠（Callosciurus flavimanus）等；2020 年 10 月，深圳福田红树林红外相机拍摄到欧亚水獭（Lutra lutra）。

　　红树林处于水陆交界，是两栖和爬行类的适宜生境，但是由于盐度较高，且受潮汐动力影响，适宜的种类较少。东寨港共记录两栖类 1 目 5 科 6 种，包括海陆蛙（*Fejervarya cancrivora*）、黑眶蟾蜍（*Duttaphrynus melanostictus*）、泽陆蛙（*Fejervarya multistriata*）等；记录爬行动物 1 目 6 科 13 种，包括疣尾蜥虎（*Hemidactylus frenatus*）、变色树蜥（*Calotes versicolor*）、舟山眼镜蛇（*Naja atra*）等。

4.3.3　红树林生物多样性面临的挑战

（1）全球变化

　　全球变暖导致海平面上升，淹水时间的变化驱动红树林的适宜分布区向陆地一侧缓慢移动，但是红树林向陆地一侧常有养殖塘、防潮堤、滨海公路等人工构筑物，阻隔了红树林的扩张，压缩了红树林的适生空间。此外，随着全球变化加剧，台风、风暴潮等极端天气事件发生频率明显增加，虽然红树林具有一定抵御台风的能力，但是迎面超强台风也会对红树植物造成不可逆转的破坏，处于高潮带高大的红树植物会出现倒伏或者折断，树冠受损严重等现象，虽然低矮的红树植物受影响较小，但抵御有害生物威胁的能力会降低，生物多样性急剧降低。

（2）有害生物

　　我国所有的红树林均发现有外来入侵植物，危害最大的外来入侵植物为互花米草，互花米草在滩涂前沿与红树林的适生区重叠，有性繁殖加无性繁殖的强扩散能力快速占据了红树林的生长空间，已经对我国福建、广东和广西的红树林造成了严重威胁，2015 年海南也记录到了互花米草。为了有效遏制互花米草的扩散态势，我国启动了《互花米草防治专项行动计划（2022—2025 年）》，并采取了多种措施进行综合治理。目前我国在互花米草防治方面已取得阶段性进展。截至 2024 年，全国互花米草除治面积已达 100 万亩，其分布区域大幅缩减。然而，由于互花米草的高繁殖力和扩散能力，完全根除仍面临挑战。因此，后续工作需要继续加强监测预警、生态修复和后期管护，防止二次入侵。红树林常见的入侵植物还有薇甘菊（*Mikania micrantha*）、飞机草（*Chromolaena odorata*）、美洲蟛蜞菊（*Sphagneticola trilobata*）、五爪金龙（*Ipomoea cairica*）等。但是，由于这些入侵植物的耐盐和耐淹水能力有限，它们无法在潮间带滩涂生长，除了对红树林内缘的半红树植物区或高潮带的部分红树林造成直接影响外，对红树林的影响有限。

　　除了外来入侵种外，一些原生的乡土植物因环境变化也表现出入侵植物的特点，最为突出的是鱼藤（*Derris trifoliata*），别名三叶鱼藤，是红树林缘常见的伴生植物。鱼藤攀爬于红树植物的树冠上，影响红树植物叶片正常的光合作用，导致红树植物的衰退和死亡，人工清理后枯死的枝叶也严重影响景观。危害最严重的区域为海南临高马袅港，其局部区域 50% 以上的红树林因鱼藤覆盖而死亡，鱼藤危害红树林的情况在福建云霄漳江口、广东湛江、广西北仑河口等地的红树林也有发生。就目前而言，鱼藤是很多红树林主要的生物威胁之一。

（3）外来红树植物比例高

　　20 世纪末，我国为了快速增加红树林面积，从国外引种红树植物，较为成功的引种分别为从孟加拉国引入的无瓣海桑和墨西哥引入的对叶榄李（*Laguncularia racemosa*），两个树种具有树形高大、适生范围广、生长快、结实量大等特点。2010 年以前，我国各地均使用外来红树植物开展红树林种植，表现出生长好，成林快的特点，快速增加了我国红树林面积，但是同时其扩散能力强的特点也日益呈现，外来红树植物较大的结实量和快速生长的特征，在竞争中获得了优势，导致本地种自然更新受阻，外来植物占比越来越高，目前已占我国红树林总面积超过 10%，严重影响了本地乡土种的生长和扩散，大大降低了红树林的生物多样性。

（4）群落结构的退化

红树林植物群落最典型的特征之一是按照耐淹水能力的差异从低潮带到高潮带呈规律性分布，但是由于 20 世纪 70 年代的围垦、80~90 年代的围塘养殖，导致中高潮带的红树林首先被破坏，再加上 80 年代海堤多建于高潮带，而目前为了获取更多的土地，大部分海堤建于中潮带甚至低潮带，从而导致了适合演替中后期物种和林带生长的高潮带滩涂被占据和压缩，海堤外侧仅残留低矮的先锋树种。2001 年的调查也发现，以白骨壤和桐花树等先锋树种组成的演替前期群落占全国红树林总面积的 93.2%，而 68.8% 的红树林高度不超过 2 m。目前，中国的红树林群落结构已经由以木榄等为主的成熟植物群落向以白骨壤、桐花树为主的先锋植物群落演替，且现存红树林的高度显著下降。

2006 年在海南岛天然分布的红树植物存现状调查基础上，按照世界自然保护联盟的地区标准对各物种的生存现状进行了评估，结果发现有 20 种处于不同程度的珍稀濒危状态，其中真红树植物珍稀濒危比例为 56%，半红树植物为 50%，远高于全世界红树植物 18% 的平均水平。从珍稀濒危红树植物的生存状态来看，除红榄李（*Lumnitzera littorea*）、海南海桑（*Sonneratia×hainanensis*）、拟海桑（*Sonneratia×gulngai*）和拉氏红树（*Rhizophora×lamarckii*）是由于自身的繁殖机制存在问题外，其他种类开花结果均正常，不存在繁殖障碍。树种分布格局分析发现，除海桑外，绝大部分种类均为演替中后期物种，它们的适生环境是高潮带滩涂。而海堤的建设和鱼塘的修建，将适合这些植物生长的高潮带滩涂人为压缩，进而导致生境的破坏、消失，这是中国珍稀濒危红树植物比例高的根本原因，而人为破坏更是加速了它们的地区性灭绝。

（5）人为干扰

人为设施，尤其是防潮堤和港口码头的修建，阻挡了潮汐通道，改变了红树林的水文过程，导致红树林生长受到威胁；同时水文过程的改变也会导致沉积和冲刷过程的改变，从而造成微地形发生变化，适宜生长高程发生小幅度的增加或者降低，会对红树林的生存造成威胁。

对红树林影响较大的滨海养殖包括围塘养殖和滩涂养殖，养殖塘建设期对地形和水文的改变，以及运营期对水文水质的改变都会对红树林生长造成一定影响；滩涂养殖占据了红树林的外围滩涂，导致红树植物种子和幼苗丧失扩散空间，限制红树植物群落的自然扩散能力。养殖塘、生活污水的排放也会导致红树林受损，其中既有污水对植物生长、对底栖生物造成的直接影响，也有污染物排放导致浒苔、团水虱等生物种群数量激增对红树林造成的间接影响。

4.3.4　红树林生物多样性的保护对策

对现有受损红树林生境进行修复，提高水文连通性和生物连通性，减少污染物排放，通过微地形进行改造恢复红树林生境，对珍稀濒危红树植物进行培育、扩繁和种群复壮，遏制现有红树林退化趋势。

对于不具备海防功能的外来红树植物群落进行乡土化改造，提高乡土种所占比例，降低无瓣海桑和对叶榄李的占比，在群落水平增加我国红树植物群落的生物多样性。对互花米草、鱼藤、病虫害等要做到早发现、早防治，尤其在台风等自然灾害发生后红树林的脆弱期，加强有害生物危害的监测和防控力度。

基于红树林湿地资源保护、恢复与合理利用的理论和技术体系，结合红树林分布区地理位置和社会经济发展现状，打造红树林保护修复+养殖、红树林保护修复+自然教育、红树林保护修复+生态旅游等综合利用发展模式。

4.4　湿地动物多样性

4.4.1　动物多样性概述

动物是湿地生态系统的重要组成部分，在维护生物多样性和维持生态平衡中发挥着重要作用(Gibbs，1993)。湿地动物一般指主要栖息依赖于湿地生态系统，将湿地要素作为栖息地选择和调控生命过程的关键因子，且能够适应湿地环境的动物类群。湿地不仅为动物供给了生存和繁殖所需的各种资源，而且为其提供了适宜的栖息地，孕育着丰富的动物多样性，包括哺乳动物、鸟类、两栖类、爬行类和鱼类等脊椎动物，以及昆虫、部分底栖动物、浮游动物等无脊椎动物。据世界自然基金会(WWF)报道，湖泊、河流、溪流等淡水类型湿地，尽管覆盖面积不到地球表面的1%，但栖息着超过10%的已知动物物种和大约50%的已知鱼类物种。

湿地动物在湿地生态系统物质循环和能量流动中发挥着重要作用，与湿地植物和微生物构成复杂的食物链和食物网结构系统。湿地生态系统有众多种类的消费者，有些昆虫在幼虫阶段栖于水底，是鱼类、蛙类和水鸟的食物来源，而在成虫阶段则可能转化为消费者。鸟类在食物链上的位置较为复杂，它们可能属于植食性动物，也可能属于肉食性动物，甚至在某些情况下表现为杂食性的倾向。

湿地动物多样性受多种因素影响，包括气候、水文、土壤、地形、地貌、人为干扰等非生物因素，以及植被以及动植物种间关系等生物因素。由于地形、水文和生态区域等差异，湿地动物的栖息地类型表现为多样性。洪泛平原的湿地在枯水期与丰水期，湿地动物多样性表现出明显不同。例如，在亚马孙流域，低水位时鱼类生活在河道或洪泛湖内，高水位即饱和期，它们就分散到洪溢林中(Begossi et al.，2018)。

4.4.2　湿地动物的主要类型

(1)浮游动物

浮游动物是一类经常在水中浮游，本身不能制造有机物的异养型无脊椎动物和脊索动物幼体的总称，是在水中营浮游生活的动物类群。浮游动物的种类极多，从低等的微小原生动物、腔肠动物、栉水母、轮虫、甲壳动物、腹足动物等，到高等的尾索动物，其中以种类繁多、数量极大、分布广的桡足类最为突出。此外，部分动物在发育的某个阶段表现为浮游生活，如底栖动物的浮游幼虫和游泳动物（如鱼类）的幼仔、稚鱼等。浮游动物在水层中的分布较广，无论是在淡水，还是在海水的浅层和深层，都有典型的代表。据 Johnson et al.（2012）的观点，浮游动物主要包括以下 6 类：

①原生动物。原生动物是动物界最原始和最低等的一类单细胞动物。原生动物一方面具有细胞所具备的基本结构，即细胞质、细胞膜、细胞核；另一方面又具有动物所表现的各种生活机能和新陈代谢生理过程，如运动、消化、呼吸、排泄、感应、生殖等。原生动物身体微小，需要借助显微镜才能观察其形态结构。鞭毛虫是一类典型的原生动物，包括甲藻、角甲藻、鼎形虫、夜光虫等。其中夜光虫尤为特殊，其细胞较为大型，肉眼可见，有 1 条细长的触手和 2 条鞭毛，在春季繁殖期间，遍布于海水表面的夜光虫由于受海浪波动的刺激，经常闪闪发光，蔚为壮观。

②腔肠动物。腔肠动物身体呈辐射对称，体壁具有两胚层，体内有原始消化腔、有口无肛门。腔肠动物不仅有细胞分化，而且开始组织分化，是最低等的多细胞动物。腔肠动物一般个体小，生活史过程中有世代交替现象。海蜇是其中的代表性物种。我国从南到北沿岸都有出产海蜇，其中以浙江、福建、江苏产量较高。但目前也面临着资源减少的情况，野生海蜇越来越匮乏，应当加大保护力度。珊瑚虫是腔肠动物门中最大的一个纲，聚在一起成为群体的珊瑚，其骨架不断扩大，从而形成形状万千、生命力巨大、色彩斑斓的珊瑚礁。珊瑚礁生态系统也称为水下"热带雨林"，在保护海岸、维护生物多样性、维持渔业资源、吸引旅游观光等方面发挥重要功能。

③甲壳纲动物。该类动物多数水生，具有 2 对触角和 3 对用于摄食的附肢。甲壳动物体外披几丁质外骨骼，故称甲壳类。甲壳动物中的桡足类是海洋浮游动物群落中的重要类群，而淡水水域中最重要的类群为枝角类。枝角类、桡足类、端足类、糠虾、磷虾等大多以浮游植物为食，它们自身又是经济鱼类、虾类，尤其是各种幼鱼的主要饵料，其分布和变动状况可作为探索鱼群的位置和寻找渔场的线索。

④毛颚动物。毛颚动物头部两侧有成排的颚毛，体细而小，矢状，两侧对称，透明。毛颚动物俗称箭虫，是一种自由游泳的食肉性海生动物，一般数厘米长，最长的不超过 15 cm。在海洋中营浮游生活，主要以鱼的胚胎和幼虫等为食物。毛颚动物种类不多，但数量很大，是海洋浮游动物的重要组成部分，其分布极广，仅次于桡足类。毛颚动物也是水生高等动物的饵料，现代鱼类学常把箭虫类用来判断鲱鱼和其他鱼群的大小。

⑤被囊动物。被囊动物是网状的小型低等脊椎动物，也称尾索动物，在海洋中分布极广。被囊动物具有尾部、鳃裂、脊索，幼体期有一个神经索，变态后再并入体内。其名称源自其特有的被囊，这是具有分泌作用的一个保护层，内含纤维素。海鞘是被囊动物的典型代表，在进化地位上属于无脊椎动物与脊椎动物之间的过渡物种，因其环境适应能力强而在全球广泛分布。海鞘富含大量活性丰富的天然产物，与海绵和珊瑚并列为 3 类最重要的海洋天然产物来源。

⑥浮游幼虫。浮游幼虫包括终生营浮游生活的各类动物的幼体和阶段性浮游生物，

后者的成体营底栖生活，而幼体阶段则浮游生活。浮游幼虫是一个及其复杂的群体，种类多，数量大，除了原生动物外，几乎所有各类无脊椎动物在发育过程都经过浮游幼虫阶段。例如，海绵动物的两囊幼虫、腔肠动物的浮浪幼虫、桡足类的无节幼虫、脊索动物的柱头幼虫等。甚至刚孵化出来的仔鱼，由于缺乏游泳器官，只能在水中漂浮。青蛙的幼体阶段是蝌蚪，然后再演变为成蛙。浮游幼虫在近岸浮游生物中占有重要地位，它们是鱼、虾、贝类幼体的主要饵料之一，是构成湿地生态系统食物链的重要组成部分。浮游幼虫发育阶段还表现为阶段性和周期性，这对于满足鱼类不同发育阶段的食物需要具有十分重要的意义。

（2）底栖动物

底栖动物是指生活史的全部或大部分时间生活于水体底部的水生动物类群。除定居和活动生活的以外，栖息的形式多为固着于岩石等坚硬的基体上和埋没于泥沙等松软的基底中。此外，还有附着于植物或其他底栖动物体表的，以及栖息在潮间带的底栖种类。在摄食方式上，以悬浮物摄食和沉积物摄食居多，是一个庞杂的生态类群（胡知渊等，2009）。

按照底栖动物的尺寸，可分大型底栖动物、小型底栖动物和微型底栖动物。按其生活方式，分固着型、底埋型、钻蚀型、底栖型和自由移动型。固着型是固着在水底或水中物体上生活的动物，如海绵动物、腔肠动物、管栖多毛类、苔藓动物等；底埋型是埋在水底泥中生活的动物，如大部分多毛类、双壳类、穴居的蟹类，以及棘皮动物等；钻蚀型是钻入木石、土岸或水生植物茎叶中生活的动物；底栖型是在水底土壤表面生活、稍能活动的动物，如腹足类软体动物等；自由移动型是在水底爬行或在水层游泳的动物，如水生昆虫等。

多数底栖动物长期生活在底泥中，具有区域性强、迁移能力弱等特点，对于环境污染及变化适应能力弱，其群落的破坏和重建需要相对较长的时间；多数种类个体较大，易于辨认；不同种类底栖动物对环境条件的适应性及对污染等不利因素的耐受力和敏感程度不同。根据上述特点，利用底栖动物的种群结构、优势种类和数量等可以确切反映水体状况。

中国五大淡水湖（鄱阳湖、洞庭湖、太湖、洪泽湖、巢湖）底栖动物种类组成和多样性差异较大，鄱阳湖和洞庭湖底栖动物优势种主要为软体动物，太湖的优势种为霍甫水丝蚓、中华河蚓、河蚬、铜锈环棱螺、中国长足摇蚊和钩虾等，洪泽湖的优势类群主要为河蚬、寡鳃齿吻沙蚕、背蚓虫、钩虾等，而巢湖的优势种主要为耐污能力强的寡毛类和摇蚊幼虫（蔡永久等，2014）。赵伟华（2010）分析了中国46条河流的底栖动物群落特征，共记录底栖动物171属。其中寡毛类占11.5%，软体动物占17%，水生昆虫占69%，其他动物占3.5%。

（3）鱼类

鱼类是用鳃呼吸，用鳍辅助身体平衡与运动的变温脊椎动物，在进化上属于最古老的脊椎动物。大多数鱼都是冷血动物，它们的体温随着周围环境水的温度而变化，但一些大型活跃鱼类，如白鲨和金枪鱼，可以保持较高的核心温度。全球现生种鱼类共有约32 000种，鱼类几乎栖居于地球上所有的水生环境，从淡水的湖泊、河流到咸水的海洋。我国大部分河流湿地、湖泊湿地和海岸湿地，水温适中，光照条件好，水生生物资源丰富，为鱼类提供了丰富的饵料，孕育了丰富的鱼类多样性。内陆湿地鱼类种类多，其中北方区以耐寒性较强的鱼类为主；西北高原区，生活着适应高原急流、耐旱耐盐的类群；江汉平原区的鲤科种类特别丰富，是我国淡水渔业中心；华南区和西南区均以鲤科、鳅科和鲇科种类为主。沼泽湿地是多种鱼类产卵和繁殖的场所，如三江平原沼泽湿地是冷水鱼，如鳇鱼（*Huso dauricus*）、大麻哈鱼（*Oncorhynchus keta*）、鲟鱼（*Acipenser sinensis*）的繁殖地。而与内陆湿地鱼类对应，近海海洋鱼类可划分 3 个区，分别为黄渤海区、东海区和南海区，分布着种类众多的经济鱼类，具有无可替代的生态与社会价值（伍汉霖等，2021）。

由于人为干扰和全球气候变化的影响，我国鱼类资源正面临着严重的威胁，包括栖息地环境破坏，水质恶化和富营养化加重，外来物种入侵，兴修水利造成的江湖阻隔，种质资源出现下降的趋势较为明显。过去几十年快速、粗放的经济发展模式下，长江付出了沉重的环境代价，流域生态功能退化，珍稀特有鱼类大幅衰减。2022 年 7 月，世界自然保护联盟发布全球濒危物种红色目录更新报告，宣布白鲟灭绝、达氏鲟（即长江鲟）野外灭绝。

（4）两栖类与爬行类

两栖动物是脊椎动物中从水生到陆生的过渡类型，它们除成体结构尚不完全适应陆地生活，需要经常返回水中保持体表湿润外，繁殖时期必须将卵产在水中，孵出的幼体还必须在水中生活，有的种类甚至终生都生活在水中，所以两栖动物全部归入湿地动物。从动物区系看，长江中下游湿地、杭州湾以南沿海湿地、云贵高原湿地的东洋界两栖类物种占优势。在东北湿地、黄河中下游湿地、杭州湾以北滨海湿地、蒙新干旱、半干旱湿地和青藏高原高寒湿地，古北界两栖类物种占优，广布种较少。

爬行动物对陆生环境的适应能力强，但其中有一部分种类仍生活在半水半陆的湿地区，是典型的湿地物种。在这些典型物种中，有些是次生性地回到水中生活，有些则经常在水域中或其附近生活。因此，爬行类动物也是湿地动物中不可或缺的一部分。从区系成分来看，东洋界成分占明显优势，古北界成分则集中于蜥蜴目鬣蜥科中。

（5）鸟类

湿地鸟类是指某一生活阶段依赖于湿地，且在形态和行为上对湿地形成适应特征的鸟类。无论湿地鸟类以任何方式停留或栖息于湿地，湿地鸟类的喙、腿、脚、羽毛、体形和行为方式等方面均会显示其长期的适应特征。我国分布着丰富的湿地水鸟，包括潜鸟目、鹭鹛目、鹈形目、鹳形目、红鹳目、雁形目、鹤形目、鸻形目和佛法僧目（丁平等，2017）。中国的水鸟多样性表现出明显的地域性分布格局和特点，在北方地区，主要以温带和寒温带鸟类为主，以夏候鸟和旅鸟占优势；在南方地区，主要以热带和亚热带鸟类为主，以留鸟和冬候鸟占优势。很多水鸟都是在北方繁殖，南方越冬。

湿地鸟类是湿地野生动物中最具代表性的类群，是湿地生态系统的重要组成部分，灵敏和深刻地反映着湿地环境的变迁。湿地水鸟（waterbird）是指在生态上依赖于湿地，生活史某一阶段依赖于湿地，且在形态和行为上形成适应特征。它们栖息于湿地，依水而居。或在深水中游泳和潜水，或在浅水、滩地与岸边涉行，或在湿地上空飞行。不同的类群和种类，与湿地关系的密切程度不同。许多种类不仅在湿地环境中栖息和觅食，还在湿地中营巢繁殖，也有些种类仅在湿地中栖息或觅食，但选择岛陆环境营巢孵育后代。但不论其生态习性如何，湿地水鸟在喙、腿、脚、羽毛和体形，以及行为方式等方面均显示出长期适应的特征。

　　根据湿地鸟类的生活习性和分布特征，典型的湿地鸟类主要分为游禽和涉禽。游禽是适应在水中游泳、潜水捕食生活的鸟类。游禽能在各种类型的水域活动，多喜群居，体型相差悬殊，趾间具蹼，游泳和潜水是游禽在水中的主要活动形式。游禽大多有迁徙的行为，多数在北半球繁殖，并于每年的秋季集结成大群南迁到比较温暖的水域越冬，翌年春季再返回北方的繁殖地。涉禽是一类适应于在浅水或岸边栖息生活的鸟类。涉禽体型相差悬殊，虽然在水边生活，但游泳能力一般，善于飞行，姿态优美。为了适应涉水捕食，涉禽的嘴、脚和颈部比其他生态类群的鸟类显著延长，腿长适于涉水，嘴长适于啄捕。涉禽大多为迁徙性鸟类，在北半球繁殖，秋季南迁到比较温暖的湿地区越冬，翌年春季返回北方繁殖地。也有一些物种不做长距离迁徙，只进行中等距离的迁徙，不采用季节性迁徙的方式。

　　许多研究表明，水深是影响水鸟利用湿地生境的重要变量，不同生态类型的湿地鸟类对水深的需求存在差异(图 4-4)。了解水鸟对水深的选择偏好，可为湿地恢复和栖息地营造提供依据。水深直接决定了觅食的可获得性，体型较大的物种颈部、喙和腿较长，可以在水更深的栖息地觅食(Ma et al.，2010)。涉禽一般在浅水觅食和栖息，由于其喙长、颈长、脚长，不适合游泳，水深成为其接近觅食地的限制因子。相比之下，会潜水的鸟需要深水区作为生境。可见，水深是涉禽和游禽生态位分化的重要决定因素之一，二者各自在适宜的生态位能够减少竞争。

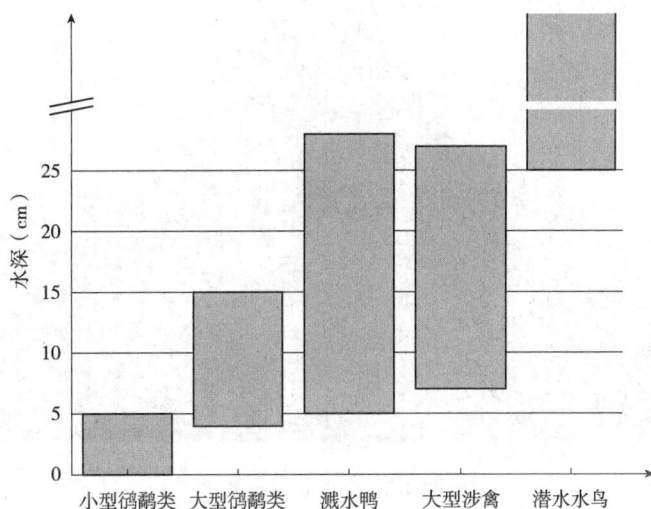

图 4-4　不同水鸟对水深需求的差异

(6)哺乳动物

　　许多哺乳动物以湿地为栖息地，从区系组成来看，全球广布性的物种较多。从捕食行为来看，多种食性混杂，草食、肉食和杂食性动物都有出现。与其他湿地动物相比，湿地哺乳动物的特点是其与湿地环境的互动。许多湿地哺乳动物不仅在湿地中捕食，还通过翻动土壤、巢穴营建等行为，对湿地生态系统进行了改造和补充，并产生了独特的生态学意义。

在栖息地营建中，最引人注目的例子是河狸（*Castor fiber*）。河狸是仅次于人类的优秀"环境工程师"，它们可以按照自己的喜好改变所生存的环境。它们会利用自己强大的颌骨和牙齿咬断树木，以此建造水坝（图4-5）。一般认为，河狸的活动对湿地的好处包括：改善各种野生动物的栖息地，如穴居水禽和其他筑巢鸟类等；通过增加水深来改善暖水性鱼类的栖息地，从而增加水生生动物的食物产量；为水鸟提供适宜的筑巢、孵化、觅食和迁徙的栖息地；降低水流流速和河流的侵蚀潜力，减少洪水的峰值和频率；为新的草本植物生长提供肥沃的基质（Butler et al.，2005）。在湿地哺乳动物中，麋鹿（*Elaphurus davidianus*）最具有代表性，被誉为"湿地精灵"。作为一种湿地动物，麋鹿也常在芦苇丛生的水边活动。当它们在茂盛的湿地植物中穿行时，形态独特的鹿角由于枝杈向后，不容易被勾住、缠住。麋鹿宽大的"似牛非牛"的蹄子也能在泥地、湖水中派上用场。麋鹿的蹄子四个脚趾岔开很大，增加了脚与地面接触的面积，不容易在湿软的土地中"泥足深陷"，而它两个前脚趾之间长有肉膜，功能类似鸭子的脚蹼，可以帮助麋鹿很好地在水里游泳。麋鹿还是物种重引入的成功典范，如今种群数量超过1万只，濒危态势得到扭转。

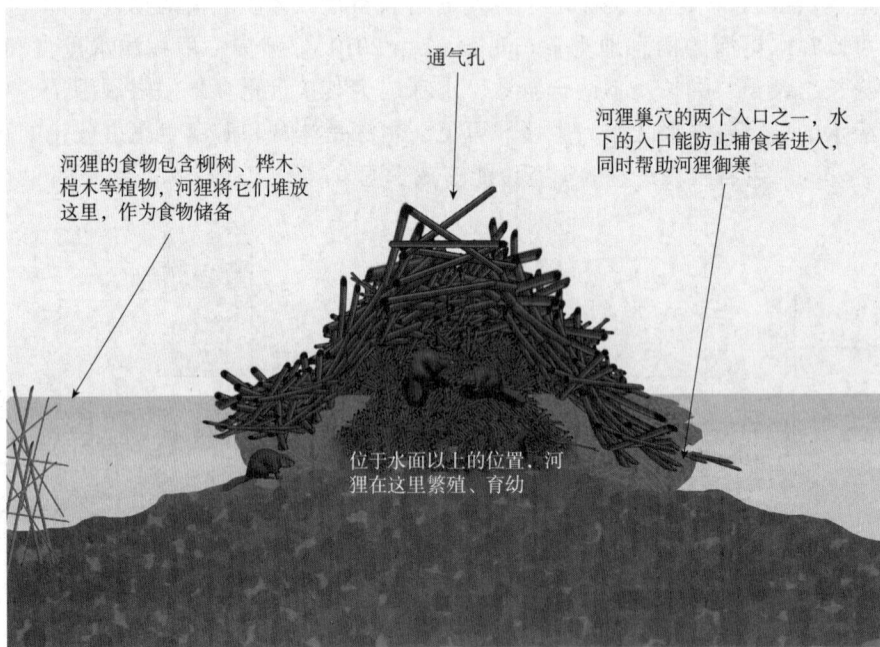

通气孔

河狸巢穴的两个入口之一，水下的入口能防止捕食者进入，同时帮助河狸御寒

河狸的食物包含柳树、桦木、桤木等植物，河狸将它们堆放这里，作为食物储备

位于水面以上的位置，河狸在这里繁殖、育幼

图 4-5　河狸筑坝示意

4.4.3　鸟类对湿地保护的特殊意义

（1）鸟类在湿地水文监测中的作用

湿地鸟类可以作为水文情势的监测指标。湿地水位与水鸟的分布和种类组成相关。春季水位高时潜水捕鱼鸟类增加，同时吸引大群鸥类；与此相反，春季水位低时，有利于在地面取食的水鸟增加。不同取食方式鸟类的丰富度可作为湿地总体水位变化的监测指标。虽然鸟类对湿地水位变化有一定的耐受性，但是频繁的高强度水淹会导致鸟类繁殖成功率急剧下降。例如，水坝内水位较为稳定，鸟类的种类丰富度显著高于

季节性洪泛湿地，尤其是夏季末期，利用洪泛湿地的鸟类的种类和数量下降，而在水坝内却呈上升趋势。

（2）鸟类在湿地生物多样性评价中的作用

对于任何一个生态系统，全面而详尽的生物多样性普查都很难实现，因此，利用指示物种来评估生物多样性正日益得到广泛的应用。一般认为，生物类群中较高等级生物与低等级生物的数量关系呈正相关，所以高等级生物类群数量特征可以用来评估低等级物种的数量信息。在湿地生态系统中，鱼类是水鸟的主要食物之一，与水鸟相比是营养级次一级的生物。因此，食鱼鸟类可以作为鱼类生物多样性变化的指示物种。例如，鲣鸟（*Morus capensis*）的亚成体无法潜入足够深的冷水区域捕鱼，所以其亚成体的死亡率可以反映鱼类分布的垂直变化。此外，大型的濒危物种是自然保护区选址常用的指示物种，例如，丹顶鹤（*Grus japonensis*）、白鹤（*Grus leucogeranus*）、东方白鹳（*Ciconia boyciana*）等。根据濒危鸟类调查结果确认具有保护价值的区域，有助于达成生物多样性行动计划的目标，同时也能满足那些急需保护物种的生存需求。

（3）鸟类在湿地污染监测中的作用

鸟类的羽毛、血液、肌肉、骨骼、肝脏、肾脏等组织器官，以及卵、雏鸟、粪便等都是研究重金属和污染物富集的样品材料。此外，鸟类的孵化率、胚胎畸形和行为变化等，也可以作为受外界胁迫影响的指征。开展这方面研究，样品采集是一个难点，尤其涉及濒危物种时，取样工作很难开展。因此，非损伤取样法正日益受到研究人员的关注，例如，鸟类的羽毛、血样、粪便都是良好的无伤害取样样本，在这些样品中，可以通过原子吸收分光光度法、激光诱导击穿光谱技术、电感耦合等离子体发射光谱法等手段来还原重金属污染物在湿地生态系统中的分布情况。

在非损伤监测中，羽毛具有额外的优势。鸟类具有定期换羽的习性，这给通过羽毛进行污染状况动态评估提供了便利。新生的羽毛可以反映其换羽时觅食地的污染状况。与成鸟羽毛采集相比，雏鸟羽毛的采集更加方便，尤其是集群营巢的鸟类。有研究资料显示，湿地鹭鸟羽毛与环境中重金属含量存在显著的相关性，并在种间呈现明显差异，表现出从湿地环境向鸟类体内富集的过程。这说明了鸟类羽毛中的元素含量可以在一定程度上作为湿地环境污染的指示性材料（刘利等，2018）。但是，也有学者认为开展此类研究要持谨慎态度，并强调利用羽毛进行重金属富集监测应充分考虑外界干扰带来的偏差。例如，汽车尾气形成的铅污染会沉积在羽毛上，或鸟类将富集重金属的尾脂腺分泌物涂抹在羽毛上，这些都会对生物积累的评价造成偏差（杨琼芳等，2004）。

4.5 湿地生物多样性保护

4.5.1 湿地生物多样性面临的挑战

20 世纪以来，随着世界人口的持续增长和人类活动范围与强度的不断增大，人类社会遭遇到一系列前所未有的环境问题，面临着气候变化、人口、粮食和能源等重大危机。这些问题的解决都与生态环境的保护与自然资源的合理利用密切相关。

在应对这些问题的实践中，生物多样性为我们提供了丰富的资源。从进化生物学的角度来看，生物多样性是关于生存的知识集合，它代表了地球上所有生物体为了生存和发展，对数百万年来地球上巨大的环境变化条件所形成的应对策略与发展规律。这无疑为我们在追寻人与自然和谐关系的过程中提供了重要的借鉴，是我们所依赖的"生命图书馆"。客观来说，生物多样性目前面临着重大的挑战。

(1)野生动植物栖息地的破碎化

栖息地的丧失和破碎化被普遍认为是当今全球生物多样性丧失的主要驱动因素。生境破碎化是指在自然或者人为的各种因素作用下，原本连续的、大面积的生境分布区分裂为更小、更孤立的残块。生境破碎化严重阻碍了物种生活史中的正常功能，如迁移、交流、隐蔽、觅食等，从而影响了物种的长期存续。目前学界普遍认为，分布区的功能完整性更大和更连续的生境分布区对于维持物种长期存续是更有利的，因此，生境的破碎化程度不仅是讨论生物多样性保护时的一个理论概念，还是一个用来指导保护规划的概念，特别是在评估栖息地干扰对于保护物种的影响时至关重要。

目前，生境破碎化的现象亟待关注。在不同的景观尺度上，人类已经在很大程度上重构生态系统，并使生物栖息地发生了深刻转变。千年生态系统评估（Millennium Ecosystem Assessment，MEA）确定，自 1990 年以来，世界上超过 1/2 的主要生态系统（如温带森林、热带和亚热带干燥阔叶林等），都经历过不同程度的破碎化事件。

(2)外来物种造成的生物入侵

随着科技的进步，人类在不同地理区域间交流和迁移的能力获得了极大的提升。人类日益增加的联系和交流，也在有意或无意间打破了许多物种原有的隔离状态。例如，远洋轮船的压舱水中存在很多微生物，其中可能有很多种类并不是目的地原有，但通过沿途地点的停泊和装卸货，得以在新环境中定居。以娱乐、贸易、食物等其他原因而得以进行的物种引入与交换实例更多。

物种的交流和重新分布具有一定的生物安全隐患，一个本地物种在其原生地可能不会引起问题，但在新引入的地区，由于各种原因，如缺少天敌或具有特殊的竞争优势等，可能造成生物入侵并导致引入地区生物多样性的显著下降。客观来看，引入的非本地物种并不一定是有害的，它也可能像本土物种一样，对整体生态系统有益或不产生较严重的损害。一般来说，入侵物种是特指一类非本地物种，这些物种对当地生态系统产生了负面作用或对人类社会造成了有害的结果。这些不良影响一般表现在 3 个方面：危害社会经济发展，对人类健康产生威胁，对生态系统的功能和结构产生不利影响。

入侵物种可以从非常少的个体开始，最终形成大量种群分布。其最初阶段通常不会引起人们注意，如入侵性鱼类，只需要很少的鱼卵或未成熟幼体，就可以在未来对水域生态系统造成数以亿计的经济损失。目前，学术界普遍认为入侵现象已经对全球生物多样性构成了严重的挑战。

4.5.2　湿地生物多样性的保护对策

湿地为生物提供了栖息地和庇护所，也是人类赖以生存和发展的重要生态系统之一。目前生物多样性保护已取得长足成效，湿地对于支撑生物多样性的重要性也已经成为共识，但生物多样性的保护仍面临诸多挑战。生物多样性保护是一项涉及多主体行为的工作，为实现湿地生物多样性的有效保护，并促进湿地生态系统的高质量发展，应该结合湿地生态系统的特点，在以下方面达成共识：

(1)持续优化生物多样性保护空间格局

加强对生物多样性保护优先区域的保护监管，明确重点生态功能区生物多样性保护和管控政策。合理布局建设物种保护空间体系，重点加强珍稀濒危动植物、旗舰物种和指示物种保护管理，明确重点保护对象及其受威胁程度，对其栖息生境实施不同保护措施。选择重要珍稀濒危物种、极小种群和遗传资源破碎分布点建设保护点。

(2)构建完备的生物多样性保护监测体系

完善生物多样性调查监测技术标准体系，统筹衔接各类资源调查监测工作，全面推进生物多样性保护优先区域和黄河重点生态区、长江重点生态区、京津冀、近岸海域等重点区域生态系统、重点生物物种及重要生物遗传资源调查。加大生态系统和重点生物类群监测设备研制和设施建设力度，加快卫星遥感和无人机航空遥感技术应用，探索人工智能应用，推动生物多样性监测现代化。利用分子生物学技术，通过遗传学、基因组学和大数据分析的监测技术，为野生动物保护提供新的视角和方法，发挥科学技术在湿地动物生态保护中的重要作用。

(3)着力提升生物安全管理水平

持续提升外来入侵物种防控管理水平。统筹协调解决外来入侵物种防控重大问题。开展外来入侵物种普查，完善外来物种入侵防范体系，加强外来物种引入审批管理，强化入侵物种口岸防控，加强海洋运输压载水监管。推进野生动物外来疫病监测预警平台布局建设，构建外来物种风险评价和监管技术支撑体系。运用入侵物种预警监测数字化技术，构建外来入侵物种数据资源库，有效提高入侵物种定量风险预警、定殖区域评判的可信度，提升入侵物种早期扩张预判决策的准确率，为保障国家湿地动物安全提供技术支撑。

(4)全面推动生物多样性保护公众参与

加强生物多样性保护相关法律法规、科学知识、典型案例、重大项目成果等宣传普及，推动新闻媒体和网络平台积极开展生物多样性保护公益宣传，推动生物多样性博物馆建设，推出一批具有鲜明教育警示意义和激励作用的陈列展览，引导各级党委和政府、企事业单位、社会组织及公众自觉主动参与生物多样性保护。

在已有的湿地生物多样性保护实践中，很多工作贯彻了以上原则，涌现了很多优秀案例。例如，重庆市梁平区由于其在湿地和生物多样性保护方面的工作，于2024年入选了"自然城市"平台，在这个全球最大的城市和地方生物多样性保护分享平台上获得了面向国际的展示与传播。具体来看，综合利用境内水系、湖库和沟、塘、渠、堰、井、泉、溪、田等小微湿地分布的特点，探索出一条极具梁平辨识度的湿地保护与管理路径，成为唯一一个没有大江大河大湖大海的国际湿地城市，有效保护了辖区内包括青头潜鸭(*Aythya baeri*)、中华秋沙鸭(*Mergus squamatus*)、彩鹮(*Plegadis falcinellus*)、红豆杉(*Taxus wallichiana*)等57种国家重点保护野生动植物，呈现一幅"全域治水，湿地润城"的生态画卷。

思考题

1. 生物多样性各层级间存在什么关系？

2. 举一个生物灭绝的例子，并谈一谈对该事件的认识。

3. 选一种湿地生物，谈谈它的特殊性，简述如何将其应用于湿地保护或景观规划的实践。

4. 以某一保护生物学理论为例，谈一谈如何把这种理论运用到自己的研究项目或者介绍给公众。

第5章
湿地生态系统服务及价值评价

5.1 湿地生态系统服务

5.1.1 湿地生态系统服务的概念

湿地生态系统服务是指基于受益人考虑,湿地为人类以及各种生物提供赖以生存的环境条件和自然效益(Zhang et al.,2014)。主要包括供给湿地产品、调节大气、水文调节、净化去污、拦截泥沙、消浪促淤、休闲娱乐、环境教育、传承湿地生态文化、维护生物多样性、提供生存栖息地等。

5.1.2 湿地生态系统服务的类型

学术界将湿地生态系统服务划分为供给服务、调节服务、文化服务和支持服务4大类,其中支持服务是其他服务的基础(图5-1;千年生态系统评估,2000;崔丽娟等,2017,2019)。该分类系统为探究生态系统与人类效益关系提供了重要依据,极大地推动了生态系统服务研究的发展。

5.1.2.1 支持服务

(1)生物多样性维持

湿地有沼泽、河流、湖泊、库塘、滩涂等各种类型,为区域生物多样性的发展提供了得天独厚的自然条件,是众多湿地鸟类、鱼类、两栖类、爬行类、兽类等野生动物的天然栖息地,独特的生境为各种生物等提供了丰富的食物来源,同时也能作为它们营巢避敌、繁殖栖息、迁徙越冬的良好场所。湿地是候鸟迁徙途经路线的重要中转站,也是珍稀鸟类的繁殖地,在维持生物栖息地和保护珍稀、濒危物种方面发挥着重要作用。

(2)土壤形成

湿地是水体和陆地的过渡地带,水体会带来沉积物,同时植物的根系和腐殖质等有机物的沉积也会促进土壤的形成。此外,湿地中的植被可以减少土壤侵蚀,维护土壤的稳定性,保护土壤资源。

(3)养分循环

湿地中的湿地植被和微生物有助于将有机和无机养分转化为可供其他生物利用的

生态系统服务　　　　　　　　　　　　　人类福祉的组成要素

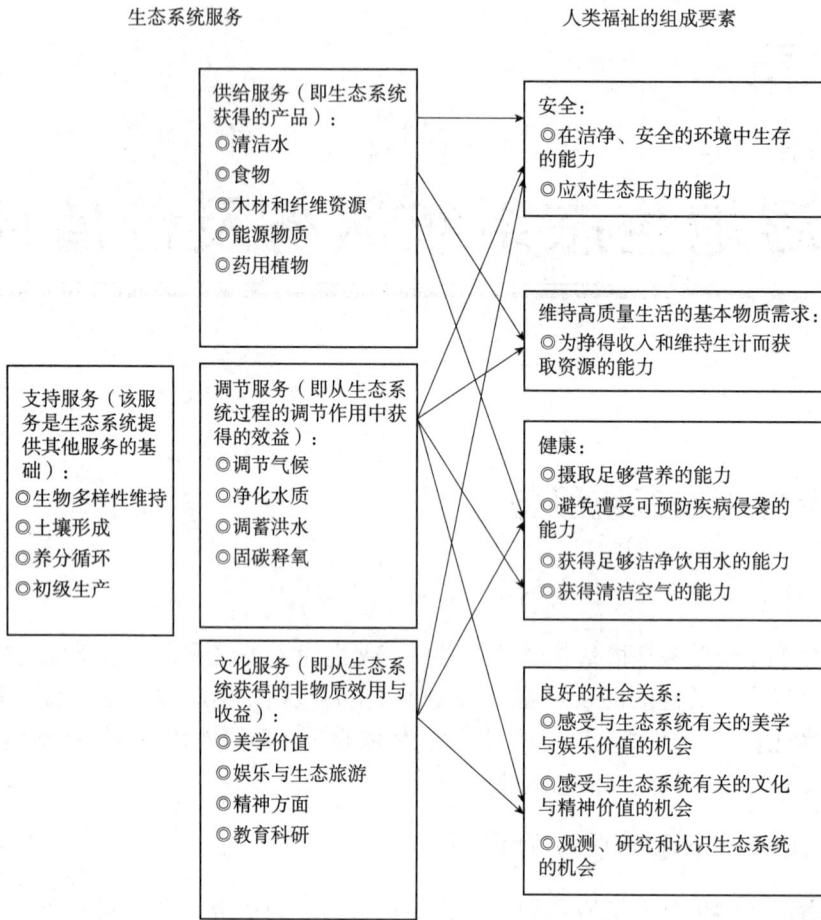

图 5-1　湿地生态系统服务类型

形式，维持养分循环。浮游植物和藻类是养分循环的关键参与者，它们通过吸收水中的营养物质来控制养分的迁移转化，这些微小生物也为湿地和水体中其他生物提供了重要的食物来源。

(4)初级生产

湿地植被能够进行光合作用，将光能转化为有机物质，为整个湿地生态系统食物链提供能量和物质。湿地植被和浮游植物为湿地生态系统中的其他生物提供食物和栖息地，支持了多样性的动植物群落。

5.1.2.2　供给服务

(1)水资源供给

湿地是人类发展工、农业生产用水和城市居民生活用水的主要来源地。我国众多的沼泽、溪流、河流、湖泊和水库在输水、储水和供水方面发挥着巨大效益，其他湿地如泥炭、沼泽可以成为浅水水井的主要水源。湿地水资源补给过程体现在，当湿地涵养的水渗入地下，地下蓄水层中的水就会得到补充，湿地中的水就变成浅层地下水不可分割的一部分。湿地中的水与地下水的交互作用，使地下水得到维持，水在地下的运动和迁移使得一部分湿地水资源可以最终流至深层地下水系统，成为长期潜在的水资源。

(2)物质生产

湿地由于处于水陆过渡带，既有来自水陆两相的营养物质，又有与陆地相似的阳光、温度和气体交换条件，因而具有较高的物质生产力，为社会经济发展提供重要的物质基础。湿地为鱼类提供了栖息地和孵化场所，支持了许多鱼类和其他水生生物的繁殖和生长。湿地水体和植被提供了丰富的食物资源，维持了渔业的可持续性。湿地可用于农田灌溉和水稻种植，为农业提供了关键的水源。此外，一些湿地也用于水生动植物的养殖，如水稻、蔬菜、鱼类和虾类。因此，湿地生态系统能够为人类提供水稻、肉类、莲、藕、菱、芡，以及浅海水域的一些鱼、虾、贝、藻类等富有营养的农产品及副食品。湿地植物如芦苇，可以用于制作编织品、纸浆、纸张和建筑材料等，还可以用于生物质能源的生产，如生物质燃料，从而有助于减少对有限化石燃料的依赖，促进可再生能源的使用。此外，一些湿地植物具有药用价值，可用于制药和医疗。

5.1.2.3　调节服务

(1)调节气候

湿地通过水体及湿地植物的水分循环和大气组分的改变调节局部地区的温度、湿度以及降水状况，通过调节区域内的风、温度和湿度等气候要素，减轻干旱、风沙等灾害。湿地调节气候的服务主要表现在湿地水汽蒸散和湿地植被蒸腾所产生的强烈的调温增湿效应。其中，调温效应体现在：湿地水体在夏季表现出显著的降温过程，冬季则表现出明显的增温过程。增湿效应体现在：湿地水汽的蒸发和湿地植物的蒸腾作用向空气中释放了大量的水汽，一方面增加了近地层空气的湿度，使局域气候比周边地区略温和湿润；另一方面促进了局域大气水分循环，有利于降水的产生，从而保持了局域的湿度和降水量。例如，我国神农架的大九湖湿地，春、秋、冬季的实测气温高于推算气温，而夏季的实测气温则偏低；三江平原沼泽在开垦后空气湿度平均下降7%～13%。

(2)净化水质

湿地通常具有低平的地势和缓慢的水流，可以让污水中的悬浮物在重力作用下沉降；植物根系和基质颗粒能够拦截、吸附水中的可沉降及可絮凝固体；湿地基质中的土壤胶体也能够截留、吸附水中的悬浮颗粒。植物作为湿地的主体生物，能直接和间接地参与水质的净化过程。直接净化作用指的是植物自身能够吸收水体中的氮、磷等营养物质，同时，植物也可以对水体中的重金属等污染物进行富集，从而参与污染物去除过程。间接净化作用指的是植物通过提高根际环境的氧气含量、分泌有机酸等营养物质维持通气状况、加强水力传导、延长水力停留时间等途径，为污染物降解提供有利条件。除植物外，微生物广泛分布于水体、基质和植物根际等环境中，能够参与多种氧化还原反应，从而降解、去除各类污染物。

(3)调蓄洪水

湿地含有大量持水性良好的水成土、植物及质地黏重的不透水层，能贮存大量水分，是巨大的生物蓄水库，能在短时间内蓄积洪水，然后用较长的时间将水排出，从而将水分在时间上和空间上进行再分配。由于湿地土壤具有的特殊水文物理性质，因此湿地具有超强的蓄水性和透水性，能消解洪水等灾害带来的巨大能量，降低其危害程度，被称为蓄水防洪的天然"海绵"。许多湿地地区是地势低洼地带，与河湖相连，在暴雨和河流涨水期将过量的水分存储起来，均匀地缓慢释放，减弱危害下游的洪水；在干旱季节和降水时空分配不均的情况下，湿地可将洪水期间容纳的水量向周边地区和下游排放，防旱功能十分显著，因此在调节径流、维持区域水平衡中发挥着重要作用。

(4)固碳释氧

固碳和释氧是湿地重要的生态服务功能，湿地常作为大气 CO_2 的汇和 CH_4 排放源，对于调节大气温室气体 CO_2 和 CH_4 的平衡具有重要的作用。据估算，湿地生态系统是碳密度最高的陆地生态系统之一，这主要源于湿地具有较高的固碳释氧能力，沼泽湿地特别是泥炭地约 98.5% 碳都储藏在土壤中，这使得沼泽土壤有机库的微小变化可能导致大气 CO_2 浓度的显著改变。据统计，1850—1995 年，大气共积累了 $1\,420×10^8$ t 碳，其中约有 30% 来源于土地利用变化。在全球范围内，由于东南亚泥炭地排水造成的 CO_2 排放量相当于全球化石燃料燃烧释放的 1.3% ~ 3.1%。因此，湿地生态系统固碳和释氧功能的评估对于认识湿地维持调节大气组分功能具有重要意义。

5.1.2.4　文化服务

(1)美学与娱乐和生态旅游

湿地有着优美的自然景观，是人们休闲、娱乐、旅游的天然好去处，对人的心灵、精神和感官都能带来诸多益处。城市湿地中的动植物、自然景观、生态水系以及区位因素，都是隐藏的资源与自然的馈赠。湿地生态系统的美学价值是指湿地景观及其直接影响下的文化景观带给人们的审美愉悦体验，以及湿地本身所具备的客观美学特质所蕴含的价值。美学价值的受益人为所有通过湿地生态系统获得审美愉悦的人，既包括日常生活在该湿地生态系统附近的当地人，也包括前往该湿地生态系统为获得美学价值的旅游者。湿地美丽的自然景色，多种多样的生物对国内外游人具有极大的吸引力，是人们休闲、观光、徒步跋涉、水上游乐、垂钓的好地方。湿地观光所带来的门票收益，湿地景区内的酒店、餐饮消费需求被拉动，以及旅游产品的推广等，都是湿地生态系统所带来的经济效益的一部分。

(2)精神方面

自《诗经》时代起，湿地风光就成为古人歌咏的对象，如"山有扶苏，隰有荷华""彼泽之陂，有蒲与荷"等。这些诗词不仅为后人提供了深厚的文化精神价值，也让人们对湿地产生了深深的向往。湿地景观的朴素美学，映射出人与自然的和谐关系，促进了人们树立人与自然和谐发展的理念。基于传统文化的"和合理念"，千百年来，中国人民一直倡导在山水中寻求人类精神的价值，塑造了中华民族尊崇和保护自然的传统。这一传统对当代生态文明建设具有深远的启示意义。

(3)教育科研

湿地具有重要的科学研究价值。其丰富的野生动植物资源、遗传基因等为教育和科学研究提供了宝贵的研究对象，推动了自然科学的研究、教学实习以及文化传播。湿地所保留的生物、地理、环境等方面的演化信息，具有独特的研究价值，是探索湿地生态系统结构与功能以及各类物种形成与发展的理想场所。同时，湿地也是研究湿地演替规律、驱动机制及其在人为干扰下的动态变化的理想场地。

湿地资源的有效保护与合理利用，是生态学和地理学研究的重要课题，涉及湿地的类型、演化、分布、结构和功能等多个方面。由于湿地是脆弱的生态系统，且与人类的生存和发展息息相关，如何有效保护并合理开发湿地生态系统，始终是科学研究的目标之一。一些湿地还保存着宝贵的历史文化遗产，包括物质和非物质文化遗产，是进行历史文化研究的关键场所。

此外，湿地在科普教育方面发挥着重要作用。通过湿地科普教育，人们可以更好地了解、关注和热爱湿地，从而促进公众增强湿地保护意识，提高湿地保护和管理的能力。

5.2　湿地生态系统服务价值评价

自 20 世纪 70 年代以来，生态系统服务逐步成为科学术语及生态学等学科的研究领域。随后国际科学联合会环境委员会对生物多样性的定量研究和讨论，推动了生物多样性和生态系统服务的耦合关系研究以及生态系统服务价值评估方法的发展。Daily 和 Costanza 等相继发表《自然服务：人类社会对自然生态系统的依赖性》和《全球生态系统服务与自然资本的价值》等论著，对生态系统服务向经济价值的转化进行了讨论和评估。Turner 等总结了评价湿地生态系统经济价值的理论、方法及其在湿地可持续发展中的应用。湿地的多种生态系统服务之间存在着复杂的相互影响，某些服务之间没有或者具有弱相互关系；某些服务间的直接关系则可能非常显著。例如，人工湿地的水体净化服务可以促进湿地的燃料供给服务，但供给服务并不直接影响水质净化服务。此外，受人为干扰、气候变化与生物入侵等的影响，湿地退化会影响生态系统服务的产生与发挥，例如生物多样性稳定性降低，水质净化和洪水调节能力减弱；湿地是陆地生态系统碳库中最大的组成部分(44%~71%)，湿地退化使其对全球变暖的缓解能力减弱。

湿地生态系统服务价值是对湿地生态系统服务进行货币化表示，反映湿地生态系统对人类福祉的总贡献。湿地生态系统服务价值评估是基于湿地生态系统提供的生态服务，运用适宜的价值评估方法，将抽象的生态服务转化为人们易感知的货币量，直观地反映湿地生态系统服务所创造价值的评判过程。评估过程中最大程度使用最新卫星遥感数据、实地调查数据、资源监测数据，长期生态定位研究数据等，确保评估数据的现势性和评估结果的合理性。坚持物质计量基础上的价值评估，全面反映各项湿地生态系统服务；充分体现湿地生态系统的类型和区域差异特点，保证价值评估的客观合理性。

5.2.1　湿地生态系统价值分析

本节在综合分析国内外各种关于自然资源价值分类的基础上，结合湿地的特点以及其所具有的各种功能和效益，对湿地的经济价值进行了以下归类。

5.2.1.1　使用价值

湿地的使用价值(use value，UV)就是湿地能够提供给人类的产品或满足人类需要的服务的价值。也有人把湿地的使用价值定义为湿地"被使用或消费的时候，满足人们某种需要或偏好的能力"。使用价值也称有用性价值(instrumental value)。湿地的使用价值又可分为直接使用价值和间接使用价值。

(1)直接使用价值

直接使用价值(direct use value，DUV)是湿地直接提供给人类的湿地产品或提供给人类的服务的价值，如木材、芦苇、药材、鱼类、野生动物、泥炭、旅游、休闲、水运等。湿地的直接使用价值又可分为通过商业活动实现的价值，和未通过商业活动实现的价值。商业性使用价值是指经过市场交易的产品的商业价值，如动物毛皮、鱼、造纸原料(芦苇)等。非商业性使用价值是指没有经过市场交易而直接被当地居民消耗的湿地资源的价值，如薪材等。

湿地的直接使用价值还可以划分为源于资源利用的消费性使用价值，例如放牧、采樵、林业活动、水源利用、狩猎和渔业等，以及湿地提供的服务而带来的非消费性使用价值，例如休闲、旅游、景观研究和教育、航运等。

湿地的直接服务价值主要指其为人类提供的科学研究和科普宣传作用。此外，湿地因其独特的历史文化或美学价值，吸引了大量游客前来旅游和休闲，从而创作经济收益。许多未受人类开发破坏的湿地保留着完整或典型的生态系统，蕴藏着丰富的物种资源，具有极高的科研价值，可作为生态研究和监测的理想场所。

直接使用价值在概念上是易于理解的，但这并不意味着在经济上易于衡量。比如湿地中产出的药用植物价值很难计算。

(2)间接使用价值

湿地的间接使用价值(indirect use value，IUV)是湿地生态系统带来的生态和环境功能价值。这部分价值源于湿地生态系统对经济活动的支持和保护。该价值直接影响生产和消费价值的变化，但由于其贡献是非市场的，所以往往在经济上没有回报。这类价值包括洪水控制、地下水补给、调节气候等。湿地的洪水调蓄及消浪护岸服务的间接使用价值体现在减少财产损失中。天然的洪积平原可以补给地下水以利于旱地农业、商牧业，然而许多洪积平原由于上游筑坝而失去了原有功能，这说明湿地间接使用价值由于市场失效而造成损失。

间接使用价值虽然不直接进入生产和消费过程，但却为生产消费的正常进行提供了必要条件。

(3)备选价值、半备选价值

备选价值(option value，OV)和半备选价值(semi-option value)是指由于科学技术的不够发达，人们不甚了解，或人们目前的不愿意，而使湿地中资源或湿地某些效益存在未来被利用的可能，是湿地潜在的价值。保护湿地及其资源和功能以备将来之需就具有一种额外的补偿。半备选价值是指个人或社会认为目前的开发利用在将来是不可逆转的，于是从推迟的开发活动中引出半备选价值。半备选价值就是信息的期望值。

当人们不清楚其将来的价值，往往相信其价值很高。半备选价值的典型例子就是破坏某一生态系统而招致某一未知基因资源丧失，而造成了不可恢复的损失，于是潜在价值丧失了。某些资源尽管现在的价值不一定大，但可能将来由于科学技术发展到使人们对其有了深入了解那么其真实价值可能会变得非常大。

备选价值、半备选价值包括直接利用价值、间接利用价值，但是目前条件下，这种价值只是一种愿望和对未来的推测，有些人出于偏好，希望能选择利用湿地的某些资源，因而这种价值是现实存在的，不能被忽略，但是它只存在于人们的意愿之中，只能用意愿调查的方法来测度(崔丽娟，2001)。

5.2.1.2　非使用价值

非使用价值(non-use value，NUV)是指湿地所具有的既不能直接利用又不能间接利用的一类价值。非使用价值又称内在价值(intrinsic value)，意指物品的内在属性，它与人们是否使用它没有关系。由于绝大多数湿地都是或处于被法律保护状态，或处于无法被大规模开发利用状态，因而其资源的直接利用较少，相对来说，非使用价值比较大。非使用价值有两种：存在价值(existeneerlue，EV)和遗产价值。

(1)存在价值

存在价值是湿地非使用价值的重要表现形式，是湿地自然存在时表现出的价值，国外也有专家称其为内在固有价值。湿地存在价值的受益者是地球的全部生物，而不只是人类，更不是某一区域范围内的狭义受益人群。人们出于伦理和责任，为了湿地生境的永续存在而捐献大量钱财，一些国际非政府组织和民间基金会也常常慷慨解囊来保护湿地，这种支付愿望不是出于利他主义或为了自己以及后代将来的享用，这些捐助都体现了湿地的存在价值。从某种意义上说，存在价值是人们对环境资源价值的一种道德上的评判，包括人类对其他物种的同情和关注。随着人们环境意识的提高，存在价值被认为是总价值中的一个重要部分。

(2)遗产价值

是指当代人为把某种资源将来保留或遗赠给子孙后代，使他们受益于这种资源或这种资源而带来的知识，而愿意支付的费用。湿地作为独特的生态系统，其中蕴含着丰富多彩的物种资源，以及生物遗传资源，后代可以从这些资源和相关知识中直接受益，因此，湿地具有显著的遗产价值。遗产价值源于人们一种美丽的愿望，在当地正在使用湿地的人群中，遗产价值可能特别高，他们希望看到湿地和他们的生命之路是与他们的子孙以及后代人连接的。从某种意义上说，湿地的遗产价值同湿地的使用直接相关，所以许多学者认为应该把它纳入使用价值范围内。因为人们相信，把资产留给后人，是为了让后人在使用它们的时候获得满足。

湿地价值分类如图 5-2 所示。非使用价值是指在目前条件下，不能、不想或不愿利用的价值。非使用价值的价值量衡量方法一致，即都只能用意愿调查的方法来获取其值，因此把它们划归一类，给计算统计带来了方便同时这一概念的提出，也使环境资源价值分类中的使用价值和非使用价值之间架起了桥梁。

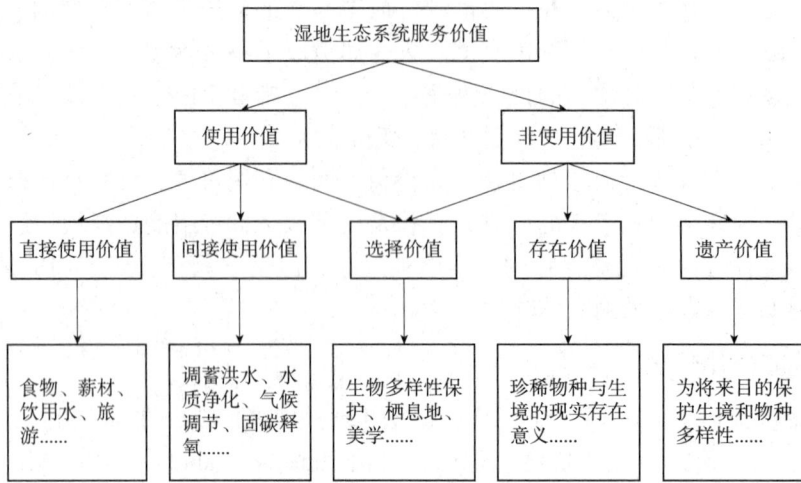

图 5-2　湿地生态系统服务价值的构成

5.2.2　湿地生态系统服务价值评价方法

5.2.2.1　物质量评价法

物质量评价法即直接从湿地生态系统提供的物质量多少的角度进行评价的一种生态系统服务评价方法(崔丽娟，2001，2019；吴明，2004)。用此方法对湿地生态系统服务进行评估的结果比较客观，尤其是对于较大区域的湿地或重要湿地生态系统类型的评估结果不会因为湿地类型所提供的服务不常见而受影响，而且也能够比较客观地比较不同湿地类型所提供的同一项服务能力的大小。但是不同类型的服务往往具有不同的物质量的量纲，因此不同服务之间也就缺乏可比性，很难评价某一湿地生态系统的综合生态系统服务，进而也就大大降低了评价结果在实际运用中的价值和意义。所以，物质量评价法在实际运用中往往不单独使用，而是结合价值量评价法等使用。

5.2.2.2　价值量评价法

价值量评价法是指利用货币价值量来反映生态系统服务价值的一种生态系统服务价值评估方法(崔丽娟，2001；郝仕龙等，2010；崔丽娟等，2019)。将具有不同量纲的不同类型的湿地生态系统服务转化成统一标准下的货币价值量，使得不同类型服务具有了可比性；转化成货币价值量后的湿地生态系统服务也便于大众理解，如果评价目的是为某些工程项目的立项决策提供依据，则此评价方法比物质量评价方法更有优势，有助于评估结果的实际运用。因此，价值量评估法也是目前湿地生态系统服务价值评估常用的方法。

目前较为常用的价值量评估法主要包括实际市场法、替代市场法和假想市场法(崔丽娟，2001；谢高地等，2003)。

(1)实际市场法

实际市场法又称直接市场法，是指具有实际市场，经济价值以市场价格来体现的方法，包括费用支出法和市场价值法。以湿地生态系统产品或服务的市场交易价格为基础估算其经济价值，主要包括市场价值法、生产函数法等。有研究者采用市场价值法对辽宁省滨海湿地产出的海水产品、稻田产出的稻米、盐田产出的海盐以及芦苇沼泽的产出和供给进行了估算。有学者利用该方法对墨西哥海湾滨海湿地的供给服务进行了估算(Engle，2011)。加拿大生态学家使用生产函数法对加拿大西海岸鲑鱼淡水栖息地的价值进行了估算(Knowler et al.，2003)。

(2)替代市场法

替代市场法，是指没有实际市场和市场价格，通过估算替代商品的市场价格间接获取经济价值的方法，包括机会成本法、替代成本法、恢复和防护费用法、影子工程法、旅行费用法和享乐价格法等。例如，湿地涵养水源的服务很难量化，则可以用建造一个涵养相等量水源的水库的价值来代替，这就是影子工程法应用的一个例子。影子工程法简明易懂，在生态系统服务价值评估中应用比较广泛。当某开发项目对湿地生态系统所造成的损失不好衡量时，可利用替代费用法来分析需花费多少钱才能替代这些损失，必须将防止环境损失发生的费用与替代费用作对比，当预防费用小于替代费用时，必须在项目实施前进行充分评估，充分考虑项目实施可能带来的环境破坏并采取措施进行弥补(崔保山等，2001)。

(3)假想市场法

假想市场法，是指的是在一个虚拟的市场评价社会对改善环境愿意支付的最大费用，或是愿意接受干扰导致环境恶化的基本补偿的价值(张茵等，2005)，包括条件价值法和意愿选择法等。该方法利用效用最大化原理，以得到商品或服务的价值为目的，采用问卷调查直接询问人们在模拟市场中对某项湿地生态系统服务改善的支付意愿或放弃某项服务的意愿，以此揭示被调查者对环境物品和服务的偏好，从而最终得到公共物品非使用经济价值。其核心是直接调查咨询人们对生态系统服务的支付意愿或接受意愿，并以支付意愿或接受意愿来表达生态系统服务的经济价值(欧阳志云等，1999；崔丽娟等，2019)。有学者采用该方法对丹麦居民改善兰纳峡湾水质的支付意愿进行调查，并进行了决策树和回归分析，结果表明，受访者对减轻水体富营养化具有强烈的支付意愿(Atkins et al.，2007)。有学者对黑龙江扎龙湿地自然保护区生态系统的直接和间接服务价值进行了评价并在国内首次将条件价值法用在湿地生态系统服务的价值评估工作中，对公众的支付意愿进行了研究(崔丽娟，2002)。

5.2.2.3 能值评价法

能值分析法是由美国著名生态学家奥德姆(H. T. Odum)提出的，是以能量为核心的一种系统分析方法。能值分析是通过基础数据利用模型或算法计算中间或最终物质量，借助能值转换率，在将生态系统中不同类、不同质的能量转换为统一标准尺度的能值来衡量生态系统各种服务的同时，将能值产出量与市场理论价值量计算相结合得到湿地生态系统服务价值的评估方法，利用太阳能为基准来衡量各种能量的能值(Odum，1996；崔丽娟等，2004；赵晟等，2015)。

能值分析法主要包括资料收集、系统能量图的绘制、能值分析表的编制、构建系统的能值综合结构图、建立能值指标体系、最后进行系统模拟和发展评价及策略分析，一共7个基本步骤。该方法计算简单，资料获取容易，解决了不同等级和不同类型的物质不能同时分析、比较的难题，且可以做长时间尺度的推算。能将不同种类的物质量和能流转换到同一标准下进行比较，定量分析湿地生态系统与人类社会的价值以及各生态系统间的相互关系，能较好地阐述湿地生态系统服务的能量流动及利用率，提供了一条联系人类社会经济系统与湿地自然生态系统的重要途径(Ulgiati et al.，2011)。

能值分析方法在国内外湿地生态系统服务价值评价中有较多应用。自 Odum 等对滨海虾类养殖生态系统的供给服务价值、互花米草湿地的调节服务价值等某一类服务进行了能值分析(Odum et al.，1991；Ton et al.，1998)，后来很多学者逐步运用并改进能值计算方法，增加了支持服务和文化服务价值等能值计算，对湿地生态系统各项服务价值展开了更全面地研究(赵欣胜等，2005)。由于能值转换率和能值货币比率选用不一致(孟范平等，2011)、基于能值转换法的生态系统服务价值评估指标体系不完善(王玲等，2015)以及能值转换法的方法不完善，能值分析法价值评估结果存在差异。对文化服务价值评估的研究较为薄弱，不能很好地反映人类对生态系统服务的需求(蓝盛芳等，2002)。我国在基于能值分析的湿地生态系统服务价值评估方面仍处于探索阶段，亟须在以上几个方面进行深入研究，以构建基于能值转换法的湿地生态系统服务价值评估体系。

5.2.3　湿地生态系统服务价值评价案例

5.2.3.1　供给服务价值评价案例

湿地供给服务价值主要是指湿地生态系统通过初级生产、次级生产为人类提供食物、原材料和其他生物质资源的经济价值，主要包括食物、原材料、航运、电力供给、淡水供给等内容。湿地供给服务价值一般采用市场价值法进行计算，具体的指标和计算公式见表 5-1。

表 5-1　湿地生态系统供给服务价值核算指标与计算公式

服务	指标	核算方法	计算公式
供给服务(A_1)	食物(A_{11})	市场价值法	$$A_{11} = \sum Q_i \times P_i \tag{5-1}$$ 式中　Q_i——各种湿地食物、材料等的产量；P_i——相应食物、材料的市场单位价格
	原材料(A_{12})		$$A_{12} = \sum T_i \times J_i \tag{5-2}$$ 式中　T_i——各种湿地原材料的产量；J_i——相应原材料的市场单位价格
	航运(A_{13})		$$A_{13} = L \times E \times P \tag{5-3}$$ 式中　L——湿地水域运输线路总长；E——完成的运输量；P——运输单位价格
	电力供给(A_{14})		$$A_{14} = G \times P \tag{5-4}$$ 式中　G——湿地年发电量；P——电的单位价格
	淡水供给(A_{15})		$$A_{15} = C_1 \times Y_1 + C_2 \times Y_2 + C_3 \times Y_3 \tag{5-5}$$ 式中　C_1——湿地提供的生活用水量；Y_1——相应生活用水的单位价格；C_2——湿地提供的工业生产用水量；Y_2——相应工业生产用水的单位价格；C_3——湿地提供的农业生产用水量；Y_3——相应农业生产用水的单位价格

(1)生产物质供给服务价值评价案例

①在有相关统计资料的情况下，计算四川若尔盖湿地的生产产品价值。若尔盖高寒湿地位于黄河上游、青藏高原的东北部边缘，不仅是我国面积最大的高原泥炭沼泽集中分布区，也是黄河重要的水源涵养区。该案例计算的若尔盖湿地物质生产包括牦牛、藏羊和马等，副产品有奶制品和羊毛。若尔盖湿地生物产品物质量和单价可以通过查阅若尔盖湿地管理局和若尔盖县统计年鉴获取，见表 5-2。

表 5-2　四川若尔盖湿地生物产品物质量和单价

物质产出	数量	单价
牦牛	98 794 头	2 000 元/头
羊	125 430 头	300 元/头
毛	412 t	8 000 元/t
奶	15 441 t	2 700 元/t

数据来源：若尔盖湿地管理局和若尔盖县 2011 年统计年鉴。

依据表 5-1 中的式(5-1)：

若尔盖湿地的生产产品价值=牦牛价值+羊价值+毛价值+奶价值

$$=98\ 794×2\ 000+125\ 430×300+412×8\ 000+15\ 441×2\ 700$$

$$=3.43×10^8+0.56×10^8+0.89×10^8+1.18×10^8=6.06\ 亿元$$

②在无相关统计资料的情况下，计算北京野鸭湖生产产品价值。如果缺乏调查区域生产产品物质量的统计资料，则需要采取其他技术手段进行估算。北京延庆野鸭湖湿地位于延庆区西部，是官厅水库延庆辖区及环湖海拔 479 m 以下淹没区及滩涂组成的湿地。该案例在野外试验采集的光谱信息的基础之上，对所获取的遥感影像进行目视解译和遥感分类，获取野鸭湖湿地植被覆盖分布图，从而计算植物的产品价值；鱼类产量通过实地调查获取。技术路线如图 5-3 所示。

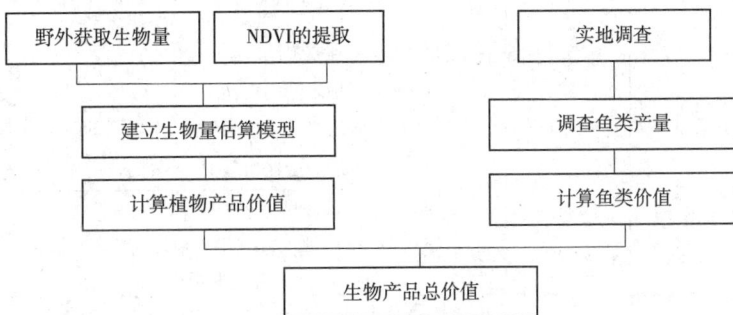

图 5-3　利用 NDVI 进行估算生物量模型

湿地植物单价取 350 元/t(按饲料价计)，经实地调查，按照市场(北京市良乡城东农副产品交易市场)调查，拟定每条鱼重 1.5 kg，确定价格为 10 000 元/t。

生物产品价值=植物产品价值+鱼类价值=342.01+7.5=349.51 万元

(2)淡水供给服务价值评价案例

湿地是地球上淡水的主要储存库，具有提供充足淡水、补充地下水的能力。淡水供给服务价值可以采用市场价值法进行核算，可以根据表 5-1 中的式(5-5)进行计算。

例如，在计算若尔盖湿地淡水供给服务价值时，各类用水单价以 2011 年四川省各类水价为标准，2011 年若尔盖全县人口为 76 477 人。

若尔盖淡水供给价值=农业用水供给+工业用水供给+生活用水供给=0.77 亿元

表 5-3　四川若尔盖县淡水供给价值

类型	用量	单价(元/t)	价值(亿元)
农业用水	1.23×10^8 t	0.15	0.184 5
工业用水	0.32×10^8 t	1.70	0.544
生活用水	63.13 L/(人·d)	2.15	0.037 8
总计			0.77

5.2.3.2　调节服务价值评价案例

湿地的调节价值是指湿地生态系统为了改善人类生存环境提供的惠益，如蓄积水资源、调蓄洪水、调节气候、净化水质等。湿地调节服务价值一般采用影子工程法、市场价值法等进行计算，具体的指标和计算公式见表 5-4。

表 5-4　湿地生态系统调节服务价值核算指标与计算公式

服务	指标	核算方法	计算公式
调节服务(A_2)	蓄积水资源(A_{21})	影子工程法	$A_{21}=X\times Z$　(5-6) 式中　X——湿地存储水资源总量； Z——修建水库单位造价成本
	调蓄洪水(A_{22})		$A'_{22}=O\times K+S\times H\times K$　(5-7) 式中　K——水库蓄水单位成本； O——沼泽湿地泥炭土壤调蓄水总量； S——沼泽湿地面积； H——洪水期平均淹没深度
	气候调节(A_{23})		$A_{23}=\Delta T\times P_1+\Delta M\times P_2$　(5-8) 式中　ΔT——湿地降温幅度； ΔM——湿地增湿幅度； P_1——采用空调或风扇降温1℃需要的费用； P_2——采用加湿器增湿1%需要的费用
	水质净化(A_{24})		$A_{24}=Q\times L$　(5-9) 式中　Q——湿地每年接纳周边地区的污水量； L——单位污水处理成本
	大气组分调节(A_{25})	碳税法和市场价值法	$A_{25}=P_1\sum_{i=1}1.63N_i\times S_i+P_2\sum_{i=1}1.20N_i\times S_i-P_3\sum_{i=1}F_i\times S_i\times T_i$　(5-10) 式中　N_i——湿地中第i种水生植物单位干物质量； S_i——湿地中第i种水生植物面积； F_i——湿地中第i种水生植物CH_4排放的平均通量； T_i——湿地中第i种水生植物CH_4排放的时间； P_1——CO_2的单位价格； P_2——O_2单位价格； P_3——CH_4的单位价格

(1)调蓄洪水服务价值评价案例

①计算沼泽湿地的调蓄洪水价值。调蓄洪水服务价值采用替代法进行核算,沼泽湿地主要是对土壤蓄水和地表滞水两部分蓄积水资源价值进行核算。调蓄洪水服务价值是湿地生态系统储存水分、调节河川径流的价值,通常运用库容成本法计算。公式选取表 5-4 中的式(5-7)。

选取 50 cm 深度计算若尔盖湿地持水体积,根据单位体积有效水分,计算若尔盖高原湿地区蓄水总量为 $4.61×10^8$ t(表 5-3),单位体积库容成本取 6.117 元/m^3(国家林业局,2008),得出若尔盖湿地生态系统调蓄洪水服务价值为 6.41 亿元。

表 5-5　2011 年若尔盖高原湿地生态系统蓄水量

类型	单位体积有效水分 (kg/m^3)	面积 (hm^2)	体积 ($×10^4\ m^3$)	蓄水量 ($×10^8$ t)
草甸	408.04	122 588.44	61 294	2.50
沼泽	626.95	46 840.79	23 420	1.47
湖泊河流	1 000.00	1 270.77	635	0.64
总计			85 349	4.61

②计算湖泊湿地的调蓄洪水价值。湖泊湿地主要采用年内水位最大变幅来估算湖泊调蓄洪水能力。将表 5-4 中式(5-7)简化为:

$$A_{22} = V×K \tag{5-11}$$

式中　A_{22}——湖泊湿地调蓄洪水服务价值;

　　　V——湖泊湿地水位变幅总量;

　　　K——水库蓄水单位成本。

例如,在计算乌梁素海湿地调蓄洪水的服务价值时,根据乌梁素海湿地库容 $3.0×10^8\ m^3$ 和单位体积库容成本 6.117 元/m^3 计算(国家林业局,2008),其调蓄洪水的价值在为 18.35 亿元。

(2)气候调节服务价值评价案例

湿地可以通过水面蒸发来调节温度和增加空气湿度。若尔盖湿地多年平均蒸发量为 $51.9×10^8\ m^3$。公式选取表 5-4 中的式(5-8)。

计算调节温度的价值时,取水在 100℃、1 个标准大气压下的汽化热 2 260 kJ/kg,则本研究区的蒸发吸收的总热量为 $11.7×10^{15}$ kJ。蒸发降低气温按照空调的制冷消耗进行计算,空调的能效比取 3.0,2011 年四川省的电价为 0.52 元/(kW·h),计算得到调节温度的价值为 5 630 亿元。

计算增加湿度的价值时,以市场上较常见家用加湿器功率 32 W 来计算,将 $1\ m^3$ 水转化为蒸汽耗电量约 125 kW·h(刘晓丽,2008),2011 年电价取 0.52 元/(kW·h),则增加湿度的价值为 3 370 亿元。

若尔盖湿地气候调节价值=调节气温价值+增加湿度价值=900 亿元

(3)水质净化服务价值评价案例

水质净化服务价值采用市场价值法进行核算,公式选取表 5-4 中的式(5-9)。根据乌梁素海保护区管理站提供的数据,2011 年排入乌梁素海的废水约 $5×10^8$ t,其中农田

表 5-6　2011—2012 年乌梁素海水质监测统计结果

入湖水量 （×10^8 t）	出湖水量 （×10^8 t）	入水口氮浓度 （mg/L）	出水口氮浓度 （mg/L）	入水口磷浓度 （mg/L）	入水口磷浓度 （mg/L）
5	1.86	5.71	1.42	1.22	0.08

退水 4.6×10^8 t。乌梁素海最主要净化服务体现在对氮、磷营养盐的净化作用。

主要核算乌梁素海对上游农田退水中氮、磷的净化价值。这里采用生活污水处理成本氮 1.50 元/kg，磷 2.50 元/kg（张修峰等，2007）进行计算。因此，乌梁素海水质净化服务价值为 537 万元。

（4）固碳服务价值评价案例

湿地固碳量包括植物固碳量与土壤碳储增量。采用避免损失成本法来计算湿地的固碳价值，碳的价格取 277.7 元/t。

$$V = (W_1 + W_2) \times P \tag{5-12}$$

式中　V——湿地固碳服务价值；
　　　W_1——植物固碳量；
　　　W_2——土壤固碳量。

表 5-7　扎龙湿地固碳价值

景观类型	面积 （hm^2）	植物 （亿元）	土壤 （亿元）	总价值 （亿元）	单位固碳价值 （元/hm^2）
沼泽	129 142.4	1.67	6.07	7.74	5 993.4
水域	9 926.7	0.04	0.00	0.04	403.0
草甸	33 153.1	0.28	0.52	0.80	2 413.0
耕地	43 091.9	0.37	0.64	1.01	2 343.8
其他	9 553.4	0.04	0.14	0.18	1 884.1
合计	224 867.5	2.40	7.37	9.77	4 344.8

2011 年，扎龙湿地的固碳总价值为 9.8 亿元，植物固碳价值 2.4 亿元，土壤碳储存价值 7.4 亿元。若计算湿地净固碳价值，则需要排除湿地的 CH_4 排放，采用碳税法计算湿地净固碳的价值量。

$$V = (NEE - GWP_{CH_4} \times F_{CH_4}) \times A \times P \tag{5-13}$$

式中　V——湿地固碳服务价值；
　　　NEE——湿地生态系统净 CO_2 交换量；
　　　GWP_{CH_4}——CH_4 的全球增温潜势；
　　　F_{CH_4}——CH_4 排放量；
　　　A——湿地面积。

利用该方法计算的辽河双台河口湿地年固碳量为 9 989.7 kg CO_2/hm^2，总固碳价值为 2.37 亿元。

5.2.3.3　支持服务价值评价案例

湿地的支持服务价值是指湿地生态系统提供和支撑其他服务而必需的基础服务，

包括营养循环功能价值、补充地下水、生物多样性维持、净初级生产力等。湿地支持服务价值一般采用替代价格法、替代工程法和支付意愿法等进行计算，具体的指标和计算公式见表 5-8。

表 5-8　湿地生态系统支持服务价值核算指标与计算公式

服务	指标	核算方法	计算公式
支持服务 (A_3)	营养循环功能价值 (A_{31})	替代价格法	$$A_{31} = \sum_{i=1} L_i \times S_i \times P_i \qquad (5\text{-}14)$$ 式中　A_{31}——湿地营养循环功能价值； L_i——第 i 种湿地类型的单位面积营养循环量； S_i——第 i 种湿地类型的面积； P_i——相应的营养元素的价格
	补充地下水 (A_{32})		$$A_{32} = V \times P \qquad (5\text{-}15)$$ 式中　A_{32}——湿地补充地下水的价值； V——湿地水下渗量； P——水价
	净初级生产力 (A_{33})		$$A_{33} = \text{NPP} \times P_C \times 10^4 \qquad (5\text{-}16)$$ 式中　A_{33}——某生态系统生产有机物质的价值量； NPP——净初生产力； P_C——1 g 碳的价格
	生物多样性维持 (A_{34})	支付意愿法	无具体公式
	保持土壤 (A_{35})	替代工程法	$$A_{35} = A_{351} + A_{352} \qquad (5\text{-}17)$$ $$A_{351} = A(X_2 - X_1)C/P$$ $$A_{352} = A(X_2 - X_1)(NC_1/R_1 + PC_1/R_2 + KC_2/R_3 + MC_3)$$ 式中　A_{35}——湿地保持土壤服务价值； A_{351}——湿地减少土壤侵蚀服务价值； A——湿地土壤面积； X_1——有湿地植被土壤侵蚀模数； X_2——无湿地植被土壤侵蚀模数； C——单位土地粮食平均产出费用； ρ——土壤容重，t/m^3； N——湿地土壤中平均含氮量； P——湿地土壤中平均含磷量； K——湿地土壤中平均含钾量； M——湿地土壤中平均含有机质量； R_1——磷酸二铵化肥含氮量； R_2——磷酸二铵化肥含磷量； R_3——氯化钾化肥含钾量； C_1——磷酸二铵化肥价格； C_2——氯化钾化肥价格； C_3——有机质价格

(1)营养循环服务价值评价案例

计算湿地营养循环服务价值时采用替代价格法,公式选取表 5-8 中的式(5-14)。在计算扎龙湿地的营养循环价值时,采用《中国生物多样性国情研究报告》(1998)中的中国陆地生态系统营养物质的储存及固定量数据。

湿地 1:平水期和丰水期之间的区域按其中的草地类型来计算。

湿地 2:平水期被淹没范围内的面积,按沼泽来计算。

扎龙湿地平水期淹没的湿地类型包括沼泽、库塘、湖泊、水渠、水田,共 1 257.24 km^2,滩地面积为 8.89 km^2。

表 5-9　扎龙营养循环价值

生态系统 类型	单位面积氮 年固定总量 (kg/hm^2)	氮年固定量 (t)	单位面积磷 年固定量 (kg/km^2)	磷年固定总量 (t)	折合 P_2O_5 (t)	折合化肥 (t)
湿地 1	128.78	114.49	0.88	0.78	1.79	
湿地 2	132.73	16 687.35	1.82	228.82	524.07	
合计		16 801.80		229.60	525.86	17 327.66

扎龙湿地营养循环服务价值=湿地固定氮、磷折合成化肥量×化肥平均价格,2011年黑龙江省化肥的平均价格为 2 837.5 元/t,计算得

$$扎龙湿地的营养循环价值 = 2 837.5 \times 17 327.66 = 4 920 万元$$

(2)补充地下水服务价值评价案例

当地表水体水位高于两岸地下水位时,地表水体便会渗漏补给地下水。计算湿地补充地下水价值时采用替代价格法,公式选取表 5-8 中的式(5-15)。根据多年的水量平衡核算,乌梁素海每年向地下渗漏水量约为 0.66×10^8 m^3,当地水价 2.8 元/t(2010 年价格)核算,每年补偿地下水的价值约为 1.85 亿元。

5.2.3.4　文化服务价值评价案例

文化服务价值人类从湿地生态系统中获得非物质福祉,包括休闲旅游、科研、教育和身心健康等产生的价值,包括科研教育和休闲旅游等。湿地的文化服务价值通常使用模拟市场法或旅行费用法进行计算,具体的指标和计算公式见表 5-10。

表 5-10　湿地生态系统文化服务价值核算指标与计算公式

服务	指标	核算方法	计算公式
支持服务 (A_4)	科学教育 (A_{41})	模拟市场法	$A_{41} = Y_1 + Y_2 + Y_3 + Y_4$　或　$A_{41} = U \times S$　　(5-18) 式中　Y_1——每年投入的科研费用价值; 　　　Y_2——教学实习价值; 　　　Y_3——图书出版物价值; 　　　Y_4——影视宣传价值; 　　　U——单位湿地面积产生的科研教育价值; 　　　S——湿地面积

（续）

服务	指标	核算方法	计算公式
支持服务 (A_4)	休闲旅游 (A_{42})	旅行费用法	$A_{42}=[(0.33 \times D_1 \times Y/30)+W_1]/n+W_2+0.33 \times D_2 \times Y/30$　(5-19) $SA_{42}=\int_{A_{42}}^{\infty} Q(A_{42})DC$　(5-20) 式中　A_{42}——游客的旅行费用（包括旅行时间价值）； 　　　D_1——游客到景区路上花费的时间； 　　　D_2——游客在景区滞留的时间（包括景区所在地住宿的时间）； 　　　W_1——游客的组团费用或者游客到此地的交通费用； 　　　W_2——游客在该景区所在地的额外花费； 　　　Y——游客的月工资； 　　　n——此次旅行的目的地的数量； 　　　SA_{42}——消费者剩余； 　　　$Q(A_{42})$——游客的旅游意愿需求曲线； 　　　DC——价格变化的一个微小量

根据四川红原县和若尔盖县旅游部门统计，2011 年若尔盖县共接待游客 40 万人次，红原县接待游客 44.76 万人次，共 84.76 万人次。应用旅行费用法来计算若尔盖的休闲旅游价值。共发放问卷 300 份（网络与实地调查）。旅行费用和旅行时间价值通过表 5-10 中的式（5-19）算出，消费者剩余通过表 5-10 中的式（5-20）算出。计算得到游客的平均旅行费用为 1 314.99 元，平均消费者剩余为 986.41 元，得到若尔盖高原湿地总的休闲娱乐价值为 19.50 亿元。

5.2.3.5　湿地生态系统服务能值分析案例

能值分析利用热力学定律与最大功率原则为理论基础，把社会、经济、自然 3 个亚系统有机统一起来，定量分析自然和人类社会经济的真实价值，解决了单纯着眼于生态或经济分析面临的难题。通过最有效的设计，使得系统达到最大的生态效益、经济效益和社会效益，为湿地生态系统定量分析开拓了新途径。有学者应用该法定量分析鄱阳湖湿地生态系统内的物流和能流，评估湿地生态系统整体能值投入产出的效益（崔丽娟等，2004）。下文以鄱阳湖湿地能值投入产出的效益计算为例进行介绍。

(1) 能值分析步骤

采用如下步骤对鄱阳湖湿地生态能值进行分析：

①建立概念性的能值分析系统，全面反映能值分析方法。首先收集研究地区的基本资料，要做到客观全面地收集要分析的生态系统能物流、知识信息流及货币流资料，然后将研究地区的各项资源加以分类，利用能量图例，建立概念性的生态经济系统能值分析图。

②能值分析表制作与能值计算。初步了解研究地区的生态系统架构后，分析所得资料，确定所研究生态系统边界，列出系统主要组分及其之间的相互关系，并对能流量超过系统总能流量 5%的各能值流进行区划分类。运用能量符号及生态系统图解方法绘制系统能值图解，同时编制能值分析表，然后进行能值系统图的量化和简化，进一步了解各能量流动在整体系统中的相对贡献。

③能值指标估算。根据研究对象和目的，建立能值分析指标体系，对所研究的内

容进行定量分析评价，同时绘制能值图解，进而为湿地生态系统能值分析提供帮助。

④依能值指标系统分析表和能值图解阐述湿地生态效益。

(2) 能值指数及计算方法

鄱阳湖能值指数体系是建立在输入、输出及反馈能值流间运算基础之上的，涉及的基本概念和湿地效益评判指数见下表。多指标体系的建立对湿地生态系统的评价较能量分析法的单一评价指标(产投比)更为全面。

表 5-11　鄱阳湖能值分析的主要指数

名称	含义	备注
太阳能值	产品形成所需直接和间接消耗的一种能的总量	常用太阳能值概念(sej)
能值转换率	产生单位能量或物质所需要的另一种能量或物质的总量	常用太阳能值转换率以 sej/J 或 sej/g 表示
能值功率	单位时间内的能值流	常用太阳能值功率以 sej/T 表示
能值—货币比	单位货币相当的投入能值量	年能值利用量/当年 GNP(sej)
宏观经济价值	可利用能值相当的市场货币价值	可利用能值/能值–货币比率
能值投资比率	单位环境能值投入所反映的经济系统输入能值量	不可更新非环境能值量/环境能值投入量，$EIR = IMP(R+N)$

涉及的计算公式包括：

$$能值 = 能量 \times 能换率 \tag{5-21}$$

$$太阳能值(sej) = 原始数据(J，US\$) \times 能值转换率 \tag{5-22}$$

$$宏观经济价值(US\$) = 太阳能值(sej) \times 能值货币转换率(US\$/sej) \tag{5-23}$$

$$太阳光能 = 面积 \times (1-反射率) \times 辐射量或面积 \times 太阳光平均辐射量 \tag{5-24}$$

$$风能 = 面积 \times 空气层平均高度 \times 空气密度 \times 空气比热 \times 水平温度梯度 \times 平均风速 \tag{5-25}$$

$$雨水势能 = 水密度 \times 雨量 \times 面积 \times 平均高度 \times 加速度 \tag{5-26}$$

$$雨水化学能 = 水吉布斯自由能 G \times 雨量 \times 面积 \tag{5-27}$$

$$经济投入产出 = 货币量 \times 能值货币比率 \tag{5-28}$$

(3) 鄱阳湖湿地生态系统能值图

能值分析是建立在能量符号语言基础之上的，能值图解能够准确分析和计算太阳能值流动方向，方便计算过程。通过能值理论并应用能值符号绘制鄱阳湖湿地生态系统能值分析图(图 5-4)。

从图 5-4 可以看出，鄱阳湖湿地再生能源包括阳光、风、雨水；不可再生能源或资源包括底泥(矿物质累积)、水体；初级生产者主要为湿地植被(包括挺水、沉水和人工栽培作物)和浮游植物；产出项目包括水产、底栖动物和湿地水禽，湿地水禽主要为产出品，资本产出项为生态服务、生态旅游、管理、科研和教育等，湿地效益主要体现在湿地生态系统上，而管理、科研和教育主要面向市场。

(4) 鄱阳湖湿地能值投入产出计算

研究进一步计算和分析了能值、能值流入流出情况、能值投入率、能值—货币价

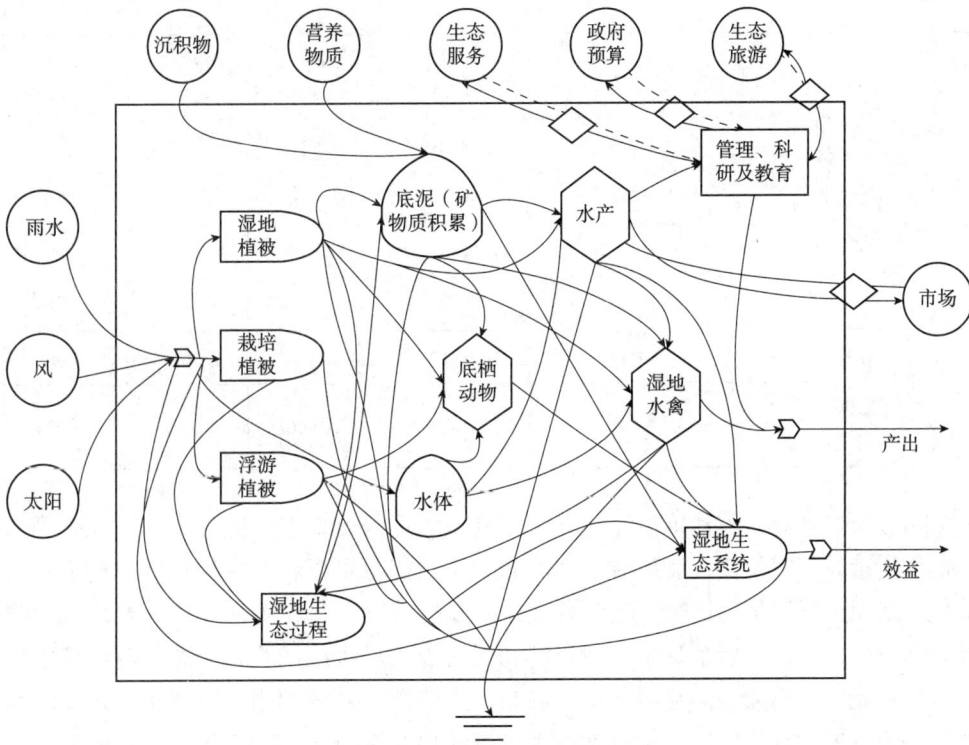

图 5-4　鄱阳湖湿地生态系统能值分析

值(Em$)等指标,分析鄱阳湖湿地生态系统的价值。根据表 5-12 的能值—货币价值(Em$)统计值,鄱阳湖湿地各项效益大小顺序依次为:湿地水禽>资本产出>水产>不能再生能源或资源>初级生产力>再生能源,说明鄱阳湖生态系统负荷生态系统能量从低级到高级的传递规律。

表 5-12　鄱阳湖能值分析的主要指数

序号	项目		原始数据（Jor$）	能值转换率（sej/unit）	太阳能值（×10^{17}sej）	Em$（×10^5$）
1	再生能源	阳光	$8.68×10^{17}$	1	8.68	8.76
		风	$2.02×10^{15}$	622	12.79	12.88
		雨水(势能)	$8.41×10^{14}$	8 888	76.7	78.77
		雨水(化学能)	$1.54×10^{15}$	15 444	237.57	236.55
		总计			335.81	336.96
2	不可再生能源或资源	底泥(矿物质累积)	$1.08×10^{15}$	3 500	287.37	288.33
		水	$8.07×10^{14}$	48 000	347.94	348.02
		总计			635.31	636.35
3	初级生产力	湿地植被	$9.91×10^{15}$	4 700	461.68	465.08
		浮游植物	$9.08×10^{14}$	4 700	42.40	44.62
		总计				

（续）

序号	项目		原始数据 （Jor\$）	能值转换率 （sej/unit）	太阳能值 （×10¹⁷ sej）	Em\$ （×10⁵ \$）
4	资本产出项 （服务产出）	生态系统服务	$8.82×10^7$	$1.00×10^{12}$	879.48	883.47
		生态旅游	$4.65×10^7$	$1.00×10^{12}$	479.72	483.28
		科研工作	$1.11×10^7$	$1.00×10^{12}$	104.99	104.51
		总计				
5	水产品	鱼类等	$8.80×10^{12}$	$4.16×10^7$	1 361.48	1 367.04
6	湿地水禽 （特殊保护）	水禽	$2.41×10^9$	$1.03×10^8$	1 610.49	1 623.78

　　能值分析方法具有其他价值评估方法不具备的优势。自然资源、商品、劳务等都可以用能值衡量其真实价值，能值方法使不同类别的能量可以转换为同一客观标准——太阳能值，从而进行定量的比较。应用能值分析方法，把生态环境系统和人类社会经济系统结合起来，定量地分析系统中自然资源和人力投入对系统的贡献，通过对系统中的能量流、物质流、货币流、信息流的能量转换，为资源的合理利用、经济发展方针的制定提供了一个重要的度量标准。但是能值评价方法也存在自身的局限性——它反映的仅是物质产生过程中所消耗的太阳能，不能反映人类对生态系统所提供的服务的需求性（支付意愿WTP）。因此研究仅考虑自然因素，尚未涉及人类的影响。

　　湿地生态系统服务价值评估是联系湿地生态系统研究与管理决策的关键环节，评估的目的是为了全面地认识湿地生态系统服的现状及其变化趋势，并以简单的方式向公众和决策者提供湿地生态信息，从而辅助决策者更好地制定出湿地生态保护规划与管理，以促进人类社会与生态环境的共同可持续发展。整体上我国从20世纪90年代后期开始了大量的包含内陆和滨海的湿地生态系统服务的价值评价研究。由于湿地生态系统复杂，具有彼此相互影响的多种功能，如果对这些功能进行分析后累加评价，容易造成重复计算。目前仍缺乏完整的湿地生态系统的结构、过程与服务等监测数据以支持生态系统服务及其变化的评估。特别是随着全球环境问题日益加剧，生态系统服务及其价值评价已成为环境科学和生态学领域的核心研究课题。目前，研究的重点和难点主要集中在生态系统服务的定量化与精确测量、不同服务之间的协同与权衡关系，以及社会经济与生态反馈机制等方面。未来的研究将一方面更加注重生态学、经济学、社会学等多学科的融合，致力于开发高精度、综合性强且易于操作的生态系统服务价值评估工具；另一方面，研究将聚焦于如何将生态系统服务的研究成果转化为有效的政策，通过创新政策工具，如生态补偿机制、碳交易市场等，推动生态服务的保护和可持续利用，最终实现生态与经济的双赢局面。

思考题

1. 为何单位面积湿地生态系统服务的价值最高？

2. 湿地受到不同程度的人工干预，如开发、农业扩展和城市化等。请思考并讨论这些人类活动如何影响湿地的生态服务功能？

3. 如果让你评价颐和园的湿地生态系统服务价值，需要获取哪些数据？请从供给、调节、支持和文化 4 种服务方面分别进行阐述。

第 6 章

湿地生态系统定位观测

6.1 背景和发展趋势

6.1.1 背景

我国在 1992 年加入《湿地公约》后进一步加强了对湿地的保护和管理，于 2000 年提出了中国湿地保护战略和总目标，即建立并完善自然湿地用途变更许可、湿地生态监测和生态风险评估等制度，加强湿地资源调查监测、宣教培训、科研与技术推广等方面的能力建设，建立完备的湿地保护管理体系、法制体系和科研监测体系。通过全社会的共同努力，全面提高我国湿地保护、管理和合理利用水平，实现我国湿地保护和合理利用的良性循环，保持和最大限度地发挥湿地生态系统的各种功能和效益，为经济社会可持续发展做出更大贡献。开展湿地生态系统的定位观测是实现这一目标的重要技术手段，有助于全面、深入、系统地了解湿地的生态特征、功能、价值和动态变化。该战略目标的提出为中国湿地生态系统定位观测站网的建立提供了契机。

湿地生态系统定位观测是科学研究湿地生态系统的基本方法，是揭示湿地生态系统结构与功能变化规律的重要手段，在湿地研究中发挥着重要的作用。湿地研究的科学性、准确性和可靠性都需要依靠生态定位站长期观测积累的数据和研究成果来支撑，通过建设和完善统一的生态定位站及其网络，能够为基础科学研究和解决重大问题提供科学有力的基础数据。

由于人类活动的不断加剧，湿地资源遭受了严重的破坏。全球气候变化和人为干扰共同导致湿地生态系统不断退化和丧失，不仅影响了湿地的生态功能，也对人类社会的可持续发展构成了威胁。为了应对湿地生态系统面临的挑战，对其进行长期定位观测显得尤为重要。通过在重要、典型湿地区建立长期观测点与观测样地，对湿地生态系统的生态特征、生态功能及人为干扰进行长期定位观测，有助于揭示湿地生态系统发生、发展和演替规律，掌握湿地生态过程和功能作用机理。

湿地生态系统定位观测可实时监测湿地生态系统的动态变化，评估湿地的健康状况和生态系统服务价值，可用于对湿地保护与生态修复实践进行指导，也可为制定湿地保护政策和管理措施提供科学依据，为实现湿地的合理利用提供决策支持。

另外,《湿地公约》要求各个缔约国开展对重要湿地的全面监测、研究与保护,我国作为《湿地公约》缔约国,开展湿地生态系统定位观测也是履行《湿地公约》的重要内容之一。

湿地生态系统定位观测起步于 20 世纪初,苏联在爱沙尼亚建立了第一个以沼泽为对象的生态研究站。20 世纪中叶以后,随着人们对湿地功能和价值的进一步认识,湿地研究备受重视,许多国家也相继建立了不同湿地类型的生态研究站。国际长期生态学研究网络(International Long-Term Ecological Research Network,ILTER)含有美洲、欧洲、非洲、东亚太平洋 4 个区域网络的 743 个观测站点,其中淡水河流与淡水湖泊站点共 167 个(Haase et al.,2016)。英国环境变化网络(Environmental Change Network,ECN)共有 57 个站点,其中湖泊、河流和溪流站 45 个(Parr et al.,2000)。美国国家生态观测网络(National Ecological Observatory Network,NEON)共有 81 个观测站点,其中淡水观测站点 34 个。

2007 年,国家林业局设立的中国湿地生态系统定位研究网络成立,由分布于全国重要湿地区的湿地生态站组成,在国际重要湿地、国内重要湿地优先建站,并逐步加密完善湿地生态站的布局,对湿地的生态特征、生态功能及人为干扰进行长期定位观测。2013 年,由中国科学院、国家林业局、中国农业科学院、有关高校等联合发起,成立中国湿地生态系统野外站联盟,旨在制定相对统一的观测指标和技术规范,开展湿地生态站长期定位观测和多生态站联合研究,揭示湿地生态系统的结构与功能规律。

6.1.2 发展趋势

(1)湿地生态系统定位观测的效率与精度不断提高

环境 DNA 技术、高光谱遥感、物联网等新技术的应用正在改变传统的湿地生态系统观测方法。环境 DNA 技术能够通过分析水体或土壤中的 DNA 片段,快速获取生物多样性信息;高光谱遥感可以提供更细致的植被和水体特征,可以掌握更为详细的植被生态学信息,评估植被的健康状况,也可以反演水体的营养状态、悬浮物浓度等关键水质参数;物联网技术则实现了监测设备的智能联网和数据实时传输。这些技术的综合应用进一步提升了观测的精度和效率,为湿地生态系统研究提供了新的研究手段和视角。

(2)多源数据融合的湿地生态系统定位观测

卫星遥感、地面通量观测和生物观测等多源数据的融合已成为湿地生态系统观测的重要方向。卫星遥感、无人机航拍等技术提供了大尺度的空间信息;地面观测网络(通量塔、自动气象站等)提供连续的生态过程数据;环境 DNA 技术可提供精确的物种组成数据。通过开发有效的数据融合算法和模型,实现多尺度、多维度数据的整合分析。

(3)智能化的湿地生态系统定位观测

人工智能和自动化技术的应用正在改变着传统的湿地生态系统观测方法。智能化观测系统包括自动采样器、智能传感器网络和基于深度学习的数据分析平台,在实现连续观测的同时可对观测数据进行实时处理和异常预警。例如,基于计算机视觉的鸟类自动识别系统,可以持续追踪湿地鸟类种群变化;智能水质观测系统能够实时获取水体理化指标，并自动预警污染事件。

（4）长时序、大尺度和联网的湿地生态系统定位观测

长期观测数据对于理解气候变化影响、预测生态系统演变趋势具有重要价值，是理解湿地生态系统长期变化的关键。通过科学布局观测站点，确保对不同类型代表性湿地的覆盖，跨区域协同建立湿地生态系统定位观测网络，开展联网观测和研究，有助于理解区域间的生态联系和大尺度生态过程。

6.2　湿地生态系统定位观测的内容和方法

6.2.1　观测指标确定的原则

完整性原则。观测指标必须体现湿地生态系统的整体性和系统性，不仅应涵盖湿地生态系统的各个关键组分和重要过程，还应充分代表湿地生态系统的整体特征。

敏感性原则。对于在线观测的要素应当对环境变化具有显著的响应特征，能够及时反映湿地生态系统所受到的各种胁迫和变化，可为湿地生态系统的预警和管理提供及时有效的信息支持。

可操作性原则。观测指标的选择必须建立在可靠的测量方法基础之上，确保观测结果具有良好的重复性和稳定性。同时，观测方法应当符合国家或行业标准，便于不同观测之间的比较和数据共享。

长期性原则。在观测要素的选择和调整过程中，要注意与历史观测数据的衔接，确保新旧方法转换时数据的可比性，同时要与其他生态系统的观测保持协调统一，形成完整的观测网络。

6.2.2　观测内容与观测指标

根据上述的观测原则，湿地生态系统定位观测的内容一般包括湿地总体概况、湿地气象要素、湿地土壤要素、湿地水文水质要素、湿地生物要素及湿地灾害等内容。

湿地总体概况指标包括地理坐标、平均海拔、地貌形态类型、主要湿地类型、湿地成因类型、湿地总面积、湿地水源类型等。

湿地气象观测以天气现象、气压、风、空气湿度、地表温度、空气湿度、辐射、大气降水及蒸发量等为主，也包括大气降尘量和大气细颗粒物等环境要素。

湿地土壤观测包括土壤物理性质、化学性质、泥炭层及冻土层等。

湿地水文观测按照不同的湿地类型可以包括诸如潮汐类型、平均潮位、河流长度、流量、流速等；湿地水质要素包括湿地水体的物理性质、化学性质及溶解性气体等。

湿地生物观测包括湿地植被特征、湿地植物群落特征、湿地动物、湿地植物、湿地微生物及湿地濒危物种等。

湿地灾害观测包括疫源疫病、有害入侵种、虫害、病害、水华/赤潮及气象灾害等。

观测频度根据不同指标的类型分为发生时观测、每年 1 次、每月 1 次和连续观测等。

6.2.3　湿地气象指标观测

湿地气象指标观测主要包括天气现象、气压、风、空气温度、地表温度、空气湿度、辐射、大气降水和蒸发量等，具体观测指标和观测方法见表 6-1。

表 6-1　湿地气象指标观测方法

指标类别	观测指标	观测方法来源	备注
天气现象	降水、地面凝结、视程障碍及雷电等现象	《地面气象观测规范 云》（GB/T 35222—2017）；《地面气象观测规范 气象能见度》（GB/T 35223—2017）；《地面气象观测规范 天气现象》（GB/T 35224—2017）	—
气压	最高气压	《地面气象观测规范 气压》（GB/T 35225—2017）	
	最低气压		
	定时气压		
风	湿地上方 0.5 m、1.0 m、2.0 m 和 4.0 m 处风速	《地面气象观测规范 风向和风速》（GB/T 35227—2017）	以观测点下垫面为基准面
	湿地观测塔（或自动气象站）最高处风向（E，S，W，N，SE，NE，SW，NW）		
空气温度	湿地上方 0.5 m、1.0 m、2.0 m 和 4.0 m 处最低温度	《地面气象观测规范 空气温度和湿度》（GB/T 35226—2017）	
	湿地上方 0.5 m、1.0 m、2.0 m 和 4.0 m 处最高温度		
	湿地上方 0.5 m、1.0 m、2.0 m 和 4.0 m 处定时温度		
地表温度	地表最低温度	《地面气象观测规范 地温》（GB/T 35233—2017）	—
	地表最高温度		
	定时地表温度		
	地表热通量		
空气湿度	湿地上方 0.5 m、1.0 m、2.0 m 和 4.0 m 处湿度	《地面气象观测规范 空气温度和湿度》（GB/T 3526—2017）	
辐射	湿地上方 1.5 m 处总辐射量	《地面气象观测规范 辐射》（GB/T 35231—2017）；《地面气象观测规范 日照》（GB/T 35232—2017）	以观测点下垫面为基准面
	湿地上方 1.5 m 处净辐射量		
	湿地上方 1.5 m 处光合有效辐射		
	日照时数		
	湿地上方 1.5 m 处紫外辐射量（UV 和 UVB）		

（续）

指标类别	观测指标	观测方法来源	备注
大气降水	降水总量	《地面气象观测规范 降水量》（GB/T 35228—2017）；《地面气象观测规范 雪深和雪压》（GB/T 35229—2017）	—
	降水强度		
蒸发量	水面蒸发	《地面气象观测规范 蒸发》（GB/T 35230—2017）	
	棵间蒸发量		

　　湿地大气环境指标一般可包括 CO_2、SO_2、NO_x、CH_4 和气细颗粒物等，观测方法见表6-2。

表6-2　湿地大气环境指标观测方法

测定指标	观测方法来源	备注
CO_2	《环境空气质量监测点位布设技术规范（试行）》（HJ 664——2013）；《环境空气质量评价技术规范（试行）》（HJ 663—2013）	湿地大气环境成分取样参照《环境空气降尘的测定 重量法》（GB/T 15265—1994）
SO_2		
NO_x		
CH_4		
O_3		
大气降尘量	《环境空气降尘的测定 重量法》（GB/T 15265—1994）	—
大气细颗粒物	《环境空气 PM_{10} 和 $PM_{2.5}$ 的测定 重量法》（HJ 618—2011）	未列入强制性监测指标

6.2.4　湿地土壤指标观测

（1）土壤物理性质指标观测

　　湿地土壤物理性质指标观测指标，一般包括土壤容重、土壤机械组成、土壤孔隙度、土壤含水量、土壤凋萎含水量和土壤渗漏量，对于有泥炭累积和冻土层的，还要对泥炭层和冻土层2个指标进行观测，包括泥炭层的厚度、分层情况和分布面积，以及冻土层的深度、冻土类型、土壤始冻和解冻时间以及面积等，观测方法见表6-3。土壤取样方法参照《土壤环境监测技术规范》（HJ/T 166—2004）。

表6-3　土壤物理性质指标观测方法

测定指标	观测方法来源	备注
土壤容重	《土壤检测 第4部分：土壤容重的测定》（NY/T 1121.4—2006）	
土壤机械组成	《土壤检测 第3部分：土壤机械组成的测定》（NY/T 1121.3—2006）	—
土壤孔隙度	《土壤检测 第3部分：土壤机械组成的测定》（NY/T 1121.3—2006）	
土壤含水量	《土壤水分测定法》（LY/T 1698—2006）	

（续）

测定指标		观测方法来源	备注
土壤凋萎含水量		《土壤水分测定法》（LY/T 1698—2006）	—
土壤渗漏量		《森林土壤渗滤率的测定》（LY/T 1218—2006）	由土壤渗滤率核算获得
泥炭层	厚度	《土壤环境监测技术规范》（HJ/T 166—2006）	—
	分层情况		
	分布面积		
冻土层	厚度	《冻土工程地质勘察规范》（GB 50324—2006）；《地面气象观测规范：冻土》（GB/T 35234—2017）	分为短时冻土、季节冻土及多年冻土等类型
	类型		
	土壤始冻及解冻时间		—
	分布面积		

（2）土壤化学性质指标观测

湿地土壤化学性质指标观测方法见表 6-4。土壤取样方法参照《土壤环境观测技术规范》（HJ/T 166—2004）。

表 6-4　土壤化学性质指标观测方法

测定指标	观测方法来源
pH 值	《土壤 pH 值的测定 电位法》（HJ 962—2018）
土壤有机质	《森林土壤有机质的测定及碳氮比的计算》（LY/T 1237—1999）
全氮	《土壤质量 全氮的测定 凯氏法》（HJ 717—2014）
氨态氮	《森林土壤氮的测定》（LY/T 1228—2015）
硝态氮	《森林土壤氮的测定》（LY/T 1228—2015）
全磷	《森林土壤磷的测定》（LY/T 1232—2015）
速效磷	《森林土壤矿质全量素（硅、铁、铝、钛、锰、钙、镁、磷）烧失量的测定》（LY/T 1253—1999）
全钾	《酸性土壤铵态氮、有效磷、速效钾的测定联合浸提－比色法》（NY/T 1849—2010）
速效钾	《森林土壤钾的测定》（LY/T 1234—2015）
缓效钾	《森林土壤钾的测定》（LY/T 1234—2015）
全硫	《森林土壤全硫的测定》（LY/T 1255—1999）
有效硫	《土壤检测 第 14 部分：土壤有效硫的测定》（NY/T 1121. 14—2023）
全盐量	《森林土壤水溶性盐分分析》（LY/T 1251—1999）
全量铜、锌、铁、锰	《土壤质量 铜、锌的测定 火焰原子吸收分光光度法》（GB/T 17138—1997）
有效铜、锌、铁、锰	《土壤有效态锌、锰、铁、铜含量的测定 二乙三胺五乙酸（DTPA）浸提法》（NY/T 890—2004）
氯离子、硫酸根离子	《土壤检测 第 17 部分：土壤氯离子含量的测定》（NY/T1121. 17—2006）；《土壤检测 第 18 部分：土壤硫酸根离子含量的测定》（NY/T1121. 18—2006）
土壤阳离子（钙离子、镁离子、钾离子、钠离子）交换量	《中性土壤阳离子交换量和交换性盐基的测定》（NY/T 295—1995）
土壤矿质全量（硅、铁、铝、钛、钙、镁、钾、钠、磷）	《森林土壤矿质全量素（铁、铝、钛、锰、钙、镁、磷）烧失量的测定》（LY/T 1253—1999）
重金属元素（钴、硒、铬、汞、砷、铅、镍）	《土壤环境监测技术规范》（HJ/T 166—2004）

6.2.5　湿地水文水质指标观测

（1）湿地水文指标观测

湿地水文指标观测方法见表6-5。

表 6-5　湿地水文指标观测方法

指标类别	观测指标	观测方法来源	备注
近海与海岸湿地	潮汐类型	《水文调查规范》(SL 196—2015)；《海洋监测规范 第1部分：总则》(GB 17378.1—2007)	建站时观测
	平均高潮位		—
	平均低潮位		
河流湿地	干流和一级支流长度	《河流流量测量规范》(GB 50179—2015)	建站时观测
	流量		—
	流速		
	最大宽度		每5年1次
	最小宽度		
	平均宽度		
	含沙量	《水文调查规范》(SL196—2015)	每1年1次
	结冰期		
	水位		连续观测
湖泊湿地	岸线周长	《水文调查规范》(SL196—2015)	每5年1次
	水位		—
	平均淹水深度		
	最大淹水深度		丰水时观测
	流速、流向	《河流流量测量规范》(GB 50179—2015)	—
	入湖口流量、出湖口流量		
	水分更新率		每年1次
沼泽湿地	淹水历时	《水文调查规范》(SL 196—2015)	淹水时观测
	淹水面积		
	平均淹水深度		
	最大淹水深度		
	地表和地下水位	《地下水监测规范》(SL 183—2005)	—

（2）湿地水质指标观测

湿地水质指标观测方法见表6-6。

表 6-6　湿地水质指标观测方法

指标类别	观测指标	观测方法来源	备注
物理性质	温度	《地表水和污水监测技术规范》(HJ/T 91—2002)	—
	色度		
	浊度		
	气味		
	电导率		
	总悬浮物		

（续）

指标类别	观测指标	观测方法来源	备注
化学性质	pH 值	《地表水和污水监测技术规范》（HJ/T 91—2002）	—
	矿化度		
	硬度		
	总碱度		
	总悬浮性固体（TSS）		
	钾离子（K^+）、钙离子（Ca^{2+}）、镁离子（Mg^{2+}）、钠离子（Na^+）、碳酸根离子（CO_3^{2-}）、碳酸氢根离子（HCO_3^-）、氯离子（Cl^-）、硫酸根离子（SO_4^{2-}）		
	总氮（以 N 计）、硝态氮（NO_3^-）、亚硝态氮（NO_2^-）、氨态氮（NH_4^+）、总凯氏氮（TKN）		
	总磷（以 P 计）、可溶性磷（PO_4^{3-}）		
	化学需氧量（COD）		
	五日生物化学需氧量（BOD_5）		
	总有机碳（TOC）		
	硫化物		
	微量元素		包括硼（B）、锰（Mn）、钼（Mo）、锌（Zn）、铁（Fe）、铝（Al）、砷（As）及铜（Cu）等
	重金属元素		包括铅（Pb）、铬（Cr）、镉（Cd）、汞（Hg）、砷（As）等
	易分解类		包括硫磷、对硫磷、马拉硫磷、乐果、敌敌畏及敌百虫等
	难分解类		包括有机氯农药及多氯联苯等
	表面活性剂		
溶解性气体	气体溶解度		—
	溶解氧（DO）		

6.2.6　湿地生物指标观测

湿地生物指标观测方法见表 6-7。

表 6-7　湿地生物指标观测方法

指标类别	观测指标	观测方法来源	备注
湿地植被特征	类型	《生物多样性观测技术导则 陆生维管植物》（HJ 710.1—2014）；《生物多样性观测技术导则 水生维管植物》（HJ 710.12—2014）	—
	面积		
	覆盖率		
	植物蒸腾		
	树干径流		

（续）

指标类别	观测指标	观测方法来源	备注
湿地植物群落特征	种群组成	《生物多样性观测技术导则陆生维管植物》(HJ 710.1—2014)；《生物多样性观测技术导则水生维管植物》(HJ 710.12—2014)	—
	生活型		
	多度		
	密度		
	盖度		
	高度		
	叶面积指数		
湿地植物群落生物量	地上生物量		分为草本、灌木、乔木等类型
	地下生物量		
湿地植物凋落物	厚度		—
	重量		
湿地哺乳动物	种类	《生物多样性观测技术导则 陆生哺乳动物》(HJ 710.3—2014)	
	密度		
爬行动物	种类	《生物多样性观测技术导则 爬行动物》(HJ 710.5—2014)	
	密度		
两栖动物	种类	《生物多样性观测技术导则 两栖动物》(HJ 710.6—2014)	
	密度		
湿地鸟类	种类	《生物多样性观测技术导则 鸟类》(HJ 710.4—2014)	
	密度		
湿地土壤动物	种类	《生物多样性观测技术导则 大中型土壤动物》(HJ 710.10—2014)	
	密度		
	生物量		
浮游动物	种类	《淡水浮游生物调查技术规范》(SC/T 9402—2010)	—
	密度		
	生物量		
浮游植物	种类		
	生物量		
	叶绿素 a		
底栖动物	种类	《生物多样性观测技术导则 淡水底栖大型无脊椎动物》(HJ 710.8—2014)	
	密度		
	生物量		
微生物	种类	《微生物菌种资源收集、整理、保藏技术规程汇编》(国家微生物资源平台，2005)	
	菌落数		
	大肠杆菌群菌落总数		
	致病性病毒种类		
湿地鱼类	种类	《生物多样性观测技术导则 内陆水域鱼类》(HJ 710.7—2014)	
	密度		
	产卵习性和规模		
	产卵场分布和规模		

6.2.7　湿地灾害指标观测

湿地灾害指标观测方法见表6-8。

表 6-8　湿地灾害指标观测方法

指标类别	观测指标	观测方法来源	备注
疫源疫病	疫源种类	《陆生野生动物疫源疫病监测技术规范》(LY/T 2359—2014)	
	发生区域		
	疫源异常比率		
有害入侵物种	种类	参照湿地生物指标观测	
	发生面积		
虫害	有害昆虫与天敌种类	《林业有害生物发生及成灾标准》(LY/T 1681—2006)	—
	发生面积		
	受到有害昆虫危害的植株占总植株的百分率		
病害	有害昆虫的植株虫口密度		
	植物受感染的有害菌类种类		
	受到菌类感染的植株占总植株的百分率		
	受到菌类感染的湿地面积		
兽害	种类	《生物多样性观测技术导则 陆生哺乳动物》(HJ 710.3—2014)	
	发生面积		
	强度(如鼠、兔密度等)		
火灾	过火面积	《森林火灾损失评估技术规范》(LY/T 2085—2013)	
	过火持续时间		
	火灾发生频度		
	类型		分为地面火和地下火
	强度		分为重大火灾、较大火灾及一般火灾等类型
水华/赤潮	发生频度	《赤潮监测技术规程》(HY/T 069—2005);《湖泊蓝藻水华卫星遥感监测技术导则》(QX/T 207—2013)	—
	发生面积		
	持续时间		
	危害程度		
气象灾害	类型	《地面气象观测规范》(GB/T 35221~35237—2017)	分为洪涝、干旱、冷害、冻害、雪害、雹害、风害及龙卷风等类型
	强度		

6.3　基于湿地生态系统定位观测的科学研究

基于湿地生态系统定位观测,可以围绕湿地生态系统的结构、功能、过程及其对外界环境变化的响应展开,重点关注湿地生态系统的动态变化规律、驱动机制及其在区域和全球生态系统中的作用等。

(1)湿地生态系统结构与功能的长期动态变化研究

湿地生态系统的结构与功能是理解其生态服务的基础。通过定位观测，可持续监测湿地植物群落、动物群落以及微生物群落的组成与动态变化，探讨物种多样性变化对生态系统功能及稳定性的影响。因此，可进一步聚焦各类型湿地(如沼泽湿地、湖泊湿地、河流湿地等)中生物群落的时空动态特征，揭示其对气候变化和人为干扰的响应机制。同时，通过对湿地初级生产力、分解过程及物质循环的长期观测，深入解析湿地生态系统在维持区域生态平衡和生态服务中的作用。

(2)湿地水文过程及其对生态功能的影响研究

湿地生态系统的功能与其独特的水文特征密切相关。基于定位观测数据，可系统分析湿地的水文过程，包括地表水和地下水的动态变化、水文周期与水量平衡特征。尤其是在气候变化背景下，研究降水减少或极端天气事件对湿地水文过程的影响，评估湿地水文变化对生态系统功能(如水源涵养、洪水调节)的潜在威胁。此外，通过结合水质观测数据，可以进一步研究湿地对污染物的拦截、降解和净化功能，为湿地环境保护和水资源管理提供科学依据。

(3)湿地生态系统碳储存与温室气体排放研究

湿地是全球重要的碳汇，但同时也是甲烷和氧化亚氮等温室气体的排放源。基于定位观测数据，可量化湿地生态系统的碳储存能力和温室气体通量，探讨不同湿地类型在区域和全球碳循环中的作用。重点关注湿地碳储存与排放的季节性和年际变化规律，以及气候变化(如温度升高、降水变化)对湿地碳平衡的影响机制。此外，还可研究人类活动(如湿地开垦、排水和恢复)对湿地碳储存和温室气体排放的影响，为实现湿地碳汇功能最大化提供科学依据。

(4)湿地生态系统对全球变化的响应与适应研究

在气候变化和人类活动加剧的背景下，湿地生态系统面临着复杂的环境压力。利用定位观测数据，可系统评估湿地生态系统对气候变化(如温度升高、降水格局变化)和人类活动(如土地利用变化、污染输入)的响应特征，揭示湿地生态系统的适应机制和调控能力。同时，结合模拟实验和模型分析，预测不同气候变化情景下湿地生态系统的演变趋势。

(5)湿地生态系统服务功能的综合评估研究

湿地生态系统提供了包括水源涵养、生物多样性维持、碳固定、污染物净化等在内的多种生态系统服务功能。可基于定位观测数据，定量评估湿地生态系统服务功能的时空变异特征，探讨不同类型湿地在区域生态系统服务中的地位和作用。特别是在快速城市化和土地利用变化的背景下，研究湿地退化对生态系统服务功能的影响机制，并提出优化湿地生态系统服务功能的管理措施，为生态系统服务的可持续利用提供科学依据。

(6)湿地生态系统健康评价与预警研究

湿地生态系统健康是衡量其结构稳定性和功能可持续性的核心指标。基于湿地生态系统定位观测数据，可构建更完善的湿地健康评价指标体系，观测湿地生态系统健康状况的动态变化。通过分析湿地生态系统退化的驱动因素，识别威胁湿地健康的关键风险因子，建立湿地生态系统的预警机制。同时，结合社会经济发展需求，提出湿地保护与修复的政策建议。

(7)湿地生态系统修复与重建技术研究

针对因人口增长、经济发展和气候变化导致的湿地退化问题,基于定位观测数据,可探索湿地生态系统修复与重建的关键技术。通过分析退化湿地的结构与功能特征,研究不同修复措施(如水文恢复、植被重建、污染治理)对湿地生态系统的影响,评估修复效果,并总结适用于不同湿地类型的生态修复技术体系。此外,还可开展湿地生态系统恢复过程中的物种互作、养分循环及生态功能重建机制的研究,为大规模湿地生态修复工程提供理论依据和技术支持。

(8)湿地生态系统管理与适应性政策研究

湿地保护与管理需要科学的决策支持。基于定位观测数据,可分析湿地生态系统的动态变化及其与社会经济发展的关系,研究湿地管理措施对生态系统功能的影响机制。结合生态学、经济学和社会学的研究方法,评估湿地保护的生态、经济和社会效益,提出适应性管理策略。同时,通过国际比较研究,总结不同国家和地区湿地管理的成功经验,为制定湿地保护政策和履行国际湿地公约提供科学依据。

(9)湿地生态系统联网观测研究

联网研究是建立在现代信息技术基础上的创新性研究方向。随着物联网、大数据、人工智能等技术的快速发展,湿地生态系统观测正在向网络化、智能化和标准化的方向发展。通过建立多站点联网观测体系,可以实现湿地生态系统监测数据的实时获取、传输与共享,开展湿地生态系统格局与过程的多尺度研究,揭示湿地生态系统在区域尺度上的空间异质性及其形成机制;通过对比分析不同区域湿地生态系统对气候变化、人类活动等因素的响应特征,探讨湿地生态系统变化的区域差异性及其驱动机制。

思考题

1. 列举湿地生态系统定位观测要素。
2. 依托湿地生态站,可以开展哪些湿地生态系统联网观测研究?

第 7 章

湿地恢复

7.1 湿地生态系统退化

湿地退化是指在不合理的人类活动或不利的自然因素影响下，湿地生态系统的结构和功能发生不合理、弱化甚至丧失的过程，并引发系统的稳定性、恢复力、生产力以及服务功能在多个层次上发生退化(Gibbs，2000)。在这一过程中，系统的结构和功能均发生改变，能量流动、物质循环与信息传递等过程失调，系统熵值增加，并向低能量级转化(Howard-Williams，1985)。目前，由于人为开垦与改造、污染物排放、泥沙淤积和水资源不合理利用等，使全球湿地不断退化甚至消失，导致湿地生物多样性锐减、水土流失加剧、水旱灾害频发，不仅给人类造成了巨大的经济损失，甚至威胁到人类的健康和生命(Fluet-Chouinard et al.，2023)。

国际上对于湿地退化的定义侧重于湿地的功能方面，如《美国国家食物安全行动指南》将湿地退化定义为：湿地退化是指由于人类活动的影响致使湿地的一种或多种功能受损、减弱或破坏，其中人类活动主要包括湿地排水、挖掘、填埋、污染物排放、植被破坏等。该定义强调了人类活动的影响对湿地功能和价值的破坏。国内对于湿地退化的定义侧重于湿地退化的动态过程，例如，将湿地退化定义为湿地生态系统的一种逆向演替过程，是系统在物质、能量的匹配上存在着某一环节的不协调，或由于某种不利的量变过程已达到使系统发生蜕变的临界点。此时系统处于一种不稳定或失衡状态，系统结构紊乱，功能减弱与破坏，在这种情形下，原有的生态系统会逐渐演变为退化湿地生态系统(张晓龙等，2004)。

7.1.1 湿地生态系统结构的退化

湿地生态系统的退化首先表现为湿地生态系统结构的变化，进而影响湿地的生态过程，最终限制湿地生态服务功能的发挥甚至导致服务功能丧失。湿地退化的表征包括面积减少、景观破碎化等结构的退化，以及群落结构的变化，如生物多样性的降低等。

根据经济合作与发展组织(Organization for Economic Co-operation and Development, OECD)的估计，从 1900 年开始，全球在 100 年间约失去了一半的湿地(Zedler et al.，

2005)。在 20 世纪上半叶，丧失的湿地主要位于北半球地区，但自从 50 年代起，越来越多位于热带与亚热带的湿地因被改变用途而丧失。《湿地公约》秘书处 2021 年发布的《全球湿地展望：2021 年特刊》(Global Wetland Outlook：Special Edition 2021) 指出，1970 年以来，全球湿地面积丧失了 35%，它们的消失速率是森林的 3 倍，使 1/4 以上的湿地物种面临灭绝的威胁。我国湿地损失和退化问题也十分严峻，从 20 世纪中叶至今，我国湿地面积总体呈下降趋势。2014 年公布的全国第二次湿地调查结果与 2009 年第一次调查同口径比较，湿地面积减少了 339.63×10^4 hm²，减少率为 8.82%，自然湿地面积减少了 337.62×10^4 hm²，减少率为 9.33%。据不完全统计，自 20 世纪 50 年代以来，全国滨海湿地丧失约 200 多万公顷，相当于滨海湿地总面积的 51.2%(张晓龙等，2014)。1990—2020 年，滨海滩涂湿地面积由 140.99×10^4 hm² 减少到 80.39×10^4 hm²，减少了 42.98%(崔丽娟等，2022)。

　　我国湿地类型的多样性造就了湿地丰富的生物多样性，仅列入《世界受威胁鸟类名录》的湿地鸟类就有 23 种，而我国湿地分布区的湿地植物种密度为每平方千米 0.005 6 种，是我国陆地所有植物种密度(每平方千米 0.002 8 种)的 2 倍。但国内湿地不合理的开发利用、全球气候变化和污染物的毒害作用等原因破坏了湿地生态系统的生态平衡，导致生物多样性严重下降，甚至有的物种已濒临灭绝(卢涛等，2008)。生物多样性种类和丰度的变化特点依退化原因有别。排水疏干导致湿地退化突出的是湿地动物种类减少，数量下降，陆生动物种类增加，数量增多。污染胁迫下，湿地耐污染的种类保存下来，对污染敏感的种类消失。湿地退化导致动物变化的另一个特点就是其研究对象由传统的水禽、鱼类等大型湿地动物向昆虫、浮游生物等小型生物转变，这些小型生物类群是湿地生态系统生产力主要构成部分，处于食物链底端，决定着大型动物的种群数量，即"上行控制效应"(McQuee，1990)。

7.1.2　湿地生态系统功能的退化

　　湿地生态系统功能的退化主要表现为湿地生态系统物质循环、能量流动和信息传递等方面的退化，表现在湿地生态系统供给、调节和支持服务功能的降低。其中供给功能退化主要体现在水资源供给能力下降、生物多样性锐减、原材料产量降低和用材种类减少等；调节功能退化体现在湿地调节能力的降低，如 CO_2 和 CH_4 等温室气体排放量增加、水污染加剧等；支持功能退化体现在养分流失、土壤贫瘠化、土壤侵蚀加剧、局部沙化以及土壤肥力下降等方面。湿地退化最严重的后果是湿地生态功能削弱，甚至消失，危及人类生存环境，影响人类生态安全。伴随湿地生态系统退化，首先大型维管植物的生产力和养分吸收能力下降，从而削弱湿地的水质净化功能。其次湿地蓄洪能力降低，水文调节功能削弱，导致洪灾频繁发生。最后土壤侵蚀和植被丧失将会进一步降低湿地社会经济功能。此外，气候变化将对湿地固碳功能产生重大影响，有证据表明，在未来全球气温上升的背景下，温带北方泥炭地非生长季碳排放通量将会增加，影响泥炭地 CO_2 收支平衡(于志国等，2022)。

　　湿地水体水质恶化是湿地退化的重要标志，也是我国湿地所面临的最严重威胁之一(Wong，2004；夏军等，2016)，虽然近些年湿地水环境质量持续改善，但局部地区水质仍然较差。国家林业局 2003 年公布的 376 块重点调查湿地中，有 98 块湿地正面临着环境污染的威胁，占所有重点调查湿地的 26.1%，这些威胁主要存在于沿海地区、长江中下游湖区以及东部人口密集区的库塘湿地。《2023 中国生态环境状况公报》显示，全国地表水监测断面中，Ⅴ 类和劣 Ⅴ 类水质仍占比 3.2%，主要污染指标为化学需氧量、高锰酸盐指数和总磷。全国七大流域中，松花江流域均为轻度污染；近岸海域仍有近 7.9% 的劣Ⅳ类水质的海域面积占比。

我国的湿地功能退化还表现在湿地蓄水防洪能力降低方面，上游河流截流导致下游湖泊水位下降，改变了湿地自然水文节律，加速了湿地萎缩。例如，因降水减少、气温升高和蒸发量增加等原因，2005 年前青海湖水位逐年降低，在调节区域气候等方面的生态功能面临严重威胁，泥沙淤积填平湖底会导致湖泊湿地丧失蓄水拦洪能力（任琼等，2015），使蓄水拦洪能力严重丧失；同时引起该地区旱灾、水灾经常交替发生，生物生产力和湿地自净能力明显降低（Bian et al.，2004）。

由于围垦和过度砍伐利用，我国东南沿海部分区域红树林大面积消失而失去了防护海岸的生态功能和旅游价值。工业污染大幅增加，生活污水、农田径流、网围养殖及池塘养殖等各种污染源大量输入，使湖泊淤积和富营养化进程加剧，饮用水供给、洪水调蓄、航运、旅游和养殖等方面生态功能受到严重威胁（Chen et al.，2003）。

7.2　湿地恢复目标

湿地恢复目标可概括为湿地结构恢复、过程恢复和功能恢复，具体恢复目标根据彼此之间的内外联系最终可归结到湿地结构的恢复，即湿地结构恢复是湿地过程恢复和湿地功能恢复的基础，湿地过程恢复和湿地功能恢复是湿地结构恢复的结果，三者之间存在着反馈与被反馈关系。其中湿地结构与功能恢复指湿地生境恢复和湿地生物链恢复，而湿地过程恢复指恢复湿地结构和功能动态变化的特征。湿地生境恢复侧重湿地地形改造、基质恢复、驳岸恢复等结构和湿地水资源供给、水文过程调控、水体自净功能恢复以及生物栖息地恢复等；湿地生物链恢复侧重湿地生物链状和网络关系重组和修复。湿地恢复的目标、策略不同，拟采用的关键技术也将不同。

7.2.1　湿地结构恢复

湿地结构是由非生物成分与生物成分共同组成的，是湿地过程和功能的基础。湿地结构组成特点决定了其恢复的核心是湿地非生物恢复和湿地生物恢复，依据湿地生态系统结构特点，湿地结构恢复可以归结为湿地生物链恢复和湿地生境恢复两个主要方面。其中，湿地生物链不同于基础生态学中的食物链概念，它不仅包括生物之间的食物关系（捕食和被捕食关系），还包括生物之间的相生相克关系，如生物之间的光线竞争、营养竞争，甚至是食物争夺等。因此，湿地生物链恢复技术不仅是恢复生物之间的食物关系，还包括恢复生物间的相生相克关系。主要体现在生物链受损关键环节的修复，包括关键先锋物种引入技术，土壤种子库引入技术，生物操纵、生物控制和生物收获技术，种群动态调控与行为控制技术，物种保护技术等。这些技术实施的前提是重建拟恢复区的原生生物链或生物网，或者模拟同类参照区生物链模式，最重要的原则之一是避免外来物种的侵入。湿地生境恢复包括水文过程、地形、水环境质量、基质等湿地生态系统非生物成分的恢复。例如，武汉东湖通过人工放养鲢鱼和鳙鱼，恢复东湖鱼—藻之间的生物链结构借助生物链的恢复较为有效地控制了藻类过度繁殖（刘建康等，2003）。

7.2.2　湿地过程恢复

湿地过程是指湿地生态系统中维持生命的物质循环和能量转换的过程。湿地过程通过物质循环和能量流动过程把生物及非生物环境连接起并影响生物种群、群落的变化。因此，湿地过程的恢复主要是物质循环和能量流动的恢复。

湿地过程恢复借助不同种群间关系的协调，合理组合，在建成新的复合群体基础上，使湿地生态系统各组分间的结构与功能更加协调，系统的能量流动、物质循环更趋合理畅通。湿地生态系统的输入输出过程调控主要是干预湿地生态系统的组分及结构，其中，输入调控侧重于输入的辅助能和物质的种类、数量、时间、投入结构比例的调整和恢复等，输出调控则侧重于系统贮备能力、输出计划、输出数量与形式的调整和恢复等。同时，控制非目标性输出，防止无序径流、渗漏、水土流失等。例如，黄河三角洲每年5月进行湿地生态补水，通过引黄河水补充湿地恢复区，恢复湿地正常的水文过程，提升湿地水位，满足湿地生物的生长繁殖需求（李德峰等，2018）。

7.2.3　湿地功能恢复

湿地功能恢复主要指湿地供给功能、调节功能、支持功能和文化功能的恢复，是湿地结构和过程恢复的结果。近年来，湿地生态系统整体恢复和调控思想开始得到国际关注，主要体现在强调通过湿地结构和湿地过程调控来进行湿地总体恢复，即实现湿地功能的恢复（Zedler，2000）。例如，湿地水体净化功能恢复不能仅考虑湿地的局部，采取孤立的解决办法，必须从湿地生态系统的角度充分考虑湿地的整体性，通过湿地格局、结构以及湿地功能的整合，促使湿地生态系统的物质流、能量流以及物种流处于畅通状态，使湿地水体从相对静止的状态转变成动态循环，并借助湿地结构和过程的恢复使湿地净化功能得到恢复。通过湿地格局、结构和过程的整合，实现"三流"（物质流、能量流以及物种流）通畅，从而实现湿地功能的恢复（殷书柏等，2006）。

7.3　湿地恢复的内容

世界各国对湿地经历了由开发利用向污染治理，最终转向生态治理的历程。人类对湿地进行有目的的恢复始于20世纪50年代，随后各国对此逐渐重视起来。20世纪80年代后期，以物种生境恢复为目标的湿地恢复技术开始出现，该技术多应用于河流湿地恢复；20世纪90年代初，提出了流域尺度的整体湿地恢复技术，并随着该技术的实施，其恢复效果逐渐得到人们的认可，该技术体系融合了湿地生物恢复技术和湿地地形改造技术等多种单要素湿地恢复技术；20世纪末，湿地生物控制技术已成为改善湖泊湿地水环境质量的常规技术，并初步获得国际社会的认可。经过70余年的探索和研究，国际上初步形成了一些湿地恢复技术体系。例如，解决湿地缺水问题的湿地补水技术；治理湿地污染的清淤技术、水文调控技术、富营养化湖泊生态恢复技术等污染湿地修复技术；遏制湿地退化的植被恢复技术、入侵种和有害种的控制技术、岸带植被恢复技术等退化湿地恢复技术。我国的湿地恢复也开展了一些很有意义的技术性探索，如湖泊湿地的富营养化控制技术、截污及污水处理技术、可持续综合利用技术等。虽然我国的湿地恢复工作起步较晚，技术相对零散、缺乏针对性，但近些年发展迅速，并随着全国湿地保护规划的实施，湿地恢复技术正不断进步、发展和完善。湿地恢复目标也从单一目标模式向系统性修复模式转变，更倾向于基于自然诱导过程的湿地生态系统多功能协同提升技术研发与应用。依据湿地生态系统结构和特征，可以将当前的湿地恢复技术分为湿地基底恢复、湿地水文过程恢复、湿地水环境恢复、湿地生物及其生境恢复等主要类型。

7.3.1 湿地基底恢复

湿地基底恢复要根据湿地生态系统的类型采取不同的措施，例如，对于有机质含量过高和湿地生物无法生长的基底，需去除富营养底质或增加矿质土壤；对于石驳岸、陡坡类型的基底及没有湿地植物的浅滩，需要以矿质土营造浅滩基底，同时添加改土添加剂；对于只有矿质土的区域，需要添加还原性土壤。从恢复类型角度对基底恢复进行分类，可分为物理性恢复和化学性恢复两种；从技术手段和恢复目标来分，基底恢复技术不仅包括湿地基底改造技术，还包括土壤污染控制技术、土壤肥力恢复技术和客土技术等。目前较成熟的基底恢复技术有基底地形改造、客土技术和清淤技术等，其中基底地形改造和客土技术属于物理性恢复模式，其技术较为简单，需要借助机械实现；底泥清淤技术主要是清除受污染的基质层，是目前采用较多的湿地基底恢复方式(王晓东，2018)。底泥的清除对湿地水环境恢复具有积极作用。微生物在分解底泥中的过量有机物时会消耗大量的氧而造成缺氧状况，从而增加底泥的内部负荷(即从底泥中洗脱出来的氮、磷)(谢丹平，2009)。在这种情况下，湿地水体直接净化的途径就是抑制底泥中的有机沉积物和阻止底泥洗脱氮、磷过程，以及分解产生毒素的藻类和直接去除氮、磷(涂建峰等，2007)。加拿大、美国及荷兰等国家和地区从20世纪70~80年代开始对湖泊湿地的综合整治开展了一系列研究和实践，制定了污染底泥评判标准及生物毒性指标(表7-1、表7-2)，由于自身特点或目的不同，污染指标控制差异较大(石正宝等，2009)。研究表明，含Cd、Cu、Pb、Zn、Al和Mn的重金属污染废水长时间进入人工处理湿地，其流出液的重金属含量远远低于世界卫生组织的饮用水标准，且其重金属主要集中于基底的表层土壤中。因此适时清除底泥，有利于富营养化的发生，并减少重金属对水环境的污染。

表 7-1 底泥有机污染物分类或控制指标　　　　　　　　　　　mg/kg

部门	分类	油脂	化学需氧量	总氮	铵态氮	总磷
美国环保局	无污染	<1 000	<40 000	<1000	<75	<420
	中污染	1 000~2 000	40 000~80 000	1 000~2 000	75~200	420~650
	重污染	>2 000	>80 000	>2 000	>200	>650

注：石正宝等，2009。

表 7-2　各国(地区)土壤(或底泥)生物毒性指标　　　　mg/kg

国家(地区)	级别	镉	汞	砷	铜	铅	铬	锌	镍
中国	控制值	2	同质量标准	200~300	500	100	200~400	100	—
加拿大	控制值	3.5	0.486	17	197	91.3	90	315	—
加拿大(安大略省)	生物有效	10	2	33	110	250	110	820	75
美国(NOAA)	生物有效	3.53	0.486	17	197	91.3	90	315	35.9

注:石正宝等,2009。

　　底泥清淤技术关键是彻底清除所有游离状淤泥,同时保护湿地基底,防止因扰动引起的淤泥扩散而引发二次污染,其恢复目标是去除污染物,改善水体底层氧化还原条件,为各类湿地水生生物尤其是沉水植物提供生长基质。底泥清淤技术必须在底泥结构分析的基础上,依据区域底泥污染物空间分布格局,制定不同区域的底泥修复方案。对于主要淤积区,现有研究认为,在保留 10~20 cm 植物生长所需软底质的基础上,采用精确薄层环保清淤技术,清除表层淤泥较为合理(刘小梅,2010)。底泥清除须采用特殊技术和装置,运用密闭和抽吸的方法,以免扰动底泥,降低疏浚效果。疏浚作业的最佳施工期为低水位期,在水面风浪较小且水体交换缓慢、沉积物基本处于相对静态时进行则有利于高效施工(董志龙等,2008)。底泥清淤可考虑引进外部水源,或利用区内丰富的地下水资源对污染严重的湖泊或沼泽加以稀释,还可以利用汛期雨量充沛时开堤清污等(李旭东等,2002)。例如,针对杭州西湖“香灰土”底质等不利于沉水植物恢复的技术难题,将改性矿物基材料制备成环保型复合基底改良剂和沉水植物的种植载体,研发了针对不同底质生境的生态型基底改良技术和沉水植物恢复技术(图 7-1),并成功应用于杭州西湖(图 7-2)。

沉水植物　　磷　微生物　　矿物质　　微量元素　溶解氧

图 7-1　基底改良技术原理示意

7.3.2　湿地水文过程恢复

　　基质是维持湿地各种生态过程的主要载体,而水是维持湿地生态系统结构稳定,保障湿地正常生态水文功能的主导生态因子(图 7-3)。湿地正常的水文过程被破坏后,引起的水文过程紊乱(如缺水、蒸发速率过程等)容易导致湿地地球化学循环过程和蓄水纳污等生态功能的降低,因此湿地水文过程恢复是湿地恢复的重要环节之一。目前,

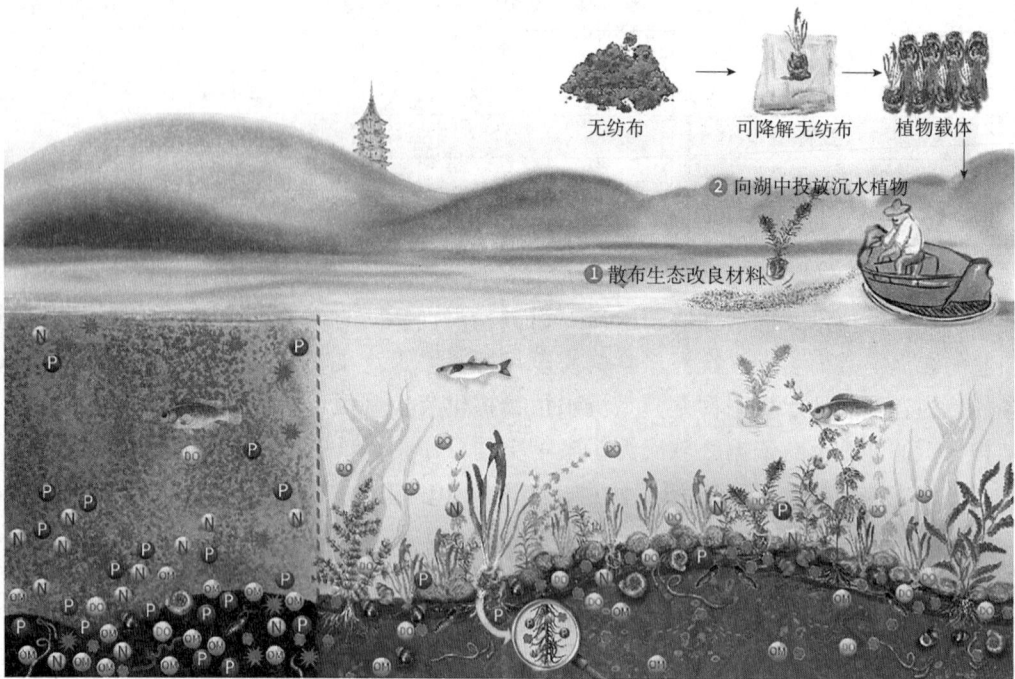

图 7-2　基底改良和沉水植物恢复技术工程应用示意

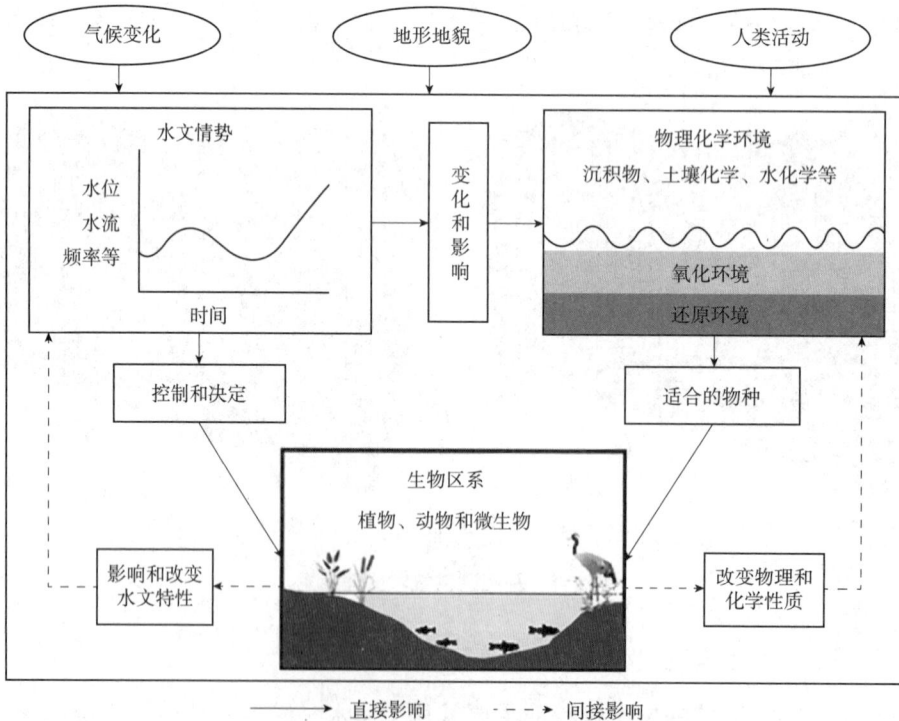

图 7-3　湿地生态水文相互作用及对环境的响应与反馈

（改自吴燕锋，2018）

湿地水文过程恢复主要是通过筑坝(抬高水位)、修建引水渠等水利工程措施来实现，其核心是通过筑坝，抬高水位来养护沼泽，改善湿地水鸟栖息地，增加河体深度和广度，增加鱼的产量，修建引水渠，改造地形等工程措施来达到湿地水文条件恢复的目的。研究认为，某些缺水型富营养化湿地恢复可根据湿地水体净化功能、湿地植被群落生长情况和生物栖息地水质水量的需求计算湿地生态需水量，是湿地生态补水和水文过程调控恢复的重要前提；因此保证湿地生态用水是恢复湿地自身污染物净化能力、维系湿地生态水文功能稳定、实现湿地水文过程恢复的重要措施之一(Gibbs，2000；冉红达等，2017)。此外，在发挥湿地涵养水源、调节径流的水文功能基础上，按照湿地恢复区所在流域水资源时空分异特征合理调配水资源，可以保证湿地不同季节的基本生态需水量，实现流域整体层面上水文过程的恢复，发挥湿地污染物自净能力。有学者对库塘湿地水文动力学和生态学过程进行了研究，认为库塘湿地水文过程恢复可以通过水文扰动等上行作用来实现，其恢复结果可以减少湿地底部沉积物中磷、铁和锰的释放，控制浮游藻类的生长，减少藻类的生物量；同时可以保证一定的水位，为土著鱼类提供栖息和繁殖场所(邬红娟等，2001)。

例如，洪河湿地的水文过程恢复重点考虑流域层面的湿地水文过程恢复，其技术流程包括：①根据洪河保护区水资源恢复方案实现保护区水资源恢复；②增大黑龙江洪水倒灌浓江下游河段和大力加湖的水量；③控制流域中上游水稻田的种植面积；④恢复连接洪河和三江保护区之间的浓江河道的水文连通性；⑤开发流域水资源共管机制；⑥开发以保护湿地生态廊道为目的的洪水保险机制，减缓浓江中下游河道洪水泛滥给农户带来的经济风险。这一用来分析、诊断和恢复流域湿地生态水文过程的技术适用于三江平原其他流域，同时也是工程与非工程措施相结合开展我国退化湿地保护与恢复的一次理论、技术、政策和经济方面的有效尝试(段云海等，2007；赵艳波等，2008；闫丹丹等，2014)。玛曲沼泽湿地的水文过程恢复主要是用装满沙土和黑肥土并在其内混有草籽的麻袋筑坝，进行分段填堵排水沟，有效阻止了湿地地表水在排水沟内的排泄，提高了湿地内的地表水水位；并通过引水将汇聚在排水沟的水流以扇形形状逐级辐射周边草场，从根本上缓解了因缺水导致的草场退化，使退化草场得到快速恢复。该方法一方面减小了排水沟内的水流量，减轻了水流对泥炭地冲刷而形成侵蚀沟，使湿地泥炭资源得到了保护；另一方面，用麻袋内混装草籽和黑肥土进行筑坝，既保护了湿地周边植被，同时麻袋混装的草籽形成了新的植被层，又加快了排水沟内及周边湿地植被的恢复(王文浩，2009；褚琳，2013)。

水文过程恢复是湿地水要素总量调控和过程的改善，而湿地水环境质量改善也是湿地水要素综合重建的重要环节。湿地水环境改善以控制污染源、去除污染物质，以及换水、补水达到改善湿地水体自净能力，实现湿地水环境质量的目的。污染源包括内源和外源两种，其中内源污染物以底泥释放污染物和水体自身富含的污染物为主，外源污染物主要是人为排放污染物和面源污染。目前，消除富营养化水体的关键在于削减水体中的氮、磷以及沉积物中有机碳和氮、磷的负荷，抑制水体中藻类疯长，达到降低藻类生物量，提高水体透明度的目的。主要技术有湿地植物修复技术、微生物修复技术、水生动物修复技术以及人工湿地净化技术等。

7.3.3　湿地水环境修复

(1)自然湿地水环境修复

以湿地植物为主的富营养化水体修复技术是指通过植物的吸收作用，根际微生物的降解作用，植物的吸附、过滤和沉淀作用，植物抑制藻类生长的作用及作为生态系统的生产者来调节其他生物的种类和数量的技术(董志龙等，2008)。例如，日本渡良濑蓄水池由于该区域上游的生活污水以及含氮、磷的降水以径流形式进入湿地，致使渡良濑蓄水池出现富营养化。为保护蓄水池的水质，自1993年起，当地在蓄水池周围的滞洪洼地上建造了一座芦苇荡，将蓄水池中的水引到芦苇荡，通过吸附、沉淀及吸收作用，去除水中的氮、磷以及浮游植物，达到对水体自然净化的目的。国内也有利用不同植物分区和水文分区进行水体氮去除的案例，如云南阳宗海湿地通过划分不同的净化功能强化区、水质稳定区、水质优化调节区等，以达到降解农业面源污染和净化居民生活废水的作用(图7-4)。这种净化过程循环进行，确保蓄水池水质洁净(董哲仁，2008)。研究证实，大型湿地挺水植物通过自身的生长代谢可以大量吸收氮、磷等水体中的营养物质，其中一些种类还可以富集不同类型的重金属或吸收降解某些有机污染物(王庆安等，2000)。与藻类相比，大型湿地挺水植物的优点在于更易于人工操纵，可通过人工收获将其固定的氮、磷或富集的重金属带出水体，这一优点是利用大型水生植物进行污水处理，特别是针对湖泊富营养化治理的理论基础(种云霄等，2003)。在植物对重金属的适应机制研究中发现，植物根系一般都能释放多种有利于有机物降解过程或对有毒金属起固定作用的有机化学物质，其中包括单糖、氨基酸、脂肪酸等。植物通过这类化学物质的分泌和死亡细胞的脱落，与土壤释放的光合产物构

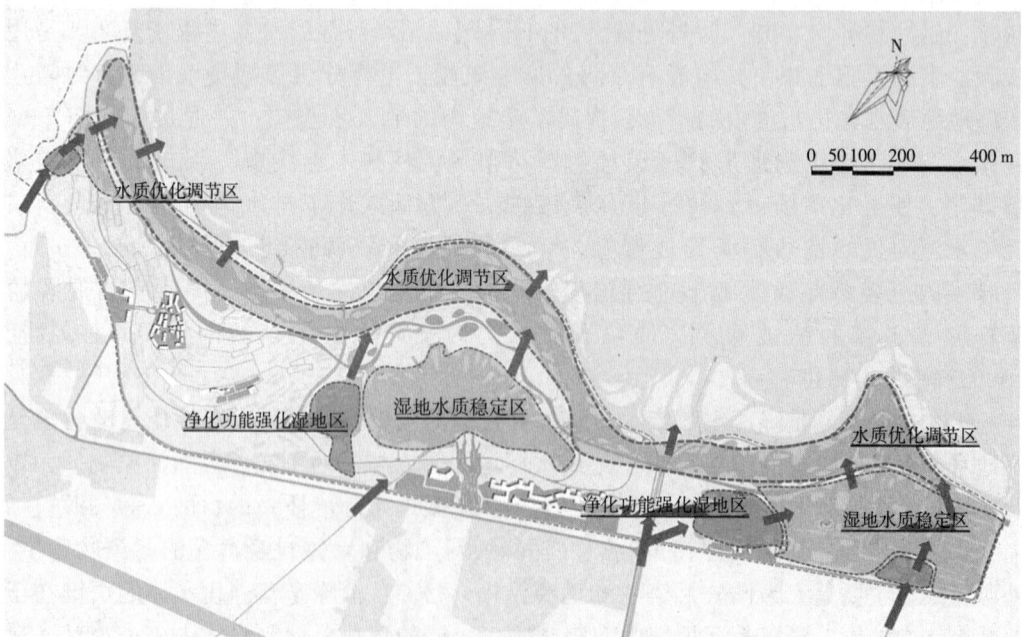

图7-4　湿地生态水文功能分区设计降解水体氮磷污染物

成一个特异的系统，即特异根圈(周启星等，2001)。它的存在能够限制或促进有毒重金属离子由根部向茎叶部迁移，使植物地上部分有较高的生理活性或使有毒重金属积累到容易脱落的部分；通过这些脱落部分，使有害重金属离开植物体，同时还可将有毒重金属转变为无毒或毒性较低的形态，减少污染物向地下水的迁移或淋溶(Baker et al.，1990)。有学者在通过研究潮滩植物翅碱蓬对重金属的累积效应时发现，Cu、Zn、Pb 和 Cd 4 种重金属在不同潮滩均有比较明显的累积效应，且累积效应在植物的不同部位存在明显差异，因此对植物的收割也要选择适宜期，避免所收割的湿生植物带来重金属二次污染(朱鸣鹤等，2005)。目前已发现的超累积植物有 400 多种，利用超累积植物的超强吸收能力，提取土壤中重金属成为未来一种可能的处理途径(Baker et al.，1994)。在考虑湿地植物的环境适应能力和水质净化效果时，必须还要重视湿地植物自身对营养元素的吸收规律。

微生物因具有较强的降解能力而在净化富营养化水体方面效果较好，对一个稳定人工湿地系统的发展、运转和维持起着积极的作用，并对湿地植物的生长也起到一定的调节作用，即根际微生物可促进植物结实和分裂生成小植株(Faulwetter et al.，2009)。目前，国际上用微生物来进行湿地水环境修复的研究较多，其技术研发也取得了一定的成果。例如，中国科学院南京地理与湖泊研究所利用固定化增殖氮循环细菌群序批式活性污泥法(sequencing batch reactor，SBR 法)净化富营养化湖水，经固定化细菌群 SBR 工艺净化后，湖水总氮下降了 75%、氨氮下降了 91.5%、COD 下降了 75%，水质得到明显的改善(金相灿等，1995)。此外，利用菌根真菌生产生物菌肥既可增加农作物产量，又可减少农业面源污染对水体的污染。

利用水生动物来净化富营养化水体，主要是利用放养取食浮游植物的动物来减少藻类等浮游植物对水体造成的危害。研究认为，水体富营养化的防治除了对藻类等浮游植物进行防治外，对浮游动物的调控也不容忽视。调控浮游动物繁盛最有效的办法就是放养鳙鱼，而减少浮游植物则采用放养鲢鱼的办法进行控制。鲢鳙混养技术是水生动物修复技术中较为成熟的一种方法，鲢鱼可大量摄取水体中的浮游植物，从而抑制了以浮游植物为食的浮游动物的生长，但放养鳙鱼的数量需适中，否则鳙鱼会因食源不足而觅食其他湿地生物，反而破坏生态平衡。合理地搭配鲢鳙的放养数量，可充分地利用天然饵料，减少浮游植物和浮游动物的数量，既可治理水体的富营养化，又可提高经济效益，是一项非常值得研究的生物修复技术(崔福义等，2004；林涛等，2006；贾亚梅，2006；王娣娟，2012)。

(2)人工处理湿地水环境修复

人工处理湿地技术也得到越来越多的实践应用，它去除污染物的范围较为广泛，能够有效去除包括有机物、氮、磷、悬浮物、微量元素、病原体等在内的污染物，一般应用于农业污水、家畜与家禽的粪水、垃圾场渗滤液、城市暴雨径流或生活污水、富营养化湖水、矿区重金属污水、炼油厂废水以及其他工业活动产生的污水的处理，也可应用于冬季寒冷的地区。实际应用中，人工处理湿地系统的技术设计常与其他系统相结合，构成多水塘处理系统，共同实现污水净化的目标。目前常见的多水塘组合是人工处理湿地与好氧塘、厌氧塘以及兼性塘进行多级串联组合，其目的是保证湿地处理系统具有更高的处理效率，使出水水质更趋稳定(崔丽娟等，2011)。由于其组合方式、组合次序都会影响系统出水的水质，因此，与人工处理湿地组成的多水塘污水复合处理系统也将是今后的热点研究之一。决定湿地处理效率的因素除了系统内污染物降解的反应动力学和湿地内部的水流流态外，还有温度、进水负荷、水力停留时间、区域差异和气候特征以及系统设计类型等外在因素（吴振斌等，2001；周凤霞，2007）。人工处理湿地的类型和规模千差万别，诸多研究结果很大程度上都缺乏可比性。因此，系统地开展具有高对比性的研究也将成为今后研究的一个重要方向。此外，大量的研究表明，温度的降低会影响人工处理湿地的污水净化效率。因此，气候很可能成为设计人工处理湿地的一个限制性因子，针对我国北方大部分寒冷地区与生态环境较差的地区，研究如何利用人工处理湿地特有的功能特性来改善和恢复恶化的生态环境也具有重要的现实意义（宋铁红等，2013）。通过构建拼嵌式多单元组合，调整植物和微生物配置，以及加强植物管理，在保证净化作用的前提下，可使北方冬季人工处理湿地延长 60 d 以上（崔丽娟等，2019）。

7.3.4　湿地生物及其生境恢复

湿地基质、地形、湿地水文过程和水环境质量的恢复并不等同于湿地系统的整体恢复，作为一个健康的湿地生态系统，湿地生物是湿地生态系统保持健康稳定的关键组分，而生物成分的恢复是湿地整体恢复的关键。湿地生物恢复的主要技术有物种选育和培植技术、物种重引入技术、物种保护技术、种群动态调控技术、种群行为控制技术、群落结构优化配置与组建技术、群落演替控制与恢复技术等。随着生物技术的长足进步，关键物种保护技术出现了新的发展趋势，涌现出一批高效、可靠的以保护关键生物物种为主的分子生物技术，如基于微卫星 DNA 物种保护技术、基于随机扩增多态性 DNA 物种保护技术、基于扩增片段长度多态性物种保护技术，以及基因重组技术保护濒危物种等。但这些技术的出现只局限于室内试验阶段，实践应用还有很长一段距离（仲光启等，2019）。

由于基于生态需水的生境恢复技术多集中于河道湿地生态系统上的鱼类栖息地恢复，即通过模拟建立物理栖息地，并与目标种的适宜性或非适宜性的定量关系来制订生境恢复方案，从而制订具体的恢复措施。目前，对于湿地水鸟生境的恢复研究多集中在食物、郁闭度和地形整治等方面，而关于水深或水位与鸟类生境间的关系研究较少，结合水文过程的多目标湿地生境诱导恢复系统研究也极为缺乏。目前的湿地生境恢复技术主要依据受保护湿地生物的生活习性和环境适应能力来恢复生境，诸如通过微地形改造、水文修饰和食物链/网优化，诱导恢复关键物种生境的植被盖度、食物产量等（图 7-5），典型的湿地生境恢复技术有基于河道流量增量（IFIM 模型）和河道栖息地模型（IHM 模型）的河道湿地生境恢复技术、基于微生境栖息地评价模型（EHVA 模型）的湿地生境恢复技术，这些技术的核心是湿地生态水文过程的调控（杨志峰等，2010；赵尚飞，2019）。这些研究有助于我们通过地形改造和水量调控等恢复手段改造湿地关键物种的栖息地，如增加水位波动或降低水位，有效促进沉水植物和挺水植物的扩散和生长、湿地鸟类种群的变化等。也有研究认为，湿地生境恢复技术的关键是水文过程调控，制约这一技术的难点在于受保护湿地物种如何响应水文过程的波动。

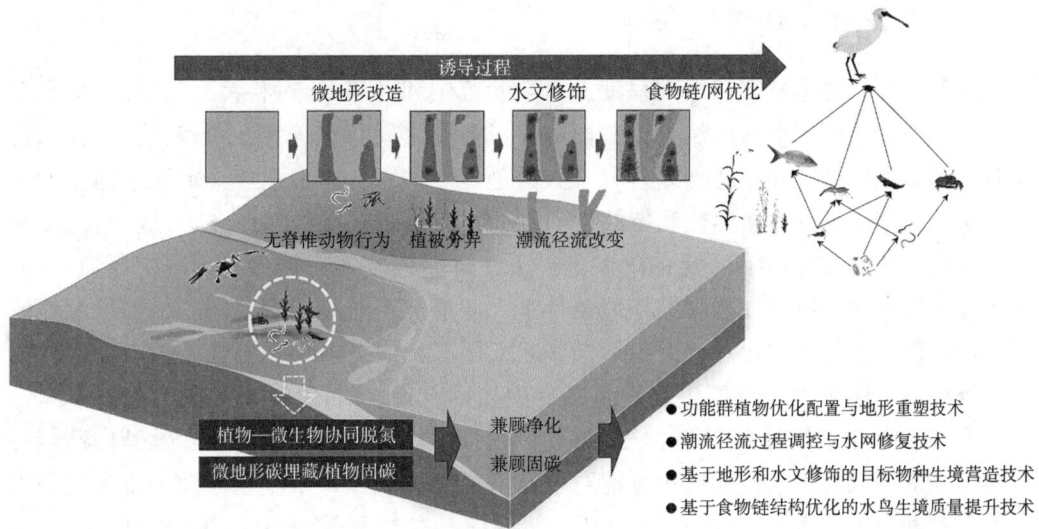

图 7-5　诱导湿地生物及其生境恢复

7.4　湿地恢复设计与实施

湿地恢复是一项复杂的、系统的工程，涉及生物学、生态学、水文学、地理学、经济学以及规划学等不同领域的多种学科。湿地恢复设计与实施是一项科学决策过程，不仅包括恢复区湿地调查、问题诊断、恢复边界和恢复目标的确定、恢复模式与恢复技术的选择，还包括湿地恢复实施、湿地监测、恢复效果评价以及管理等诸多环节。

开展湿地恢复，首先，应完成湿地调查工作，主要包括湿地状态指标和湿地干扰指标的调查。根据湿地历史演变规律以及湿地恢复的可行性确定湿地恢复边界，同时，借助数量分析方法对拟恢复湿地区进行退化分析，阐明湿地退化程度及其退化原因和驱动力。其次，确定湿地恢复的目标，并明确湿地恢复的具体内容。最后，根据湿地退化分析以及拟恢复要素情况确定湿地恢复的具体模式以及采取的湿地恢复技术。在进行湿地恢复实施的过程中同步开展湿地监测工作，为湿地恢复效果评估及其后期调整湿地恢复方案和湿地恢复管理提供决策支持。

7.4.1　湿地调查与问题诊断

在进行湿地恢复之前，必须明确湿地退化的原因、退化程度和发展趋势。因此，在开展湿地恢复前，要对拟恢复区域的自然因素和社会条件开展系统的调查分析，建立比较详细的了解。主要调查内容包括恢复区域的状态指标和干扰指标，包括对湿地类型、面积、气候气象、水文水质、土壤和生物等湿地现状指标，还包括恢复区湿地所受到的人为和自然等因素的干扰指标。湿地调查采用收集历史资料和历年数据、室内分析（如遥感解译和实验分析等）和野外现场观测相结合的方式。

7.4.2　湿地恢复的条件分析

一般来说，湿地恢复在很大程度上由空间范围和环境条件所决定。环境条件是自然界和人类社会长期发展的结果，其内部组成要素之间存在着相互依赖、相互作用的关系。尽管人们可以在湿地恢复过程中人为创造一些条件，但只能在退化湿地基础上加以引导，使恢复具有自然性和持续性。例如，在温暖潮湿的气候条件下，自然恢复速率比较快，而在寒冷和干燥的气候条件下，自然恢复速率较慢。不同的环境状况，恢复花费的时间不同，在恶劣的环境条件下，恢复甚至难以开展。另外，如果湿地恢复目的明确，恢复设计合理，但实际操作起来困难，恢复上也是不可行的。国内外的实践证明，退化湿地系统的生态恢复是一项技术复杂、时间漫长、耗资巨大的工程。由于生态系统的复杂性和某些环境要素的突变性，加之人们对生态过程及其内部运行机制认识的局限性，人们往往不可能对生态恢复的后果以及最终生态演替方向进行准确的估计和把握。因此，在某种意义上，退化湿地的恢复具有一定的风险性。这就要求对被恢复对象进行系统综合的分析、论证，将风险降到最低程度，尽力做到在最小风险、最小投资的情况下获得最大效益。在考虑生态效益的同时，还应考虑经济效益和社会效益，以实现生态、经济、社会效益相统一。

7.4.3　湿地恢复的目标与原则

(1)湿地恢复目标

对湿地恢复项目的预期结果进行陈述即湿地恢复目标的确定。不同的自然条件，不同的社会、经济、文化背景和恢复技术，都会造成湿地恢复目标的不同。总体上，湿地恢复目标有3个，即恢复到原来湿地的状态，重新获得一个既包括原有特性，又包括对人类有益的新特性，以及完全改变湿地状态。湿地恢复目标的确定，一般要综合现实条件和未来湿地动态变化，而不是简单地模仿参照生态系统进行复制，至少要确定一个主要目标和几个次要目标。

广义的恢复目标是通过修复生态系统功能并补充生物组分使受损的生态系统回到一个更自然条件下，理想的恢复应同时满足区域和地方的目标。恢复退化生态系统的目标应包括：建立合理的内容组成(种类丰富度及多度)、结构(植被和土壤的垂直结构)、格局(生态系统成分的水平安排)、异质性(各组分由多个变量组成)和功能(如水、能量、物质流动等基本生态过程的表现)(Hobbs et al.，1996)。事实上，开展生态恢复工程的目标不外乎4个：①恢复诸如废弃矿地这样极度退化的生境；②提高退化土地上的生产力；③在被保护的景观内去除干扰以加强保护；④对现有生态系统进行合理利用和保护，维持其服务功能。

(2)湿地恢复原则

湿地恢复应不仅要遵循自然规律，还要通过人类的作用，根据技术上科学、经济上可行、社会上接受的原则，使退化湿地生态系统得以恢复，并利于人类的生存和生活。总结起来，湿地恢复一般包括自然型原则、社会经济学原则和美学原则3个方面。

7.4.4　湿地恢复技术与模式选择

不同湿地生态系统存在着生态特征、生态结构和生态功能的差异性，其外部干扰类型和强度也不同，湿地所表现的退化类型、阶段、过程及其响应机理各不相同。因此，在不同类型退化湿地的恢复过程中，其恢复目标、侧重点及其选用的配套关键技术往往有所不同。根据湿地的构成和生态系统特征，退化湿地的恢复一般包括土壤、水体和大气等非生物环境因素的恢复技术，物种、种群和群落的生物因素恢复技术，生态系统结构和功能的综合集成与组装生态恢复技术（表7-3、表7-4）。按照湿地要素划分，湿地恢复技术又可以分为湿地基质与地形恢复技术、湿地岸坡恢复技术、湿地水文水质恢复技术和生物链恢复技术，针对不同的退化情况选择适当的技术。

表 7-3　湿地生境结构与功能恢复目标及恢复模式

恢复目标	恢复模式
控制岸带侵蚀	恢复岸带蜿蜒性，控制坡降，进行岸坡防护或衬砌（块石、木桩等），种植植被，建设植被缓冲带
避免淤积	修建枯水和常规河道，拦截泥沙，恢复受干扰区域的植被，有选择性地清淤，建设植被缓冲带
防止地下水位下降	修建水位控导工程，恢复植被
维持枯水期水流深度和速度	修建枯水和常规河道，建设分洪道，建设深潭和浅滩，加强河流内栖息地结构，修建水位控导工程，拦截泥沙
保护水质	单侧施工，建设植被缓冲带，建设分洪道，修建枯水和常规河道，采取导流措施排水后进行开挖，有选择性地疏浚清淤
保护水域栖息地	加强河流内栖息地结构，仅改变河道单侧的岸坡结构，恢复河流蜿蜒性，建设深潭和浅滩，改善河道底质，设置鱼道，修建水位控导工程，发挥牛轭湖功能，有选择性地疏浚清淤
避免减少岸带植被	改变岸坡结构，植树造林，种植植被，恢复受干扰区域的植被，保护裁弯取直后形成的森林区
创建或维持坡地的多样性	廊道管理，种植植被，合理堆放疏浚和开挖的土料
创建湿地	植树造林，发挥湿地功能，合理堆放疏浚和开挖的土料
提高或保护河流湿地内区域的美学价值	恢复河流蜿蜒性，建设深潭和浅滩，改变河道单侧的岸坡结构，修建水位控导工程，建设水面景观，河岸应用特殊材料并进行修整
提高或保护湿地恢复区的美学价值	改造岸坡结构，种植植被，对疏浚开挖土料堆积体进行修正以形成一定的造型，保护植被缓冲带
为大型底栖无脊椎动物提供稳定的底质	营造块石或木桩基质
提供或维持鱼类栖息地	保护植被，营建植被护坡，建设土质堤防，营造鱼类庇护所
增加或维持审美资源	绿化，植被与其他结构措施的组合（复合护坡、开挖的台地、土质堤防以及抛石区再植被），建设隔离带或缓冲带，进行廊道管理，有选择性地清障，建设土质堤防
为人类和野生动物提供亲水设施	复合护坡，近岸平台的建设和保护，削坡后再植被，抛石区再植被，修建廊道
保护或创建滩涂	避免对湿地的破坏，堤防布置中保留或增加滩涂区

表 7-4　湿地生态结构与功能恢复目标及恢复模式

恢复目标	可能采用的方案	恢复目标	可能采用的方案
多样性	人工繁育或增加新的物种	生态系统稳定性	增强或重建生物链
原物种恢复	重新引入已经消失的物种		

　　按照国际生态恢复学会的定义，生态恢复是帮助研究和管理原生生态系统完整性的过程，这种完整性包括生物多样性的临界变化范围、生态系统结构和过程、区域和历史状况，以及可持续的社会实践等。依据湿地退化的程度进行湿地恢复模式的选择，一般包括狭义的恢复、复原和重建 3 类(图 7-6)。狭义的恢复，即调整并恢复湿地的水文过程和生物过程，可能需要采取原有群落恢复的措施，包括物种引入等，最终恢复生态系统的活力和自我维持能力。复原通常指针对若干目标物种或生态系统的某一个服务功能，在较短的时间内通过调整生态系统管理策略来完成。重建即构建一个新的湿地类型，这种情况通常发生在水文条件已经无法恢复的情况之下，例如，已经受到围垦的泥炭沼泽湿地通常很难恢复到原来状态，但是可以构建不含泥炭的沼泽湿地。

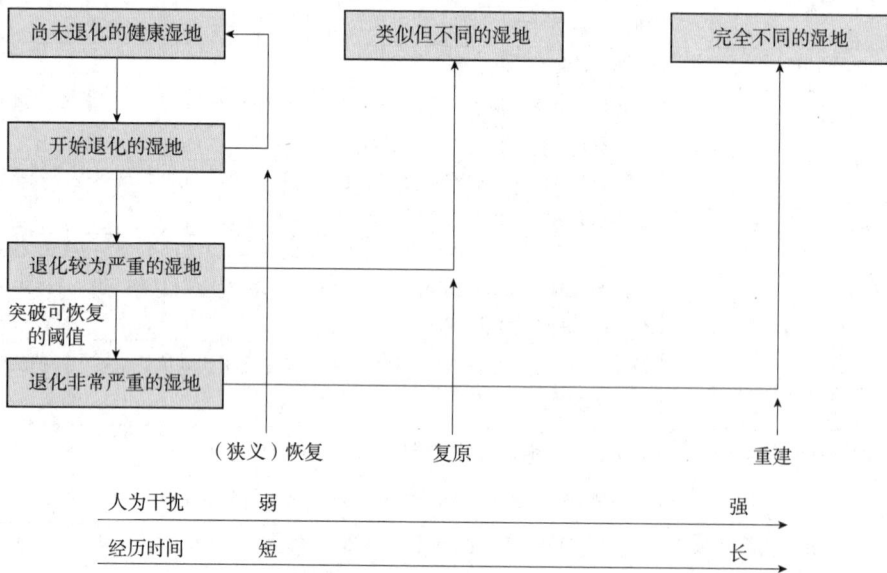

图 7-6　不同退化程度湿地的恢复模式选择

7.5　湿地恢复的实施与评价管理

7.5.1　湿地恢复设计的实施

　　湿地恢复设计的实施是根据湿地恢复规划和设计方案，对湿地恢复区进行具体施工的过程，属于工程实施阶段，包括湿地恢复施工阶段和湿地恢复维持阶段，在湿地恢复工程实施过程中处于第四和第五阶段，是湿地恢复意向、规划和设计的具体实施(图 7-7)。

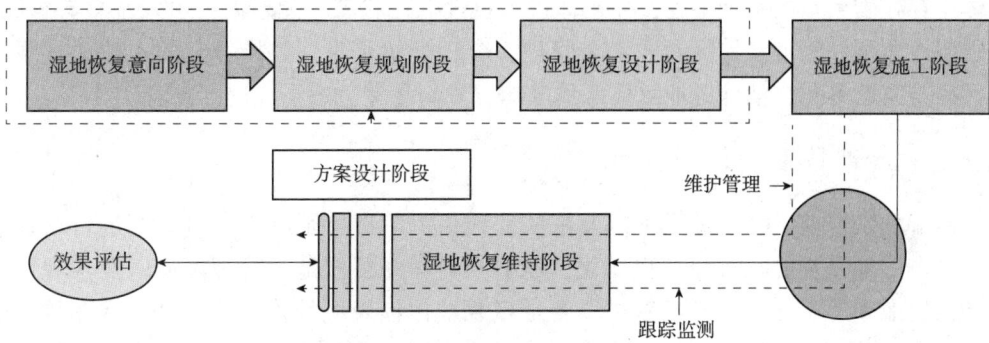

图 7-7　湿地恢复工程实施过程

(1)湿地恢复意向、规划和设计阶段

在确定湿地生态恢复方案之前,应对湿地恢复区的功能区划、操作程序、风险评价、指标体系、恢复技术等进行系统全面的研究,明确湿地恢复的意向和目标。湿地恢复意向、规划和设计阶段即湿地恢复方案设计阶段,应明确湿地生态系统退化成因,识别退化主导因子、退化过程、退化类型、退化阶段与强度等、加强对湿地恢复合理性的论证,确定科学合理的恢复目标和恢复成功与否的评价指标,制订详细的跟踪监测方案,监测湿地恢复前后生态系统的变化情况。同时,确定被恢复对象及其系统边界,进行湿地恢复技术的分析与选择;通过建立恢复优化模型,进行湿地恢复规划与恢复风险分析;在自然、社会、经济和技术可行性分析的基础上,提出具体的实施方案等。在进行湿地恢复多方案优化比较时,通常采用生态经济系统能值分析法,通过建立生态模型,模拟分析系统中的能流、物质流、信息流和货币流等,对恢复工程在能量、环境、经济上进行综合评判,最终选择最优方案。

(2)湿地恢复施工阶段

施工期的选择根据湿地不同要素要求按计划进行。例如,地形改造和基质恢复一般选择在冬季或枯水季节进行,避开湿地生物栖息期和繁殖期;湿地植被恢复一般选择每年的春季进行或依据植物发芽规律进行。在施工过程中应注意对湿地动物的保护和管理,一般需要将湿地动物按照要求移至其他适宜的场地进行人工饲养,待湿地恢复工程完毕后再移回原地。生物链恢复一般按照湿地生物节律进行;在湿地水质达到湿地水生动物生存要求的时候进行放养作业,季节选择春季或夏季较为合适。

施工过程中应控制清淤深度,防止底泥再悬浮。清淤后要监测表层底泥的污染物含量,分析清淤对污染程度重的底泥的清除效果,监测清淤扰动造成的污染物扩散范围和底泥的再悬浮程度,对清淤过程进行跟踪,实现生态清淤的目的。清淤施工防污应保护现存的水生植物繁殖体。做好临时堆放场基底处理和防渗,防止淤泥中污染物随水流流入恢复区水体中,造成二次污染。淤泥中产生的污水一定要经过处理,如经小型净化处理设施或氧化塘处理,达标后才能排放。

(3)湿地恢复维持阶段

依据湿地恢复设计方案,整理恢复区场地,依据湿地恢复目标、恢复原则基础和湿地恢复施工的特点,兼顾少占地、便于施工、易于管理等要求,分散与集中相结合进行恢复工程科学布置。湿地恢复维持阶段应使底泥恢复活性,恢复湿地自净能力。

水体中存在着大量的水生生物，使水体进入良性循环状态。无须人为引入水生动植物。加强湿地监测和管理。加强湿地水体管理，合理配置水量，维持一定的水位，减缓湿地污染与富营养化，消除湿地水体恶臭气味，并与参考生态系统进行比较。

7.5.2 湿地恢复监测

对湿地恢复前、恢复过程中以及恢复完成后的生态特征、生态过程等进行跟踪监测，观测湿地恢复的状态和过程变化，能够为科学恢复湿地、管理湿地以及客观评价湿地恢复效果等工作提供基础数据。湿地恢复监测涉及湿地恢复区水文、水环境、土壤、气象以及生物等要素数据的获取。在湿地恢复过程和恢复后的管理中，特别在评价湿地恢复效果以及湿地管理是否合理等方面，湿地监测都起着重要的作用。在湿地恢复规划设计制定之后，湿地恢复监测方案应同时完成，包括监测方法、监测指标、实施路线、监测频率和强度等。

根据监测的结果对湿地恢复区进行效果分析，改进湿地恢复，寻求解决问题的对策。在已取得成效的基础上，继续进行科学监测，及时掌握湿地恢复区生态系统的动态变化，不断调整和制定相应的科学管理措施，巩固和扩大湿地恢复效果。由于退化湿地生态系统恢复到原来的状态是一个长期的过程，因此长期跟踪监测有助于及时调整恢复模式。

7.5.3 湿地恢复评价

对湿地恢复效果进行准确定量评价是整个湿地恢复工作的难点，因为目前对湿地恢复效果评价尚无普适性标准。湿地恢复不仅是湿地组成要素(如水、生物、土壤等)的恢复，也是湿地生态系统的恢复(不同层次、不同尺度规模的湿地生态系统)。因此，需要对湿地恢复进行综合性、科学性的评价，以确定退化湿地是否恢复到或接近于它退化前的自然状态或者恢复前选定的参照湿地状态。完整的湿地恢复效果评价首先要对湿地恢复区进行科学的监测，然后根据湿地监测结果，借助相关的定量评价技术，对湿地恢复工程进行科学评价。湿地恢复效果主要体现在以下几个方面：

①已恢复湿地生态系统具有参照生态系统中的物种特征集合和近乎一致的群落结构。

②已恢复湿地生态系统尽可能由本土物种组成。在有人类活动参与的文化生态系统中，也可以包括外来引种成功的物种和非入侵的杂草以及共同进化的田间物种。

③已恢复的湿地生态系统必须拥有能够自我持续和稳定的功能，如果没有，则必须具有通过自然手段获取的潜力。

④已恢复湿地生态系统必须具有可支持一些必要物种繁衍的自然环境，能够支持那些维持系统稳定性和沿预期轨迹发展的必要物种繁衍的自然环境。

⑤已恢复湿地生态系统在生态发展过程中运行正常，未出现机能不良的迹象。

⑥已恢复湿地生态系统能够与相应的生态矩阵或生态景观相结合，并能够进行生物、非生物流动和交换。

⑦周围景观对已恢复湿地生态系统的潜在威胁已尽可能减弱。

⑧已恢复湿地生态系统对于当地环境产生的正常周期性压力事件具有足够的弹性

和恢复能力。

　　⑨已恢复湿地生态系统与其参照生态系统具有同样的自我持续能力，并具有在现存环境条件下持续发展的潜力。

7.5.4　湿地恢复管理

　　湿地生态系统是一个开放的系统，其不断与周边环境发生着物质、能量和信息交换，并随时发生演变和变化。因此，恢复工程并不意味着是一个湿地恢复项目的终点，而只是一个湿地恢复的起始阶段，后续还需要对湿地恢复区进行长期管理，使人为影响逐渐减少，消除湿地恢复过程中出现的各种问题，以便使湿地恢复区发挥预期的生态功能，达到湿地恢复目标。

　　无论对于湿地管理者还是湿地研究者，湿地恢复管理都是一个复杂的问题。从管理对象而言，不同的湿地恢复区，其湿地类型、湿地资源、湿地生态系统、湿地景观等包含的内容不同，其管理的目标和方式也会有差异。从管理内容而言，湿地恢复区生态系统的不确定性以及湿地恢复区不断与周边环境发生着物质、能量和信息交换，管理中存在着许多不确定因素，使湿地恢复管理面临严峻挑战。但无论如何，为维持湿地生态系统健康，遏制湿地生态系统再次退化，对湿地恢复区进行长期有效监测，强化湿地景观保护，划出一定范围的管理和保护小区，从较大范围上划定湿地恢复管理区，有效协调湿地恢复区生态、社会和经济的相互关系，构建湿地生态系统恢复的社会—生态系统协同管理模式，是湿地恢复的有效途径。长期的湿地恢复管理需要配置各种监测设施和设备，避免外来物种入侵、营养物质累积等问题；同时也要解决人类居住区域湿地蚊虫滋生等问题。

思考题

1. 简述你身边的湿地恢复案例。
2. 湿地恢复的流程有哪些？
3. 简述湿地恢复工程设计和实施中应注意的问题。

第8章

湿地与气候变化

　　自工业革命以来，由于人类活动导致大气中 CO_2、CH_4 和其他温室气体的浓度不断增加，温室效应不断加剧，全球气温升高，降水格局发生了重大变化，极端气候事件频繁发生，这对地球各大生态系统构成了威胁。在众多的生态系统中，湿地由于长期或者短期处于水淹状况下，其厌氧环境抑制了凋落物的降解，造成了有机物在土壤中的累积，从而成为抑制大气 CO_2 浓度升高的汇，在全球碳循环中扮演着重要角色（Dixon et al.，1995；Kang et al.，2022）。据联合国政府间气候变化专门委员会（Intergovernmental Panel on Climate Change，IPCC）的估算，全球陆地生态系统大约储存了 2.48×10^6 TgC（1 Tg = 10^{12} g），其中泥炭湿地储存了 0.5×10^6 TgC，占全球陆地生态系统碳素总储量的 20%（IPCC，2007）。这些数据表明，湿地具有减缓全球变暖的巨大潜力。因此，准确评估湿地碳氮循环与气候变化的响应关系，了解湿地生态系统碳库的源/汇功能及其动态变化，将有助于预测全球气候变化与湿地生态系统之间的反馈关系以及湿地资源的可持续利用。

8.1　湿地与气候变化研究概述

8.1.1　湿地碳循环与气候变化

　　碳是生物体的主要构成元素之一，是有机质的重要组成部分。碳在大气中主要以 CO_2、CH_4 和 CO 等气体形式存在，在水中以碳酸根离子（CO_3^{2-}）形式存在，在岩石圈中以碳酸盐岩和沉积物形式存在。在陆地生态系统中，湿地作为一个重要的碳库，在全球碳循环中发挥着重要作用。

　　湿地生态系统碳循环的重要组分是 CO_2 的吸收和排放。这个过程各个碳组分主要包括总初级生产力（gross primary productivity，GPP）、净初级生产力（net primary productivity，NPP）、净生态系统 CO_2 交换（net ecosystem CO_2 exchange，NEE）、生态系统呼吸（ecosystem respiration，R_e）、植物自养呼吸（plant autotrophic respiration，R_a）和土壤异养呼吸（soil heterotrophic respiration，R_h）等（图 8-1）。湿地植物通过光合作用同化 CO_2，形成 GPP，它表示了 CO_2 和能量转化为有机碳和能量进入碳循环过程的起始水平，是生态系统碳循环的基础（于贵瑞等，2006）。同时，植物为了维持自身的生长，呼吸消耗部分有机物并释放 CO_2，剩余的有机物即为 NPP，又称净第一性生产力。NPP 的积累形成陆地植被生物量碳库，生物量在异养呼吸的作用下释放 CO_2，从而形成生态系统的净生产力。NEE 是生态系统呼吸与总初级生产力之间的差值，主要用于分析湿地生态系统的碳源/汇功能，在大尺度上可以用于评价区域湿地生态系统究竟是大气 CO_2 的源还是汇。NEE 主要由同化作用和呼吸作用决定。R_e 是整个生态系统向大气中排放 CO_2，又包括植物自养呼吸和土壤异养呼吸，反映了生态系统排放 CO_2 的能力。

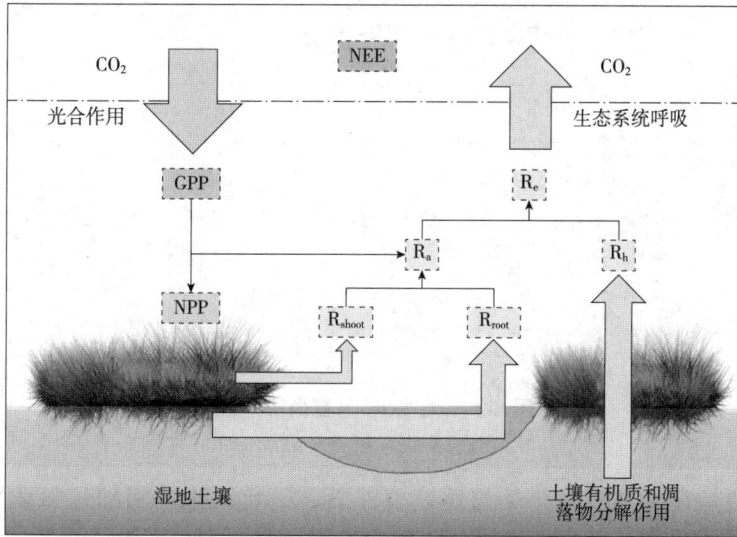

图 8-1 湿地生态系统 CO_2 收支过程示意

（R_{shoot} 为植物茎呼吸，R_{root} 为植物根呼吸）

湿地生态系统碳循环的另一种重要温室气体是甲烷。甲烷通量是由甲烷产生过程、氧化过程和传输过程共同决定的，这些过程受到多种因素的影响，温度、水位、植被状况以及基质数量和性质都是湿地生态系统中影响甲烷通量的主要因子。土壤是甲烷产生和发生氧化的重要场所，部分甲烷通过土壤直接扩散到大气中，因此土壤是影响甲烷通量的主要因素。土壤质地、土壤氧化还原电位、土壤有机物、土壤酸碱度、土壤氮素等也都会影响甲烷的产生过程。此外，水分也是影响湿地甲烷通量的重要环境因子，水位不仅影响厌氧条件，同时也影响水温，影响产甲烷菌及甲烷氧化菌的活性及甲烷的传输（Ding et al.，2004）。植被特征（如密度、生活型以及种类组成等）都对甲烷的产生、氧化和传输过程产生影响，从而增加或减少甲烷从湿地的排放。气候因子也会对甲烷通量产生重要影响。温度对甲烷的产生、氧化和传输都有显著影响，其与甲烷通量的时间动态也有一定的相关性，降水能暂时改变湿地地表水位，从而影响湿地的甲烷通量。

8.1.2 湿地氮循环与气候变化

氮素是所有生物必需的营养元素，是自然湿地生态系统最重要的组成部分和生态因子之一，是直接影响湿地初级生产力的要素。氮素在湿地生态系统中以多种形式存在，主要包括硝酸盐（NO_3^-）、亚硝酸盐（NO_2^-）、游离氨（NH_3）、铵根离子（NH_4^+）、颗粒态有机氮(PON)和溶解态有机氮(DON)等(Zhou et al.，2014)，不同形态的氮通过固氮作用、氨化作用、硝化作用、反硝化作用、厌氧氨氧化、植被或微生物的无机氮同化等过程进行着不间断的元素循环(图8-2)。

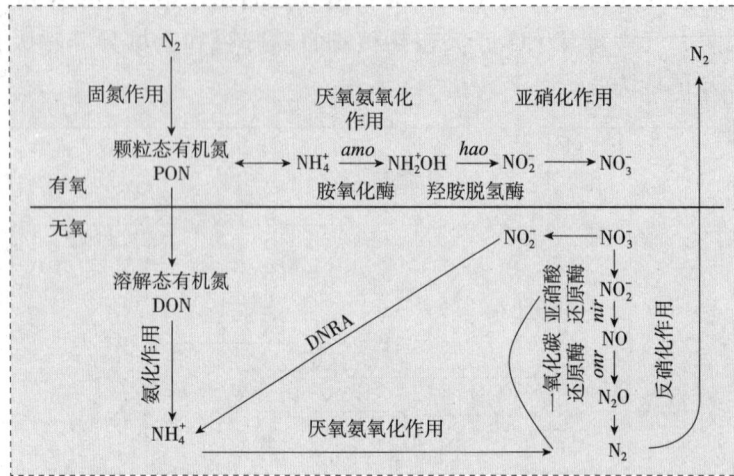

图8-2　微生物参与氮循环过程
(改自 Francis et al.，2007)

　　硝化作用是在氧气较为充足的环境条件下，硝化微生物将铵盐氧化为硝酸盐的过程，而反硝化过程指微生物在少量或微量氧存在的条件下，将 NO_3^- 还原为 N_2 的过程，在硝化过程和反硝化过程中均产生 N_2O(Francis et al.，2007)。因此，湿地生态系统中发生硝化作用还是反硝化作用主要受氧含量的影响。Jensen et al.(1993)发现，当淹水土壤沉积物中的 NH_4^+ 浓度不限制硝化细菌活性时，土壤硝化作用强度随淹水层溶解氧浓度增加而显著增加。水位变化增加土壤的氧含量，增强微生物活性，从而加速湿地泥炭的矿化分解(Ding et al.，2004)，增加 N_2O 排放(Regina et al.，2015)。

　　影响湿地氮循环的因素包括生物因子(土壤微生物和植物)和非生物因子(环境因子)，其中土壤温度、水分和氧含量是影响土壤氮迁移转化的主要环境因子，土壤氮素的硝化、反硝化过程均是由微生物所驱动(贺纪正等，2008)，而微生物的种类、数量、种群分布及其活性又与温度、湿度、氧含量等环境因素密切相关。温度是影响硝化和反硝化过程的重要因素。温度升高使微生物活动趋于活跃，加速了土壤/沉积物矿化过程和氧气的快速消耗，导致氧化层的深度减小，从而抑制了硝化反应(刘峰，2011)。在反硝化微生物活性温度范围内，温度是沉积物反硝化速率的决定性因素，反硝化速率与温度呈显著性正相关。同样，温度也是影响厌氧氨氧化菌的生长速率及酶活性的限制性因子(Dalsgaard et al.，2003)。土壤 pH 值对硝化、反硝化作用等氮循环过程也有重要影响。酸性较高(pH<5.0)的土壤条件下，硝化作用将受到抑制，湿地硝化速率与土壤 pH 值呈正相关。土壤 pH 值显著影响硝化微生物的种类和活性，土壤 pH 值变化范围为 4.2~8.2，且 pH 值越高，硝化作用越强(刘景双，2013；侯雪燕，2014)。

8.2　相关研究方法

8.2.1　野外控制实验

为了研究湿地生态系统碳氮循环与气候变化的关系，野外控制实验是一种非常有效的研究手段。野外控制实验是研究现在以及未来气候情景下生态系统物质循环和能量交换过程及其生态学控制机制，辨别生态系统变化关键驱动因子的重要手段，其研究结果将为生态系统结构与功能的模型模拟和参数估计提供支持。按照气候变化驱动因子类型，野外控制实验主要分为增温控制实验、降雨控制实验、极端气候控制实验和氮沉降控制实验等。

8.2.1.1　增温控制实验

按照温度控制装置的类型可以把增温控制实验分为三大类：开顶箱（open‑top chamber）、红外线辐射器（infrared radiator）和土壤加热电缆（soil heating cable）。

（1）开顶箱

开顶箱是一种简单、经济的被动增温方式，可以用于一些偏远没有电力的地区。根据研究目的的不同，制作开顶箱的材料包括玻璃、塑料、透光亚克力板等（图 8-3）。开顶箱虽然可以增加生长季日平均空气温度 1~2℃（Klein et al.，2005），但也存在很多缺点。在高纬度地区，开顶箱的被动增温幅度可能很小，增温幅度也不易控制。另外，开顶箱不仅影响空气温度，还影响了空气湿度、空气组分、光照和风速，以及植物花粉和种子的传播等。开顶箱由于具有简单易行、维持费用低等优点，已在我国滨海湿地、高原高寒湿地、沼泽湿地等湿地生态系统广泛应用。

（2）红外线辐射器

红外线辐射器是可以发射红外线的灯管，通常悬挂在样地上方以达到加热空气和土壤的目的（图 8-4）。红外线辐射器能够模拟气候变暖导致增强的向下红外线辐射，可以同时影响显热、潜热和土壤热通量，因此可以较为真实地模拟气候变暖。红外线辐射器的优点是对样地植被和土壤没有物理干扰，不影响样地微环境，缺点是耗费电力并且在偏远地区及森林生态系统中无法使用（Quan et al.，2019）。

图 8-3　开顶箱　　　　　　　　　　　图 8-4　红外线辐射器

(3) 土壤加热电缆

20世纪90年代，土壤加热电缆最早被用在森林生态系统的增温控制实验中(van Cleve et al.，1990；Peterjohn et al.，1993)。加热电缆可以通过电路精确控制增温幅度，并且不会像开顶箱改变样地微环境。但加热电缆增温主要有以下几个缺点：一是在掩埋电缆过程会改变土壤的物理结构，可能会改变气体扩散和水分流动从而影响生态系统过程；二是加热电缆不能加热空气和植物的地上部分；三是加热不均匀，可能造成土壤的垂直或水平温度梯度；四是加热电缆的恒定增温不能模拟自然条件下气候变暖引起的增温幅度的季节和日间变化(牛书丽等，2017)。

美国明尼苏达州马塞尔实验林泥炭沼泽开展的增温控制实验采用加热电缆的方式进行土壤增温处理(Hanson et al.，2017；Wilson et al.，2016)。该样地是北方森林泥炭地，优势物种是黑云杉(*Picea mariana*)。为了使土壤加热均匀，样地中填埋了3圈3 m深的加热电缆。外圈加热电缆是整个电缆都加热，中圈和内圈电缆只在电缆底部加热。地上部分采用6 m高的开顶箱进行增温。在开顶箱中部安装了以丙烷为燃料的加热器加热空气，来达到设定的2.25℃、4.5℃、6.75℃和9℃增温幅度(图8-5)(Hanson et al.，2017)。像这样地上和地下部分同时增温又被称为全生态系统增温控制实验(whole-ecosystem warming，WEW)。

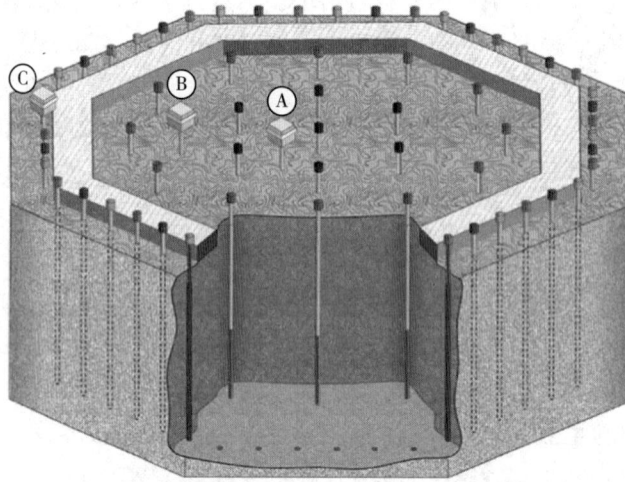

100 W加热器部署在中心A区域(布置7个限深加热器)、B区域
(布置12个限深加热器)和C区域(布置48个全长加热器)。

图8-5　土壤加热电缆

(Hanson et al.，2017)

8.2.1.2　降雨控制实验

降雨控制实验的关键是设计合理的控雨装置。一方面，在野外实现对自然降雨的人工控制，满足预设情景定义下的降雨频率、强度、分布格局等要求，同时尽量不改变其他的环境驱动因子；另一方面，在降雨实验中应尽量避免其他替代性水源进入样地影响实验结果，如水分的横向流动等。野外降雨控制实验一般通过遮雨棚/隔雨槽遮挡和喷洒添加等方式实现。增雨实验中，主要采用集水槽或喷灌系统；减雨实验则主要采用透明PVC材料制作的遮雨棚或管状隔雨槽隔除降雨(Zhang et al.，2022)。

自然生态系统的降雨控制实验所用的遮雨棚大多属于固定遮雨棚类。固定遮雨棚实验虽然可以模拟降雨格局对生态系统的影响，但是不能有效排除同时发生的温度和光照的变化对生态系统的影响，这也是导致较多降雨控制实验结果和模型预测结果不一致的重要原因（Weltzin et al.，2003）。因此，对于湿地矮小植被的降雨控制实验，建议采用可伸缩遮雨棚来弥补固定遮雨棚的弊端（Rasmussen et al.，2002）。

8.2.1.3　极端气候控制实验

联合国政府间气候变化专门委员会（IPCC）评估报告表明，极端气候事件在过去 50 年呈现不断增多增强的趋势，未来将会更加频繁（IPCC，2013；Thakur et al.，2018）。频繁出现的极端气候事件使得碳循环的关键过程发生改变（张远等，2017；Kang et al.，2022），反过来又会影响全球气候变化的趋势和强度（Jentsch et al.，2011；Liu et al.，2020）。而且，作为全球气候变化趋势的催化剂，极端气候对生态系统碳循环的影响要比气候的平均变化大得多（Rammig et al.，2014）。因此，定量研究并预测极端气候事件对生态系统碳收支的影响是目前全球变化研究领域关注的热点和难点。

在野外进行人工模拟的极端气候控制实验主要包括模拟极端降水、极端干旱和极端高温气候事件。极端是指在规定的气候参考期内，某个天气或气候变量的值高于或低于该变量观测值范围上限或下限（Reichstein et al.，2013），参考其定义，模拟极端气候事件的实验一般依据当地的气候条件、土壤和生态系统特征，应用统计学或历史意义上的极端事件发生情况（例如，时间跨度为 100 年或看到过干旱引发的"困境"），通过遮雨棚、集水槽或喷灌系统等对降水量进行增加或减少的控制来模拟极端降水或干旱事件的发生（Backhaus et al.，2014），用红外辐射来控制极端高温事件（Beyens et al.，2009）。

（1）极端降水事件

在美国堪萨斯州东北部进行的极端降水气候控制实验平台，实验结合该地区最近气候记录（1950—1990）中已知的极端降水事件大小和频率分布，设置高降水量（1 000 mm）或低降水量（400 mm）标准，以及单个降水事件的间隔定期发生时间（3 d 或 15 d），实验中采用的 3 种降水模式分别为：①自然状态降水事件大小和频率。②增大极端降水量，但降水频率不变。通过将较大降水事件与在时间上发生在它们附近的小降水事件的一部分结合起来，这改变了降水事件的大小，但没有改变降水事件的频率或时间分布。③增大极端降水量，同时降水频率减小。整个实验平台利用弧形遮雨板和不锈钢架进行完全遮雨，并进行人工控制降雨模拟以上不同的实验设置（Knapp et al.，2008）。

（2）极端干旱事件

四川若尔盖高寒沼泽湿地开展的极端干旱气候控制实验平台的建立是根据当地 50 年的降雨统计数据与分布，将 Gumbel-Ⅰ 分布拟合气象数据，最终设置无有效降雨持续期为 32 d 来模拟极端干旱事件。研究样地面积 20 m×20 m，实验分别设植物生长季 3 个不同时期发生极端干旱气候事件和自然降水条件下对照处理共计 4 个处理水平，每个处理设 3 个随机重复小区，每个小区规格为 2 m×2 m。极端干旱气候模拟小区进行降雨阻挡的遮雨棚由支撑透明聚酯纤维板的钢架组成，允许约 90% 的光合有效辐射穿透，对照处理小区不放置遮雨板，在野外自然条件下进行气体、土壤和植物等样品监测（Kang et al.，2018，2022）。

（3）极端高温事件

在格陵兰岛西海岸进行的极端高温野外控制实验，该实验设置的升温强度和持续时间与该地区历史记录的实际极端条件相对应。生长季开始时，选择了 6 个相似的苔原湿地，随机分成两组，一组为对照，另一组为极端高温处理，样地规格为 40 cm× 50 cm。在增温期间，植被的表面温度由非接触式半导体传感器监测，分别比控制样地平均升高 9.3℃±2.9℃、6.9℃±2.3℃ 和 7.7℃±2.5℃，深度分别为 2.5 cm、7.5 cm、15 cm 和 30 cm 的土壤温度平均升高 5.3℃、3.4℃、1.0℃ 和 0.1℃，高度为 5 cm 的空气温度升高了 3.7℃（均采用 NTC 热敏电阻 EC95 测量）（Beyens et al.，2009）。

8.2.1.4　氮沉降控制实验

氮沉降控制实验一般采取人工添加氮的方式来实现。根据研究目的、实验区域大气氮沉降水平和已有的文献来设置氮添加处理数量和添加剂量，一般氮沉降控制实验设置 1～8 个处理。例如，为研究氮沉降、增温、增雨和 CO_2 增加对加利福尼亚草地生物多样性的影响，Zavaleta et al.（2003）仅设置了 7 gN/（m^2·a）一个氮添加水平。为了探究水位变化和氮沉降对青藏高原湿地温室气体排放的影响，Wang et al.（2016）设置了 0 和 30 kgN/（hm^2·a）。Song et al.（2013）设置了 0、60 kgN/（hm^2·a）、120 kgN/（hm^2·a）和 240 kgN/（hm^2·a）4 个氮梯度，分别代表对照、低水平、中水平、高水平的氮沉降量。

氮沉降实验选用的氮肥一般为 NH_4NO_3，也有一些研究添加尿素、$Ca(NO_3)_2$、NH_4Cl 等（郭群，2019）。模拟氮添加过程一般选择在生长季进行，最好采用多次均匀喷洒方式进行，多次喷洒使氮输入更接近于大气氮沉降过程。具体操作方法是，将氮溶于一定量水中，使用喷雾器在对应样地内均匀喷洒，喷洒同等量的清水以保证水分条件在两组处理中的一致性。

8.2.2　箱式法

箱式法具有原理简单、仪器廉价、操作容易、移动便利和灵敏度高等优点，目前经常采用的静态箱-气相色谱法分为透明箱和暗箱两种方式。对于裸露地表或有植被的地表，在夜间没有光照的情况下，仅由土壤呼吸或土壤及植物呼吸排放构成地气 CO_2 净交换，此时无论采用透明箱法还是暗箱法，直接测定的结果均为该时间段 CO_2 净交换量。对于植物生长的地表，在白天有光照的情况下，植物和土壤通过呼吸作用向大气排放 CO_2，与此同时，植物还通过光合作用从大气吸收 CO_2，由两者的差值构成 CO_2 净交换量。从理论上讲，用透明箱法直接观测可得到 CO_2 净交换量，但实际上观测结果并不能代表真实的 CO_2 净交换量，因为箱体笼罩改变了植物光合作用吸收 CO_2 的过程。一方面，箱壁材料对光合有效辐射的透过率通常小于 100%，尤其是观测过程中箱壁内侧因箱内气温升高而集聚大量水汽，使箱壁的辐射降低，从而使观测结果偏高。另一方面，箱内温度、湿度等因素的变化不仅影响光合作用吸收 CO_2 的过程，而且也会影响植物呼吸作用排放 CO_2 的过程。

8.2.3　涡度相关技术

涡度相关技术是通过计算脉动与风速脉动的协方差求算湍流输送量（湍流通量）的方法，也称涡度相关法（eddy correlation method）或湍流脉动法（turbulent fluctuation method）。它是在流体力学和微气象学的理论发展以及气象观测仪器、数据采集和计算机存储、数据分析和自动传输等技术进步的基础上，经过长期的发展而逐渐成熟起来的。近年来，涡度相关技术已经在世界范围内被广泛用于测量植被与大气间碳、水和能量的交换。用这种方法观测到的净生态系统 CO_2 交换（NEE）能够为在生态系统尺度上了解光合作用和呼吸作用提供重要信息。目前，涡度相关技术已经成为直接测定大气与群落 CO_2 和 CH_4 交换通量的主要方法，也是世界上 CO_2、CH_4 和水热通量测定的标准方法之一，所观测的数据已经被广泛用于检验各种模型估算精度的研究。

　　尽管涡度相关法对观测对象的微气象条件基本上没有扰动，理论上理想的界面通量观测值与实测值非常接近，但是这种方法原理比较复杂，且仪器昂贵，操作复杂，对下垫面、天气和地形的要求较高，限制了其应用范围。而且，涡度相关技术本身也具有一定的局限性，如夜间偏低通量的估算问题、通量观测中的高频和低频损失问题等。

　　涡度相关通量观测系统主要包括开路或闭路涡度相关系统和常规气象要素测量系统（图 8-6）。由于湿地生态系统植被比较低矮，涡度相关系统主要用于测量离地面 2~5 m 高的 CO_2 通量、CH_4 通量、潜热和感热通量，该系统由远红外 CO_2/CH_4/H_2O 气体分析仪（LI 7500 或 LI 7700）、三维超声波测风仪组成。仪器采样频率一般为 10 Hz，每 30 min 自动将平均值记录在数据采集器中。常规气象要素测量系统用于测定气象背景数据，包括利用辐射测定仪和光量子测定仪测量净辐射和光合有效辐射。同时测量不同高度的空气温度、相对湿度、风向和风速，以及地下不同深度的土壤温度（地面以下 0.05 m、0.10 m、0.20 m、0.5 m 和 1.0 m）、土壤含水量（0.05 m、0.2 m 和 0.5 m）、土壤热通量（0.05 m）、降水量等环境要素。

图 8-6　若尔盖高寒湿地生态系统的涡度相关通量观测系统

每半小时输出一组平均值记录在数据采集器中。

　　为了减小因观测引起的不确定性，在实际研究中还要对观测数据进行质量控制和处理。首先要采用传统的 WPL 旋转对测定的 30 min CO_2 通量数据进行校正，以消除地形倾斜对通量计算的影响，同时校正由空气水热传输引起的 CO_2 和水汽密度波动造成的通量计算误差。然后剔除通量观测中出现的异常数据，并对缺失和剔除的通量数据进行数据插补，一般采用线性内插法进行插补，较长时段的缺失数据插补主要采用平均日变化方法。

　　通量塔直接观测的 CO_2 通量代表了净生态系统 CO_2 交换（NEE），定义 NEE 正值为 CO_2 净释放，负值为 CO_2 净吸收，是生态系统呼吸（R_e）与总初级生产力（GPP）之间的差值。因此，GPP 可以定义为：

$$GPP = R_e - NEE \tag{8-1}$$

　　日生态系统呼吸是白天生态系统呼吸（$R_{e,day}$）和夜间生态系统呼吸的总和（$R_{e,night}$）。

$$R_e = R_{e,day} + R_{e,night} \tag{8-2}$$

夜间生态系统呼吸由观测的夜间净 CO_2 通量得到。由于夜间生态系统呼吸与土壤温度有关，因此，通过实测的夜间平均 30 min 净 CO_2 通量（$R_{e,night}$）和土壤温度得到如下模型，用以外推白天的生态系统呼吸。

$$R_{e,night} = ae^{bTs} \tag{8-3}$$

式中　Ts——0.05 m 处的土壤温度，℃；

　　　a——模拟系统，$\mu mol\ CO_2/(m \cdot s)$；

　　　b——都是模拟系数，℃。

8.2.4　生态模型模拟

生态系统内部的许多现象和过程都存在相互联系，模型是认识、研究和预测生态系统过程、机制及影响因素的有效方法。自 20 世纪 70 年代以来，生态系统的建模方法已经从较为简单的、静态的经验统计模型发展到耦合生物物理过程、生物地球化学循环过程和生态过程的过程模型，以及基于遥感影像的遥感模型。模型既能够用于揭示植被生产力与气候的密切关系，也可以用于定量分析生态系统对气候变化的响应和反馈（隋兴华，2012）。因此，建立受气候、土壤、生物和人类活动综合影响的湿地生态系统模型不仅有助于定量认识湿地生态系统的过去、现在和未来，而且可以利用模型模拟预测未来气候变化对湿地生态系统的影响，这也是目前全球气候变化领域的研究热点和方向。根据原理、计算方法与时空尺度，生态系统模型可分为统计模型、过程模型和遥感模型等。

8.2.4.1　统计模型

统计模型是基于数学统计分析方法，定量描述生态系统中"因"和"果"之间关系的模型。例如，气候植被模型就属于统计模型，是通过建立气候因素与植被生产力的统计关系来预测和解释植被与气候间相互关系的模型。经典的统计模型如 Miami 模型、Thornthwaite 模型和 Chikugo 模型等，主要考虑温度和降水与生产力的数量关系。周广胜等（1995）基于 23 组包括森林、草地和荒漠等自然植被资料及相关气候资料，建立了综合自然植被 NPP 模型，以实际蒸散为基础，并考虑了各因子的相互作用，模拟结果优于 Chikugo 模型，更适用于干旱区和半干旱区。

$$NPP = RDI \times \frac{rR(r^2+R_n^2+rR_n)}{(R_n+r) \times (R_n^2+r^2)} \times e^{-(9.87+6.25 \times RDI)^{0.5}} \tag{8-4}$$

式中　RDI——辐射干燥度；

　　　r——降水量，mm；

　　　R_n——净辐射，$kcal/(cm^2 \cdot a)$。

罗天祥等（2002）基于青藏高原样带调查的 22 个点的生物量及土壤有机碳和总氮，建立了青藏高原自然植被气候生产力模型，并用实测数据进行了验证：

$$NPP = \frac{20}{1+exp[1.57716-0.0003026 \times (T \times PR)]} \tag{8-5}$$

式中　T——年平均气温，℃；

　　　PR——年降水量，mm。

8.2.4.2　过程模型

过程模型是基于实际过程的模型，主要基于热力学、动力学、物质守恒、能量守恒等基本的方程及定理进行模型构建，包括生态系统的生物物理过程、生理生态过程、生物地球化学过程及植被动态过程。生物地球化学模型采用气候、土壤和植被类型作为输入，通过模拟生态系统光合作用、呼吸作用、光合产物分配、凋落过程等来模拟植被的生产力与水分、碳、氮循环。代表性的模型有 BIOME-BGC 模型（White et al.，2000）、DNDC（Li et al.，1992）模型、CENTURY 模型（Parton et al.，1993）和 TEM 模型（McGuire et al.，1992）等。BIOME-BGC 模型是从森林动力学模型发展而来，以光合生物化学反应和土壤水平衡为基础，可用于计算光合作用强度和第一性生产力。DNDC 模型是一个基于过程的生物地球化学循环模型，不仅可用于定量分析管理措施的改变对陆地生态系统碳、氮和水分循环的影响，而且有助于判断在何时何地实施有效措施会获得最佳效果（Li et al.，1992）。CENTURY 模型最初是在草地生态系统发展起来的，首先用于模拟草地土壤碳循环，经过多年的发展可计算各类型生态系统的生产力和碳、氮、磷、硫的循环。TEM 模型是首个为估算全球尺度的陆地生态系统生产力而研发的机理性生态模型，主要用于模拟生态系统的碳、氮循环和生产力，已在全球和区域尺度上得到广泛应用（Melillo et al.，1993）。

　　生物物理过程模型与生物地球化学模型之间是相互独立的，处在静态模型阶段。而在动态模型阶段，将生物物理过程模型、生物地球化学模型和植被动态集成起来，对植被物候和植被动态进行模拟，这类模型称为动态全球植被模型。国际上应用广泛的动态全球植被模型有 IBIS 模型（Foley et al.，1996）、LPJ 模型（Sitch et al.，2003）、ORCHIDEE 模型（Krinner et al.，2005）等。虽然它们模拟植被的详细程度不同，但都是以气候数据、大气 CO_2 浓度和土壤数据作为输入，模拟植被的生理过程（光合作用、呼吸作用和光合产物分配过程）、植被动态（竞争、死亡和新个体的产生）、植被物候和营养物质循环。该类模型可进一步通过与大气环流模式（general circulation models，GCM）及地球系统模式（earth system model，ESM）的耦合，可以在多时空尺度上耦合多过程和多种影响因子的相互作用，提供基于对气候变化综合认识的定量描述。

8.2.4.3　遥感模型

　　遥感模型是应用遥感信息和地理影像化的方法建立的一种模型。早期的大尺度遥感模型主要利用植被归一化指数（normalized difference vegetation index，NDVI）来评价生态系统的叶面积指数、生物量及植被分类和生态系统碳储存量的时空格局（于贵瑞，2006）。近年来，将生态系统碳循环过程与遥感技术结合，建立了大尺度碳通量的遥感模型，用于对生物量和生产力进行预测，比较有代表性的如 CASA 模型（Potter et al.，1993），VPM 模型（Xiao et al.，2004）和 EC-LUE 模型（Yuan et al.，2007）等。CASA 模型是考虑环境条件和植被特征的光能利用率模型，通过植被吸收的光合有效辐射和光能转化率两个变量计算植被净初级生产力（NPP），同时包含了基于月平均温度、月平均降水量、土壤质地及土壤深度等要素进行求算的土壤水分子模型，以及划分为凋落物碳库、微生物碳库和土壤有机碳库的土壤碳氮循环子模型。VPM 模型是一个基于遥感数据和通量数据的光能利用率模型，该模型将叶片和冠层分为光合有效成分和非光合有效成分，基于光能利用效率和光合有效辐射对陆地生态系统总初级生产力进行估算（Xiao et al.，2004；Kang et al.，2016）。EC-LUE 模型也可用于 GPP 估算，是一个简单的光能利用率模型，该模型的驱动变量仅为 NDVI、光合有效辐射、空气温度和波文比（Yuan et al.，2007）。

8.3　湿地与气候变化研究案例

8.3.1　研究案例背景及目的

若尔盖高寒湿地位于青藏高原的东部边缘，是我国典型的内陆湿地类型之一，也是世界上最大的高原泥炭沼泽集中分布区和生物多样性研究的热点区域（Chen et al.，2008；Wu，1997）。由于若尔盖高原湿地处于长江、黄河上游源区，对于长江、黄河上游地区的生态建设和环境保护，以及区域社会经济的可持续发展都有着十分重要的影响。若尔盖高寒湿地对气候变化非常敏感（Kang et al.，2016）。1957—2007 年的气象数据表明，若尔盖高寒湿地正在经历一种暖干化（温度升高，降水减少）的趋势，这种气候变化必然会对湿地物候和碳收支动态产生重大影响（Chen et al.，2013；Hao et al.，2011）。因此，本案例以若尔盖高寒湿地为研究对象，利用 VPM 模型，结合涡度相关技术和 MODIS 遥感技术评价 2008—2009 年若尔盖湿地的植被物候和碳收支的变化特征；通过 2 年的观测数据校正并评价 VPM 模型；模拟预测 2000—2011 年气候变化对湿地碳通量特征的影响（康晓明，2021）。

8.3.2　碳通量观测及数据处理

若尔盖高寒湿地研究样地的碳通量观测站自 2007 年 10 月开始进行连续观测。通量观测设备主要包括一套开路涡度相关系统（OPEC）和一套常规气象要素测量系统，主要测量距地面 2.2 m 高的 CO_2 通量、潜热和感热通量，同时观测净辐射和光合有效辐射、空气温度、相对湿度、风速、土壤温度、土壤含水量、土壤热通量、降水量等气象要素。为了减小因观测引起的不确定性，对通量观测数据进行了质量控制和处理。为了与 MODIS 的 8 d 影像数据保持时间上的一致性，该研究将日 GPP 和气候数据平均到 8 d 尺度上。之后将 2008—2009 年观测到的气候数据和 GPP 数据用于模型的输入参数和校正、验证数据（康晓明，2021）。

8.3.3　MODIS 遥感数据获取及处理

美国国家航空航天局地球观测系统 Terra 卫星搭载的 MODIS 传感器共有 36 个光谱波段，其中 7 个用于地表和植被的研究。MODIS 陆地科学小组提供给用户 8 d 最大值合成的陆地表面反射率产品 MOD09A1，包含上述 7 个波段的反射率数据，其空间分辨率为 500 m。该研究基于研究站点的经纬度信息，下载了若尔盖高寒湿地研究站点 2000—2011 年的 MOD09A1 产品，并使用其中蓝光（459～479 nm）、红光（620～670 nm）、NIR（841～875 nm）和 SWIR（1628～1652 nm）4 个波段的数据进行植被指数的计算，包括归一化植被指数 NDVI（Tucker，1979）、增强型植被指数 EVI（Huete et al.，1997）和陆地表层水分指数 LSWI（Xiao et al.，2004）。

$$NDVI = \frac{\rho_{nir} - \rho_{red}}{\rho_{nir} + \rho_{red}} \tag{8-6}$$

$$\text{EVI} = 2.5 \times \frac{\rho_{\text{nir}} - \rho_{\text{red}}}{\rho_{\text{nir}} + (6 \times \rho_{\text{red}} - 7.5 \times \rho_{\text{blue}}) + 1} \tag{8-7}$$

$$\text{LSWI} = \frac{\rho_{\text{nir}} - \rho_{\text{swir}}}{\rho_{\text{nir}} + \rho_{\text{swir}}} \tag{8-8}$$

式中　ρ_{nir}——NIR 波段的地表反射率；

ρ_{red}——红光波段的地表反射率；

ρ_{blue}——蓝光波段的地表反射率；

ρ_{swir}——SWIR 波段的地表反射率。

8.3.4　遥感模型选择及模型参数化

该研究案例选择植被光能利用效率模型（VPM）进行模拟预测。基于野外通量塔观测数据和控制实验观测数据，结合研究区对应的遥感数据，对植被光能利用效率模型进行参数化、优化、校正及验证，最终得到适于若尔盖高寒湿地的模型，并进行模拟预测研究（图 8-7），为大尺度的模型区域模拟提供模型工具（康晓明，2021）。

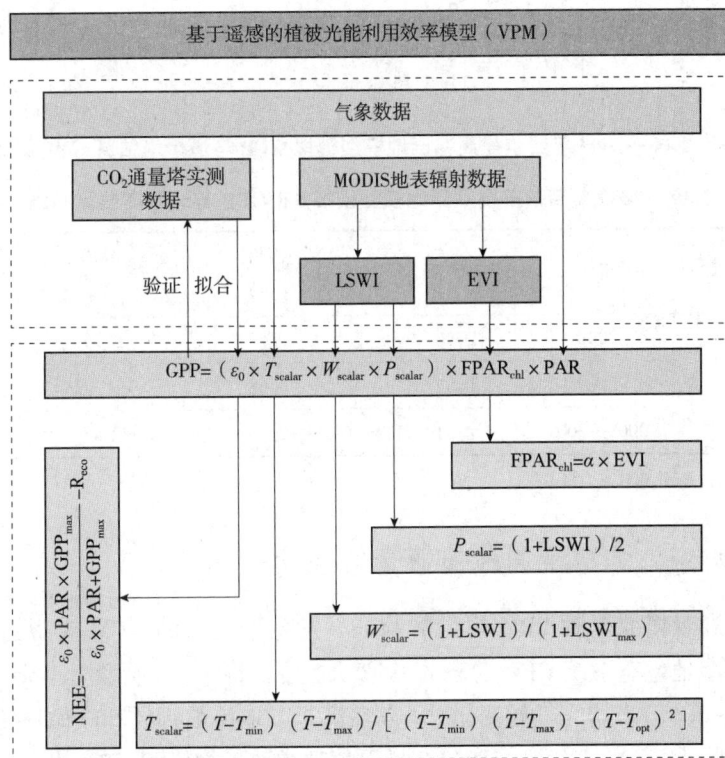

图 8-7　VPM 模型框架和实测数据来源

8.3.5　遥感模型精度验证

通过将模型模拟值与通量塔估算值对比分析发现，模拟结果与估算结果在数量级、时间动态及变化趋势上基本保持一致（图 8-8）。VPM 模型很好地再现了 2008 年

生长季的两个生长高峰与 2009 年 7 月的生长高峰(图 8-8)。这说明 VPM 能够敏锐地
捕捉到若尔盖高寒湿地生态系统的植被物候和生长动态。对 GPP 的模拟值和估算值
进行回归分析和残差分析发现，模拟结果与估算结果在 2008 年 ($R^2 = 0.71$, $P <$
0.0001, $n = 46$) 和 2009 年 ($R^2 = 0.83$, $P < 0.0001$, $n = 46$) 都具有极显著的相关性，
均方根误差(RMSE)分别为 0.67% 和 0.68%，相对平均偏差(RMD)分别为 5.27%
和 −1.02%(表 8-1)。结果表明，基于 EVI 的 VPM 模型在不同时间尺度上都能很好地
捕捉高寒湿地的物候变化并准确模拟 GPP 的季节变化和年际动态，在若尔盖湿地具
有很好的适用性。

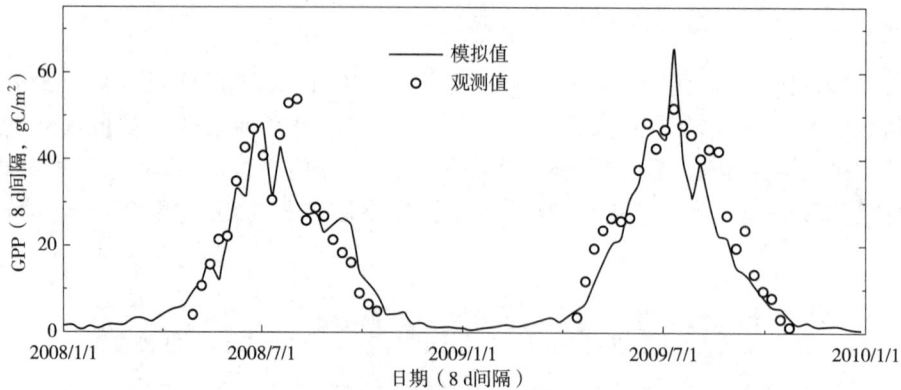

图 8-8　2008—2009 年若尔盖高寒湿地模型模拟 GPP 与通量塔估算 GPP 的比较

表 8-1　2008—2009 年若尔盖高寒湿地模型模拟 8 d GPP 与通量塔估算 GPP 的比较

实测值 VS 模拟值	年份	R^2	RMSE (%)	RMD (%)	n
	2008	0.90***	0.67	5.27	46
8 d GPP	2009	0.92***	0.68	−1.02	46
	2008—2009	0.91***	0.73	2.43	92

注：***表示 $P < 0.0001$。

8.3.6　气候变化对高寒湿地碳通量特征的影响

通过上述通量塔数据对 VPM 模型的验证，发现校正后的 VPM 模型能够很好地用
于若尔盖高寒湿地生态系统 GPP 动态的模拟。之后，将 VPM 模型上推到 12 年的时间
尺度上(2000—2011)来研究气候变化对若尔盖高寒湿地植被物候和碳循环的影响。通过
运转 VPM 模型，得到了 12 年气候变化背景下植被指数、物候和 GPP 的季节动态和年际
动态(图 8-9)。在过去 12 年间，EVI、LSWI 和年 GPP 都表现显著增加的趋势，年增加速
率分别为 0.002 ($R^2 = 0.63$, $P = 0.001$)、0.11 ($R^2 = 0.59$, $P < 0.01$) 和 17.01 gC/m² ($R^2 =$
0.62, $P = 0.002$)。根据 12 年的气象数据，2000—2011 年，若尔盖高寒湿地温度急剧升
高，每年约升高 0.11℃ ($R^2 = 0.54$, $P = 0.006$)。长期气候变暖显著增加了若尔盖高寒
湿地的植被指数和总初级生产力。

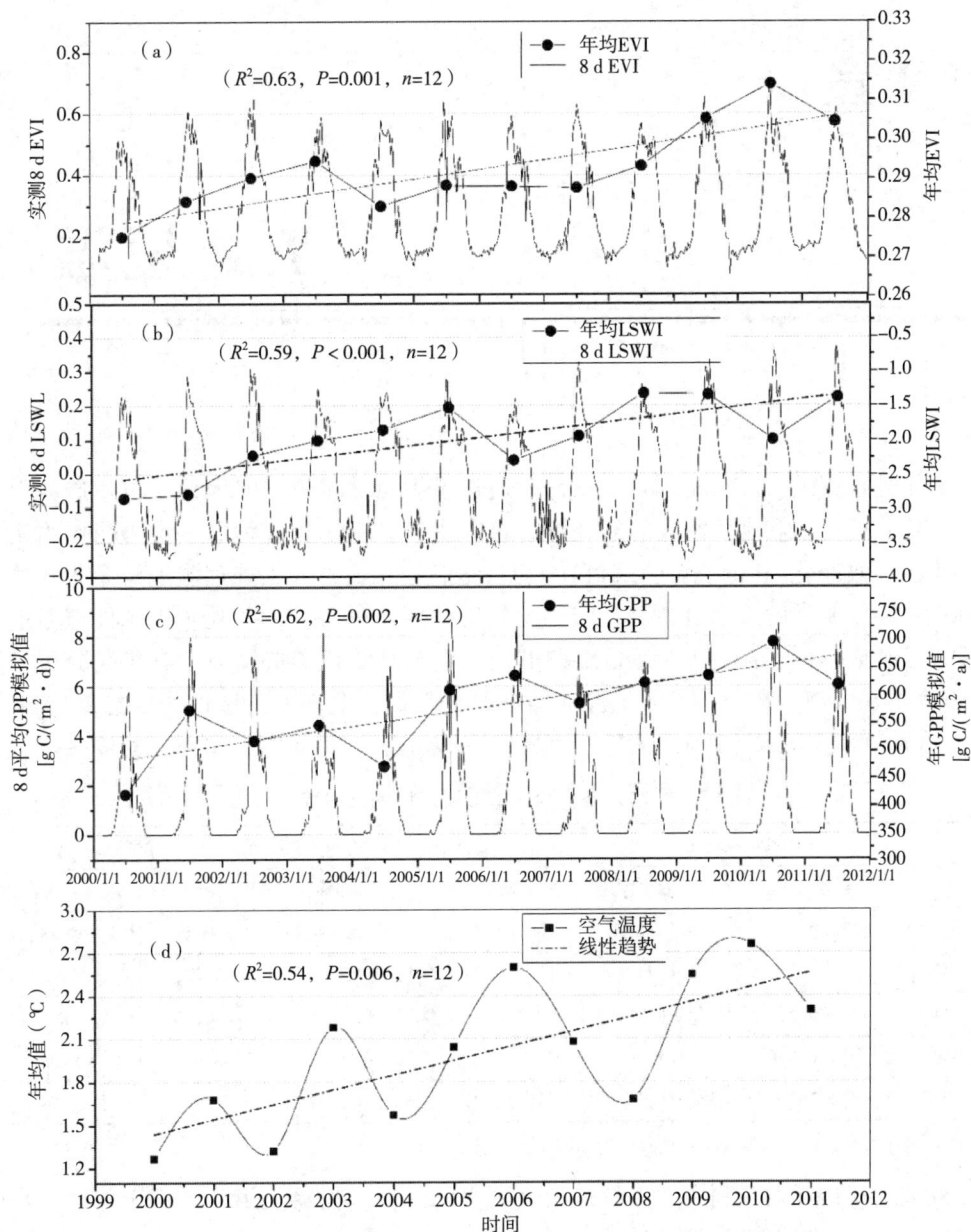

（a）8 d EVI 和年均 EVI；（b）8 d LSWI 和年均 LSWI；
（c）8 d 和年累计模拟 GPP；（d）年均温的长期季节动态和年际变化。

图 8-9 2000—2011 年若尔盖高寒湿地 EVI、LSWI、GPP 及年均温变化
（虚线分别代表年 EVI、LSWI、GPP 和空气温度的 12 年线性趋势）

思考题

1. 简述湿地碳氮循环与气候变化的关系。
2. 如果研究某一种环境因子的变化对湿地碳收支过程的影响，需怎样进行野外控制试验设计？
3. 如何将样地观测实验与模型模拟结合研究？

第 9 章

人工处理湿地

人工处理湿地(constructed wetland)是通过模拟自然湿地,人为设计与建造的由基质、植物、微生物和水体组成的复合体,通过物理、化学和生物的三重协同作用实现对污水的高效净化(崔丽娟等,2011)。和自然湿地相比,人工处理湿地对净化水质的目标性更强,要求的效率也更高;与传统的工业污水处理技术相比,人工处理湿地具有建设运行成本低,耗能少,运行维护方便,生态环境优美等特点。有研究分析了我国 50 个污水处理厂和 202 个人工湿地的进出水数据,发现人工湿地的氨态氮(NH_4^+—N)、总氮(TN)和总磷(TP)的去除效率高于污水处理厂(刘东等,2017;表 9-1)。

表 9-1 污水处理厂和人工处理湿地的去除效果对比

水质指标	入水(mg/L)		出水(mg/L)		去除率(%)	
	污水处理厂	人工处理湿地	污水处理厂	人工处理湿地	污水处理厂	人工处理湿地
NH_4^+—N	33.0(3.6)	14.6(12.5)	13.1(1.9)	5.9(5.4)	30	59.8
TN	30.4(3.6)	24.1(21.4)	17.3(1.7)	13.4(15.8)	30.1	44.3
TP	3.5	2.9(1.6)	2	1.1(1.0)	40	62.1
BOD_5	191(19.0)	113(109.7)	38.8(11.1)	20.6(26.1)	83.9	81.8
COD	370.2(29.3)	234.7(236.8)	84.9(9.0)	62.5(67.8)	77.9	73.4

注:进出水数据以平均值表示,括号内为标准误差;引自刘东等,2017。

欧洲国家是开发和利用人工湿地处理废水的先驱。世界上第一个用于处理污水的湿地在 1903 年建设于英国约克郡,一直运行到 1992 年(Hiley,1995)。1953 年,德国学者 Seidel 在研究中发现芦苇等高大水生植物能从水中去除重金属和碳水化合物,并开发出"马克斯·普朗克研究所系统"(Max-planck Institute Process),由 4 级种植着水生植物的处理单位组成。20 世纪 60 年代中期,Kichuth 开发了"根区法",并与 Seidel 合作开展相关研究。"根区法"的基本原理是利用人工水池内植物根系与基质的共同作用,提供一个有利于微生物降解污染物的环境,同时植物根系可以通过吸收和转化污染物,进一步净化水体。他们的研究结论对人工湿地技术的发展起到了重要的推动作用。1996 年 9 月,在奥地利维也纳召开的第四次国际人工湿地研讨会,对人工湿地的机理进行了深入探讨,提出了可参考的设计规范与参数,标志着人工湿地逐渐发展成为一种新型水生态处理工艺。目前,人工处理湿地已经被广泛应用于农业污水、家畜与家禽的粪水、垃圾场渗滤液、城市暴雨径流或生活污水、富营养化湖水、矿区重金属污水、炼油厂废水以及其他工业活动产生的污水处理场景中，成为有效改善城镇和乡村水环境的绿色净化设施。

9.1　人工处理湿地的组成及类型

9.1.1　人工处理湿地的组成

水体、基质、水生植物和微生物是构成人工处理湿地的 4 个基本要素。水体提供了水流和污染物载体，基质为微生物和植物根系提供了生长空间，植物通过根系吸收污染物并促进微生物活动，微生物则通过生物降解作用去除水中的污染物。这些要素之间的协同作用是实现高效污水处理的关键。

(1)水体

水体是人工湿地中流动和储存污水的载体，是整个系统的基础，扮演着将污水引入系统、促进污染物去除并支持植物和微生物活动的重要角色。

①污染物载体。水体携带污水中的污染物，如有机物、氮、磷、重金属等，通过水流将污染物带入湿地系统中进行处理。

②传播介质。水体通过与基质、植物根系和微生物的接触，促进污染物的吸附、降解和转化。

③溶解氧供给。水体中的溶解氧是微生物降解有机物和进行其他生物化学反应的必要条件，保证足够的氧气供应是确保净化效果的关键。

(2)基质

人工处理湿地中的基质是由不同级配、比例的单一或混合填料构成。常见的基质材料包括砾石、粗砂、沸石、炉渣、碎陶片、石英砂、膨胀珍珠岩、陶粒、钢渣、废砖头和磁铁矿石等，常按粒级大小分层填充。同一湿地中的基质可以是其中的一种或几种混合构成。基质不仅为植物和微生物的生长提供了附着表面，还可以通过沉淀、过滤、吸附、离子交换等作用拦截和去除水中的污染物(冯培勇等，2002)。

(3)水生植物

水生植物作为人工处理湿地系统的主体生物，其净化功能主要分为直接净化作用与间接净化作用两大类。直接净化作用体现在植物能够直接吸收和富集水体中的氮、磷以及重金属等污染物。而间接净化作用则是指植物通过提升根区的氧气含量、保持土壤的通气性以及增强水力传导等机制，为微生物介导的污染物降解和其他污染物消减过程创造有利环境，从而间接推动污染物的分解。在这一过程中，微生物的丰度、多样性以及群落结构等也随之发生变化。

(4)微生物

微生物作为人工湿地中污染物的分解者，在人工处理湿地污水净化过程中发挥着重要作用。水体中主要的生物化学反应通常是由微生物及其分泌的酶催化进行的。人工处理湿地中的微生物有自养微生物和兼性微生物两大类，包括细菌、真菌、藻类以及微小的原生动物等。研究表明，不同类型人工处理湿地中具有不同的优势种群，优势种群的大量繁殖保证了人工处理湿地系统对水中特定污染物稳定的降解速率(张虎成等，2004)。

9.1.2　人工处理湿地的类型

人工湿地可以根据各种设计指标进行分类，但最重要的 3 个指标是布水方式(地表流量和地下潜流量)、水生植物生长型(挺水植物、浮叶植物、漂浮植物和沉水植物)和流动路径(水平流动和垂直流动)。不同类型的处理湿地可以组合使用，形成复合系统，以充分发挥各自系统的特定优势。图 9-1 展示了不同类型的人工处理湿地。

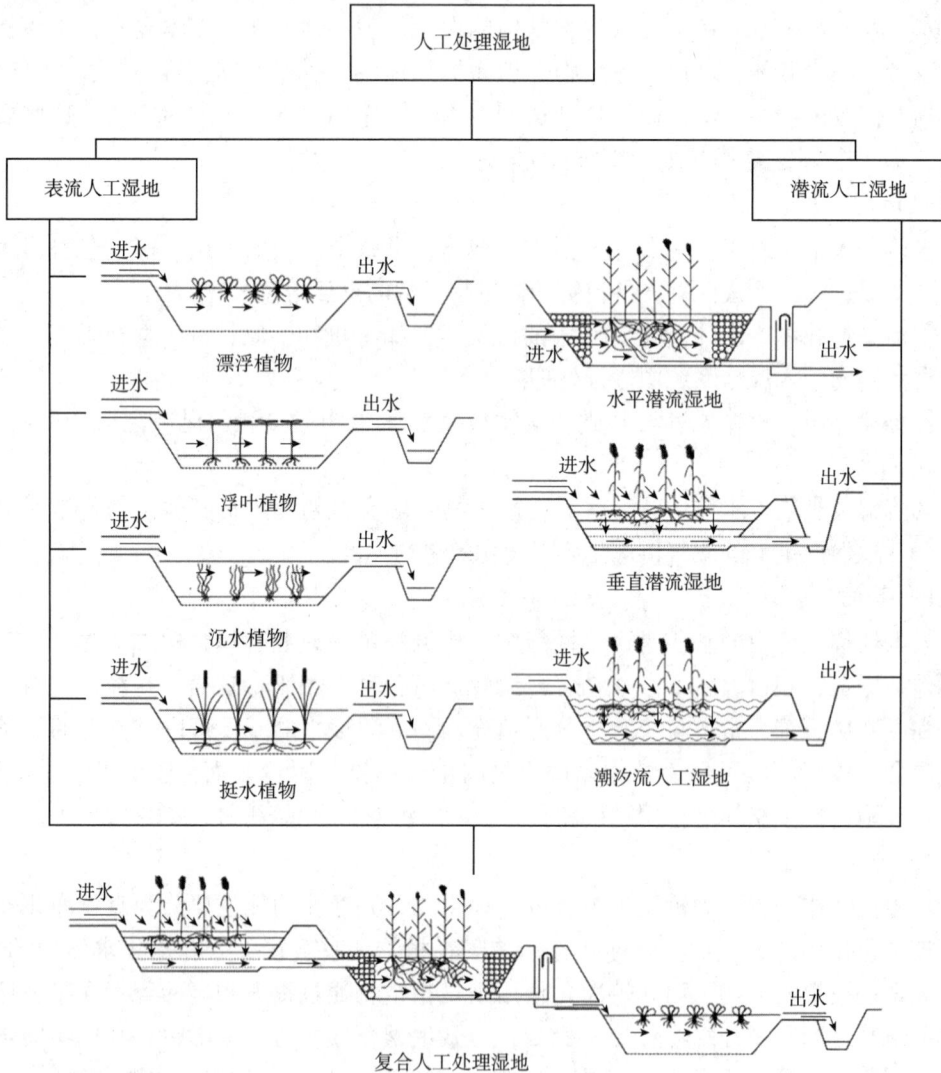

图 9-1　人工处理湿地的类型

(1)表流人工处理湿地

表流人工处理湿地(free water surface constructed wetland，FWS-CW)是指污水在土壤等基质表层流动，依靠植物根茎的拦截作用以及根茎上生成的生物膜的降解作用，使污水得以净化的一种人工处理湿地(崔丽娟等，2011)，又称为自由表面流湿地。根据主要湿地植物的生活型可以分为漂浮植物系统、浮叶植物系统、沉水植物系统和挺水植物系统。表流湿地一般水位较浅，水深0.3~0.5 m。该类人工处理湿地与自然湿地最为相似，具有投资少、操作简单、运行费用低等优点，但是占地面积较大，水力负荷和污染物负荷较小，处理效果易受温度、太阳辐射、降水等外界条件影响。

(2)潜流人工处理湿地

潜流人工处理湿地(subsurface flow constructed wetland，SSF-CW)是污水在人工湿地的基质表层以下流动，主要依靠基质的过滤及表面生物膜的吸附、降解作用净化污水的人工处理湿地。由于水流在地表下流动，保温性能好，处理效果受温度影响较小。依据不同的布水方向，潜流人工湿地又分为以下几种类型：

①水平潜流人工湿地(horizontal sybsyrface flow constructed wetland，HSSF-CW)是指在一定的水力坡降作用下，污水在湿地表面以下的基质内大致呈水平方向流动。基质通常选用水力传导性良好的材料，氧气主要通过植物根系释放。优点是污染负荷和水力负荷较大，对有机污染物、悬浮物和总氮的处理效果较好。并且水流在地表下流动，保温性好，处理效果受气候影响较小。但是由于基质中氧气含量较少，不利于好氧反应，对污水中氨氮的净化能力有限。相比于表流人工湿地，水平潜流人工湿地的成本较高，运行管理难度也相对较大。

②垂直潜流人工湿地(vertical subsurface flow constructed wetland，VSSF-CW)是指污水以近似垂直的方向流过基质层的人工处理湿地。污染水体在湿地基质的表面下流动，可以充分利用基质表面生长的生物膜、丰富的植物根系及表层基质截留等作用，提高处理效果和处理能力。该类型人工湿地有较高的好氧处理能力，因此硝化能力较强，氨氮的去除效果好，但是对悬浮物的去除能力和反硝化作用较弱，建设成本高，运行管理相对复杂。

③潮汐流人工湿地(tidal flow constructed wetland，TF-CW)是一种间歇式进水的新型人工处理湿地类型。图 9-2 展示了一个 TF-CW 模拟装置的内部结构。其原理是利用潮汐运行过程中基质浸润面的变化产生的空隙吸力，将大气氧吸入湿地基质空隙，从而提升人工处理湿地基质的氧环境。潮汐流人工湿地的运行一般包含 4 个阶段，分别是瞬时进水、反应、瞬时排水以及闲置阶段。潮汐流人工湿地完成进水后，首先发生微生物吸附作用，然后在瞬间排空的同时发生基质复氧，吸收的氧气提供给微生物，从而进行第二阶段的微生物好氧降解。另外，这种间歇的运行方式，使潮汐流人工湿地内部的氧化环境有利于好氧微生物的生长，提高微

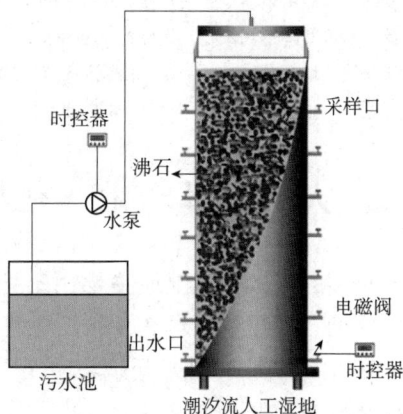

图 9-2　TF-CW 模拟装置结构示意

生物活性；也使得稳定、高密度的微生物生物膜的形成更加迅速，从而弥补植物根系释放氧气的不足，提高污染物去除率。另一方面，潮汐流人工湿地还可以有效抑制微生物生长过快造成湿地堵塞现象。

(3)复合人工处理湿地

实际应用中，可将表流和潜流人工处理湿地进行级联耦合，通过构建生态沉降塘、悬浮物沉降池、表流湿地、潜流湿地和浮岛等系列生态功能单元，经过分段分级组合

形成"串联—并联"可调式复合人工湿地系统(图 9-3)。复合人工处理湿地可以更好地适应水利条件变化,增强系统抗污染负荷冲击的能力,同时实现节约面积,增强湿地景观的效果。在实际建设中,可根据污染物的种类及污染程度,对复合人工湿地生态功能单元的顺序、级段数以及植物配置进行调节。

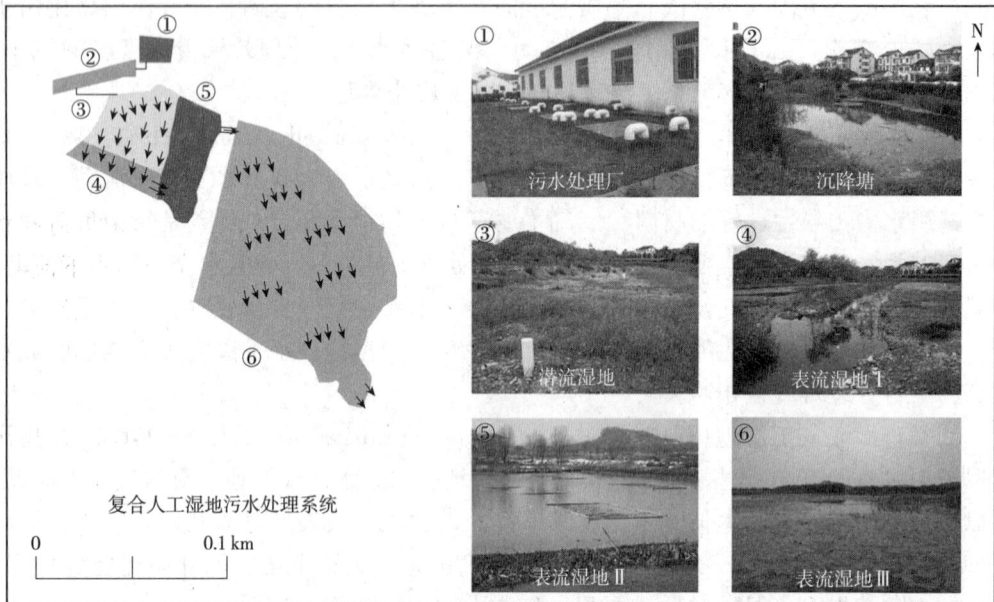

图 9-3   江苏省苏州市三山岛"串联—并联"可调式复合人工湿地系统
(首先通过生态沉降塘沉降污水中的泥沙并进行一定的初级处理,然后进入悬浮物沉降池,将污水中的悬浮物沉降至底部之后进入潜流湿地生态功能单元,最后进入多段表流湿地生态功能单元,进行逐级拦截、过滤、沉降和降解污染物。潜流湿地各个处理单元采用并行方式与悬浮物沉降池相连,形成"并联"模式,便于潜流湿地运营维护。当某一潜流湿地单元发生堵塞失去净化功能时,可以人为关闭并及时进行维修。而其他单元由于采取了并联方式仍然可以保障运行,确保整个复合人工湿地继续运行)

9.2   人工处理湿地净化机制

早期的人工处理湿地主要用于处理生活污水,随着技术的发展,逐渐扩展应用至农业污染、畜牧业污水和食品工业废水等领域,这类污水通常富含氮、氮、磷等有机物。20 世纪初期,研究开始关注人工处理湿地在工业废水处理中的应用,发现其独特的净化机制能够有效处理含有重金属和难降解有机物的工业废水。这类污染物除了含有氮、磷等有机物,还可能包含汞(Hg)、镉(Cd)、铅(Pb)等重金属。不同类型的污染物去除机制有所不同,以下将分别进行介绍。

9.2.1   人工处理湿地对氮的处理机制

人工湿地氮去除过程相对复杂,主要包括植物吸收、基质吸附、微生物转化等途径。氮和磷是植物生长的重要营养元素,植物根系能吸收污水中的氨氮、硝氮,合成植物自身的蛋白质及其他有机氮成分。但是植物直接吸收作用去除的氮仅占 20%~30%(Wang et al., 2016),微生物的参与转化被证实是人工湿地氮去除的主要机制,可占总去除氮量的 59%~94%(Truu et al., 2009；Faulwetter et al., 2009)。

　　微生物参与的人工处理湿地氮去除过程主要包括氨化、硝化、反硝化、厌氧氨氧化、硝酸盐异化还原为铵等。其中硝化作用和反硝化目前被认为是人工处理湿地脱氮的主要过程(图 9-4)。硝化作用在好氧环境下由自养型好氧微生物完成，包括两个步骤：①由亚硝酸菌将氨氮转化为亚硝酸盐(NO_2^-)；②再由硝酸菌将亚硝酸盐进一步氧化为硝酸盐(NO_3^-)。反硝化作用在无氧条件下进行，反硝化菌利用硝酸盐中的氧进行呼吸，还原分解有机物，将硝态氮还原为 N_2 或 N_2O，并从人工处理湿地系统中逸出。

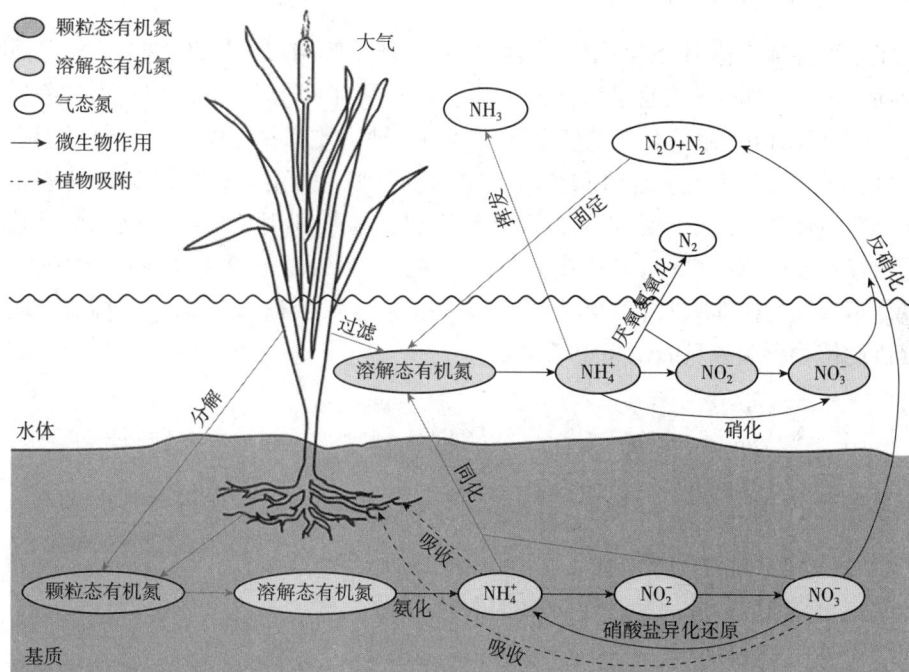

图 9-4　氮在人工湿地环境中的形态、转化和迁移

　　采用 ^{15}N 同位素标记法可以定量分析人工表流湿地中各微生物脱氮过程的速率，从而深入探讨硝化、反硝化和厌氧氨氧化过程在人工处理湿地除氮中的具体作用。^{15}N 同位素标记结果表明硝化过程的速率最快，其次是反硝化过程，而厌氧氨氧化过程的速率最低。因此可以得出如下结论：硝化—反硝化耦合可能是表流人工湿地除氮的主要机制，而厌氧氨氧化过程在除氮中的贡献可以忽略不计(图 9-5)。此外，不同环境因子对厌氧氨氧化和反硝化速率均具有显著影响。硝氮含量、温度以及有机物的添加能够

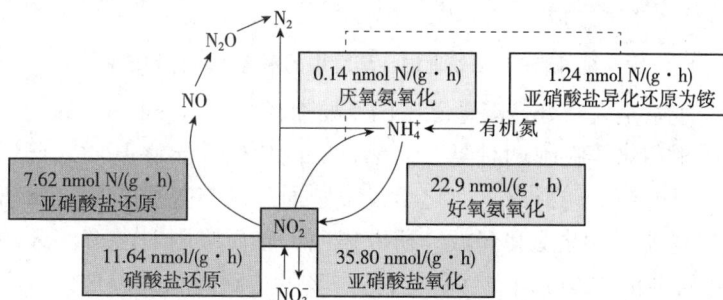

图 9-5　微生物脱氮过程速率

有效促进沉积物中反硝化和厌氧氨氧化过程的进行。

　　在人工处理湿地的除氮过程中，一些关键微生物类群发挥着重要作用，主要包括嗜氢胞菌（*Hydrogenophaga*）、海勒蒙氏菌（*Hylemonella*）、水小杆菌（*Aquabacterium*）和纤维弧菌（*Cellvibrio*）。这些微生物的生长和代谢受环境因子的调控，其中总有机碳（TOC）、氧化还原电位（ORP）和碳氮比（C/N）是最为关键的因素。通过调控这些环境因子，可以有效地优化微生物群落的结构和功能，从而提高人工处理湿地的脱氮效率。

9.2.2　人工处理湿地对磷的处理机制

　　人工处理湿地水体中的磷可通过植物吸收、基质吸附以及微生物介导的一系列生化反应而被去除。图 9-6 展示了磷在人工处理湿地中的不同形态和转化迁移过程。有机磷（OP）和无机磷（IP）是磷在人工处理湿地中的两种主要存在形态，其中每种形态磷根据溶解性差异又可分为可溶态磷和难溶态磷两种类型。可溶态磷又分为溶解态活性磷和溶解态非活性磷，其中溶解态活性磷能够直接被植物利用于自身生理代谢过程，被合成为 ATP、DNA 和 RNA 等有机成分，植物在人工处理湿地除磷效率中占 10%～15% 的贡献。尽管植物能够吸收磷，在植物组织凋落后，又会通过矿化作用将磷释放回土壤中，因此植物存储磷只能作为短期机制。

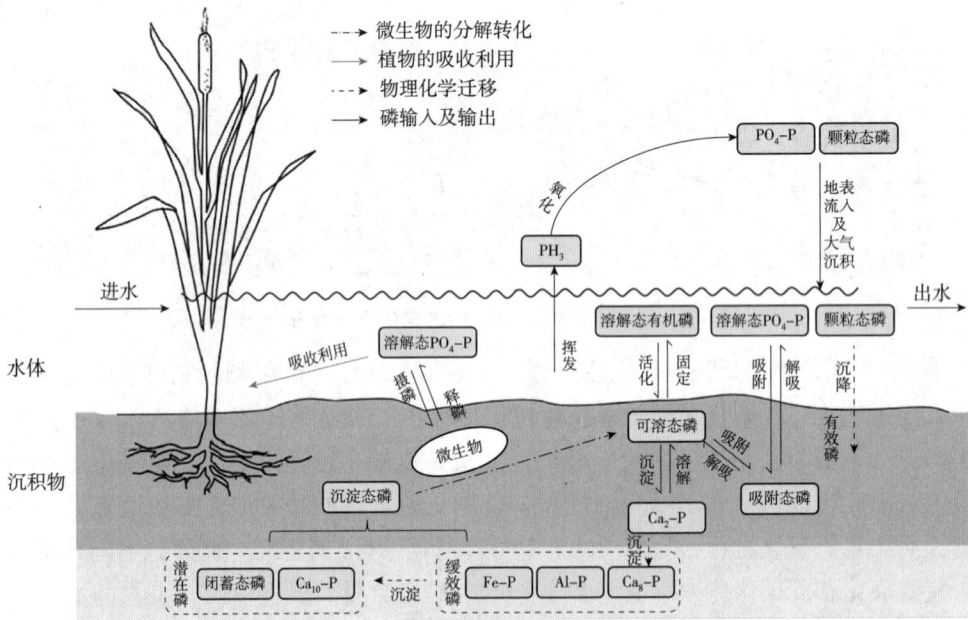

图 9-6　磷在人工处理湿地环境中的形态、转化和迁移

　　基质对磷的吸附是人工处理湿地除磷的重要途径之一（Ronkanen et al.，2008），其机制包括物理吸附和化学吸附两种类型。物理吸附使磷固定在基质表面，当外界环境发生变化时，磷可能会重新释放。而化学吸附则通过磷与基质表面金属离子形成双齿配位键，从而使磷难以被淋洗和释放。研究表明，基质吸附对潜流湿地的磷去除率贡献可超过 52%（刘树元，2011）。然而，当基质吸附达到饱和或湿地内部环境发生变化时，沉积和吸附的磷可能会被重新悬浮并释放回水体。

与基质对磷的吸附相比，微生物在磷去除中的贡献率仅为 14.5%。有机磷及其他许多难溶态磷化合物需要经过微生物的作用转化为可溶态活性磷，才能被生物利用。微生物如不动杆菌属（*Acinetobacter*）、假单胞菌属（*Pseudomonas*）和放线菌属（*Actinomyces*）等高效除磷菌，其细胞内磷的含量约占 2%，但它们能从周围环境中吸收并转化大量磷，通常是其细胞内磷含量的数倍。这些转化后的磷被用于合成 ATP、DNA、RNA 等有机化合物（Huang et al.，2012）。

磷在人工湿地中的去除过程包括多个迁移和转化环节。根据动力学模型，磷在人工湿地中的主要去除途径是通过水体中的磷向基质层的理化沉降，该过程可以去除进水中约 78.3% 的磷。此外，植物的吸收作用也对磷的去除起到了重要作用，年均转化率为 43.1%。然而，大部分盐养盐会通过植物的代谢过程重新返回到基质中，年均转化率为 35.9%。在某些情况下，约 1/4 的总磷（TP）会通过再悬浮过程被重新释放到水体中。同时，磷还可能通过基质中的浸出和分解作用重新释放，占进水中总磷的 25.9%。这些过程的交替作用使得磷在人工湿地中呈现动态变化，因此了解其迁移转化机制对于优化湿地设计和提高磷去除效率具有重要意义。

9.2.3　人工处理湿地对有机物的处理机制

人工处理湿地的显著特点之一是对有机污染物有较强的去除能力。污水中的不溶性有机物经过湿地的沉淀、过滤，可以很快被截留下来，被微生物利用，可溶性有机物则通过植物根系的生物膜吸附、吸收及生物代谢降解过程而被分解去除。在进水浓度较低的情况下，人工湿地对 BOD_5 的去除率可达 85%~95%，COD 去除率可大于 80%（Ji et al.，2001）。污水中大部分有机物的最终归宿是被异氧微生物转化为微生物体及 CO_2 和 H_2O，这些新生的有机体可以通过定期更换基质最终从系统去除。

9.2.4　人工处理湿地对重金属的处理机制

重金属污染物随着水流在人工处理湿地系统中流过，重金属离子如 Hg^+、Cd^{2+}、Cr^{6+}、Pb^{2+} 和 As^{3+} 等都可以与湿地土壤中的各种无机配位体（Cl^-、OH^-、CO_3^{2-}、SO_4^{2-} 和 HCO_3^-）等结合成络合物或不溶性的沉淀物而得以去除。研究已证实湿地植物具有较强的重金属富集能力，富集效果因重金属的种类、浓度和毒性而异，且不同植物之间也差异甚大。例如，浮萍对锌、铁和锰有较好的富集效果，芦苇更多地富集铅、锰和铬，而香蒲和黑三棱则倾向于富集铅和锌（李晶，2018）。

微生物对重金属的去除包含以下几个方面：①微生物自身对重金属离子的吸收作用。微生物在其生长过程中，为了保障正常的生长代谢，会摄取一些重金属元素；②微生物的代谢产物对重金属离子的吸附与螯合作用。许多微生物及其代谢产物都可以吸附重金属，如枯草杆菌可以很好地吸附银、硒、金等重金属。人工处理湿地中存在的大量藻类（如蓝藻、绿藻、硅藻等）以及微生物（青霉菌、黑曲霉菌等）是去除重金属很好的吸附剂。③微生物可与重金属结合，降低或改变重金属在环境中的毒性，如金属硫蛋白能与铜、锌、镉等重金属结合，形成低毒物质。丛枝菌根真菌（AMF），可与 80% 的维管植物形成共生关系，对于重金属镉和锌有很好的去除效果（黄淑萍等，2016）。

人工湿地在处理重金属和新兴污染物（emerging contaminants，ECs）方面存在一定的局限性。例如，重金属虽然可以被植物吸收和积累，但长期积累可能导致植物的毒性反应或重金属的释放，进而造成污染；持久性有机污染物（persistent organic pollutants，POPs）由于其化学稳定性、高毒性、积聚性和低生物降解性，使人工湿地中的去除效率较低；而药物和个人护理品（pharmaceuticals and personal care products，PPCPs）由于其复杂的分子结构和在水体中的持久性，使得传统的处理方法难以有效去除这些污染物。为提高人工湿地对这些污染物的处理能力，未来需要结合新型基质材料、强化植物与微生物的协同作用，并引入膜生物反应器、活性炭、纳米材料等高效吸附材料或高级氧化技术等多层次组合技术，以提升人工处理湿地对污染物的去除效率。

9.3 人工处理湿地设计建设方法

9.3.1 人工处理湿地设计建设原则

一般而言，人工处理湿地的设计在总体结构上应模仿自然湿地，同时强化对改善水质贡献最大的生态过程。Mitsch（1992）提出了 7 项人工处理湿地设计和建设原则：①保持简单的设计方法；②以最小维护为目标，设计系统尽量利用自然能源，如重力流；③设计时考虑暴风雨、洪水和干旱等极端天气和气候，而不是仅仅考虑平均值；④将人工处理湿地与周围的景观结合起来，与场地的自然地形相衔接；⑤避免过度工程化设计，不要使用矩形水池、硬质化结构和水渠，应该尽量模仿自然系统；⑥给人工处理湿地系统一定的时间去发挥作用，其净化功能通常需要数年时间才能达到最佳水平，试图迅速缩短系统的发展过程或者过度管理通常会适得其反；⑦设计应注重功能而非形式，例如如果植被恢复不成功，但是依据最初的目标，湿地的整体功能仍然保持完好，那么设计仍然是成功的。

9.3.2 人工处理湿地设计建设过程

设计和建设人工处理湿地是一个涉及多个步骤的复杂过程，从初步的规划设计到最终的施工建设，涵盖了需求评估、场地选择、设计参数确定、环境影响评估、施工建设、启动调试以及监测评估等多个环节。参照这些步骤，可以构建和优化人工处理湿地，以确保其在污水处理和生态恢复中发挥最大的效能。表 9-2 是一个简化的人工处理湿地设计建设步骤，可能需要根据场域现实情况以及建设目标进行相应调整。

表 9-2　人工处理湿地设计建设步骤

序号	阶段	具体任务	详细说明
1	规划设计	需求评估	确定湿地处理目标（处理水量、水质标准、去除率）
		场地选择	选择适合地点（地形、土壤、气候、环境影响）
		设计参数	确定布局、尺寸、形状、水深水量、水力参数、植物、基质配置、维护设施
2	影响评估	环境影响评估	分析湿地建设活动可能对环境产生的潜在影响，制定缓解措施

(续)

序号	阶段	具体任务	详细说明
3	施工建设	土地平整	根据设计要求进行土地平整与地形塑造
		基础设施建设	建设进水口、出水口、水流分配系统和排水系统
		植物种植	按设计要求种植适宜的乡土湿生或水生植物
4	启动调试	系统调试	检查所有设施正常运行
		启动运行	逐步引入污水，达到设计处理能力
5	监测评估	水质监测	定期监测出水水质，确保达到预期的处理效果
		性能评估	评估湿地的整体性能，包括污染物去除效率和生态系统稳定性
6	维护管理	日常维护	清理死亡植物，修剪植物，检查设施
		长期管理	制定长期管理计划，确保湿地的持续有效运行和生态健康
7	持续改进	反馈机制	建立反馈机制，根据监测和评估结果，不断优化湿地的设计和管理

9.3.3　人工处理湿地关键设计参数

人工处理湿地的面积、形状、水深、水力停留时间、污染物负荷等是确保湿地系统能够有效去除污染物并维持长效运行的关键因素。以下介绍了人工处理湿地设计中涉及的主要技术参数。

(1)面积与形状

人工处理湿地的面积需根据处理水量、水质要求以及当地地形地貌等因素确定。一般来说，处理水量越大，所需的湿地面积也越大。Kadlec 和 Knight 在他们的经典著作 *Treatment Wetlands*(1996)中提出了人工处理湿地必要面积的估算公式。该公式主要基于污染物的一级反应动力学模型，是一个理想化模型，实际设计中可能受到水流、温度和生物因素的影响，设计面积时通常会根据安全系数适当增加湿地面积。

$$A = \frac{Q}{K_C}\ln\left(\frac{C_i}{C_e}\right) \tag{9-1}$$

式中　A——湿地的面积，m^2；

　　　Q——流量，m^3/d；

　　　K_C——湿地中污染物的一级反应速率常数，该值与湿地类型和气候条件相关，m/d；

　　　C_i——进水污染物浓度，mg/L；

　　　C_e——出水目标污染物浓度，mg/L。

人工处理湿地的形状对水流路径、植物配置和处理效果有很大影响。表流湿地可以设计为更接近自然湿地的形态，如不规则形状和丰富的植物配置，使其成为生态和景观兼具的环境(Mitsch et al.，2015)。潜流湿地通常采用矩形或狭长形状，水流路径较长，有利于提高水力停留时间和污染物去除效率。在有限面积下，可以采用蛇形设计，通过延长水流路径来增加污染物的接触时间，提高处理效率(Vymazal，2011)。

(2)水深

人工处理湿地水深通常为 0.2~0.6 m，不同的水深影响湿地的微生物群落、植物根系分布、溶解氧水平等，从而影响污染物去除效率。水深较浅(0.2~0.3 m)时，湿地通常表现出更高的氮、磷去除效率，但深度过浅可能会降低湿地的整体容量；水深较深（0.5 m 以上）时，有助于沉积物的去除和长期稳定性，但可能会导致厌氧区的增加，不利于需氧污染物的去除。同时也要考虑湿地植物的根系深度通常为 0.3~0.5 m，因此水深应足以满足植物生长需求。

（3）水力停留时间

水力停留时间（hydraulic retention time，HRT）指污水在人工湿地内的平均驻留时间，其计算公式为：

$$HRT = \frac{V \times \varepsilon}{Q} \tag{9-2}$$

式中　HRT——水力停留时间，d；

　　　　V——人工湿地基质在自然状态下的体积，包括基质实体及其开口、闭口孔隙，m^3；

　　　　ε——孔隙率，%；

　　　　Q——平均水量或设计水量，m^3/d。

水力停留时间对人工湿地的污染物去除率有显著影响，通常表面流人工湿地的水力停留时间为 4~8 d，水平潜流人工湿地的水力停留时间为 1~3 d（中华人民共和国环境保护部，2011）。较长的停留时间通常有助于提高有机物、氮、磷等污染物的去除效率。停留时间过短会导致水体短路现象，使部分水流得不到充分处理；而过长的停留时间可能导致湿地内的厌氧环境加剧，影响硝化—反硝化等生物过程。在实际应用中，水力停留时间还可能受到湿地水力特征、植被密度、污染物种类等因素的影响，因此，设计应综合考虑湿地类型、流量、污染物浓度及湿地形状，以保证最佳的处理效果和水力效率。

（4）表面水力负荷

人工湿地的表面水力负荷（hydraulic loading rate，HLR）是单位面积湿地所处理的水流量，其设计对湿地的水质处理效率、污染物去除效果及整体性能有重要影响。表面水力负荷过高会导致水流在湿地中停留时间不足，影响污染物去除效果；而过低则可能浪费湿地面积。表面水力负荷的计算公式为：

$$HLR = \frac{Q}{A} \tag{9-3}$$

式中　HLR——表面水力负荷，$m^3/(m^2 \cdot d)$；

　　　　Q——流量，m^3/d；

　　　　A——湿地的表面积，m^2。

根据不同的处理目标和湿地类型，表面水力负荷的推荐值可能有所不同。通常建议将表面水力负荷控制在 0.1~0.4 $m^3/(m^2 \cdot d)$，以确保污染物去除效果（Kadlec et al.，1996）。

（5）表面有机负荷

表面有机负荷率（organic loading rate，OLR）指每平方米人工处理湿地在单位时间去除的五日生化需氧量。表面有机负荷直接影响湿地的营养物质去除效率。通过调节负荷，可以优化去除率和防止湿地系统过载。较高的有机负荷通常会提高湿地的去除效率，但过高的负荷可能导致湿地内缺氧甚至厌氧条件，对植物和微生物系统产生负面影响。表面有机负荷率的计算公式为：

$$OLR = \frac{Q \times C_{in}}{A} \tag{9-4}$$

式中　Q——进水流量，m^3/d；

　　　C_{in}——进水有机物浓度，如 COD 或 BOD，mg/L；

　　　A——湿地的表面积，hm^2。

（6）水力坡度

水力坡度（hydraulic gradient）指水在人工处理湿地内沿水流方向单位渗流路程长度上的水位下降值，通常以湿地长度与高程差的比值表示，计算公式为：

$$i = \frac{\Delta H}{L} \times 100\% \tag{9-5}$$

式中　i——水力坡度，通常为 0.5%～2.0%；

　　　ΔH——湿地入口与出口之间的高程差，m；

　　　L——湿地的水平长度，m。

表面流湿地的坡度一般为 0.5%～2.0%，潜流湿地的坡度可稍大一些，但不宜超过 5.0%。合适的坡度可以确保水流均匀分布，防止堵塞并确保充分的污染物接触时间。

（7）基质选择

基质配置是人工处理湿地系统设计的重要组成部分。基质的材料和颗粒大小会直接影响水力传导性、微生物附着性和污染物的去除效果。配置时主要考虑以下几个因素：

①孔隙率。影响水流速度和微生物生长环境，通常选用 20%～40% 的孔隙率。

②颗粒大小。影响基质的过滤和物理吸附能力，较小的颗粒有更大比表面积，但可能导致水流堵塞；粗粒基质能改善湿地系统的通气性，帮助植物根系在基质中的生长。

③材料的化学特性。如火山岩含有丰富的矿物质，能促进磷的吸附和微生物生长，而砂和砾石基质则更适合有机物的降解（Yang et al.，2022）。

（8）植物选择与配置

在人工处理湿地中，植物的选择与合理配置是系统功能实现的关键。植物不仅有助于增强湿地系统的结构稳定性和美观性，还在污染物的去除过程中扮演了重要角色。植物选择与配置通常需要遵循以下原则：①适应性，优选耐污能力强、根系发达、具有抗冻及抗病虫害能力并易于管理的本土植物，避免选择外来入侵物种；②多样性，配置多种植物，形成多层次的植物群落，增强湿地的生态稳定性和生物多样性；③净化能力，选择具有较强污染物吸收和转化能力的植物，如香蒲（*Typha* spp.）、芦苇（*Phragmites* spp.）等；④生物相容性，考虑植物间的相互关系，避免竞争抑制，增强植物群落的协同作用。

9.4　人工处理湿地维护及监测

9.4.1　人工处理湿地运行维护

在人工湿地的运行过程中，随着时间的推移，部分营养物质会逐渐积累，湿地中的微生物也随之繁殖，可能导致淤积和堵塞，降低水力传导性、湿地处理效果以及运行寿命。随着污水处理的持续运行，基质的吸附能力通常会在数年内达到饱和，从而影响湿地的处理性能。因此，科学有效的管理和维护是确保湿地长期稳定高效处理污水的关键。针对这一问题，国内外研究提出了多种防堵措施（Knowles et al.，2011；Wu et al.，2014；曾琳等，2023），包括：增加预处理，降低进水中的悬浮物和有机负荷；曝气增氧，提高水体含氧量；停床轮休，促进大气氧气进入湿地，帮助分解基质中的有机物并为微生物提供营养物质；必要时局部更换湿地基质，以恢复其处理功能。

　　水位调节是人工湿地管理中的重要环节，尤其在极端气候条件下（如暴雨、洪水、干旱和冰冻）更为关键。及时调整水位能够有效避免进水端壅水或出水端淹没的现象。当湿地内出现短流现象时，水位调节也有助于改善水流状况，从而优化湿地的处理效率。

　　植物的管理与维护是湿地运营的另一重要方面。栽植后应立即灌水以促进植物根系发育，初期的水位调节尤为重要。随着植物系统的逐步建立，应保证污水连续供应，以维持水生植物的密度和健康生长。同时，根据植物生长状况，需开展补植、清除杂草、适时收割以及病虫害防治等管理措施，避免使用化学除草剂和杀虫剂。此外，对于规模较大的人工湿地污水处理系统，可以考虑配置植物生物能利用装置，提高资源利用效率。

　　在低温环境下，人工湿地的运行需特别关注保温，以保持微生物活性，并定期监测冻土深度，掌握系统运行状况并及时调整策略，同时通过强化预处理来减轻系统的污染负荷，确保湿地在低温条件下仍具备一定的处理能力。

9.4.2　人工处理湿地监测

　　人工处理湿地建设完成后通常需要开展定期监测，以了解其长期运行的稳定性和处理效率。监测内容包括水质、基质、植物和水文等要素，监测频次根据湿地的设计要求、污染物负荷和环境条件而定。表9-3列出了人工处理湿地监测的内容、指标和建议的监测频次。

表 9-3　人工处理湿地监测设计内容及参数

监测内容	具体内容	监测指标	监测频次
水质监测	出水和进水的污染物浓度，也可以监测每个单元的污染物浓度，以评估湿地的处理效果	COD、BOD、总氮、总磷、氨态氮、硝态氮、亚硝态氮	每月一次，若水质波动大或在季节变化显著时，可增加至每周
基质监测	基质的物理和化学特性，包括孔隙率、吸附能力和有机物积累情况	孔隙率、有机质含量、总氮、总磷及微量金属（如铜、锌等）	每年或每两年一次，高负荷处理情况下更频繁
植物监测	湿地植物的生长状态和营养物质吸收情况，以评估其在污染物去除中的作用	植物高度、密度、叶面积指数、氮磷吸收量	生长季每季度一次，秋季收割前进行详细监测
水力特性监测	水流特性和水力停留时间，以确保系统内水流均匀分布，防止断流和堵塞	水力坡度、流速、水力停留时间（HRT）	每半年一次，必要时在极端天气后增加监测
温度和气候条件监测	水温、湿地气温，以评估环境条件对湿地功能的影响	水温、气温、湿度、降水量	气候条件每日自动监测，水温在冬夏两季更频繁

9.5　人工处理湿地设计与运行案例

　　尽管人工处理湿地在污水净化和生态修复方面具有巨大的潜力，但仍面临着设计优化、污染物去除效率和长期可持续性等方面的挑战。本节以位于北京市顺义区的北京市野生动物救护与繁育中心的人工处理湿地为案例（图 9-7），介绍人工处理湿地的优化设计与长期运行效率提升技术。

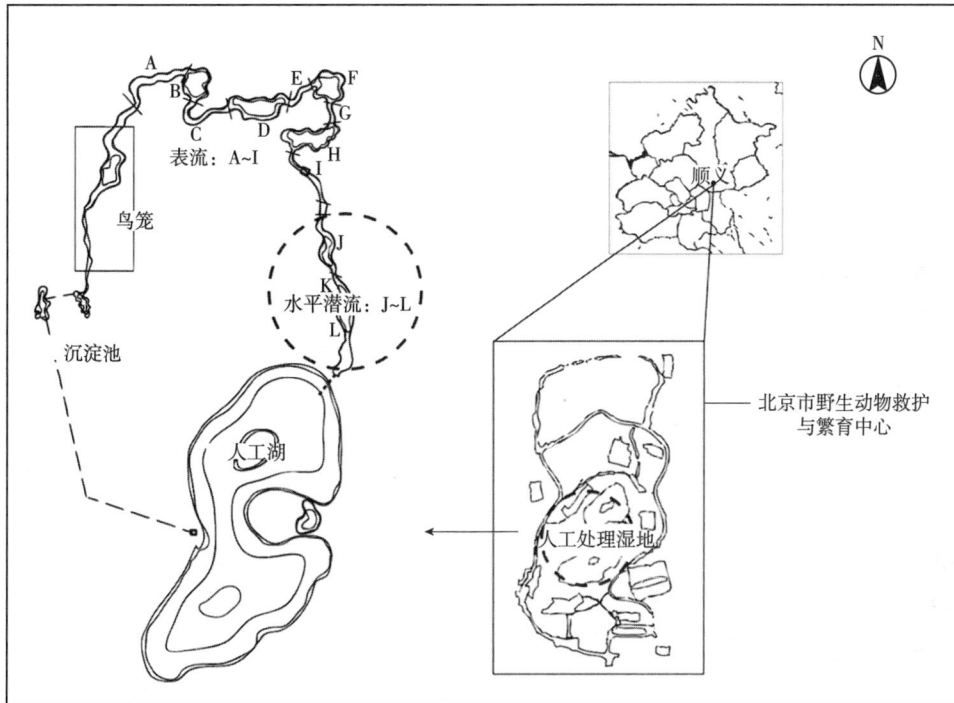

图 9-7　人工处理湿地地理位置及结构示意

9.5.1　设计参数

　　北京市野生动物救护与繁育中心建有提供野生水禽栖息的人工湖面积约 1 hm²，湖水主要来源于地下水和雨水，水循环和水交换能力较差。水禽粪便直接排入湖水，导致湖水富营养化较严重。作为案例点的人工处理湿地由表流湿地和潜流湿地串联组合构成，共分为 11 部分（A-K）；前 9 部分（A-I）为表流湿地，采用铺设土工膜防渗隔离，平均构造深度 0.43 m，配置不同的湿地植物；第 10 部分（J）为潜流湿地，面积 300 m²，构造深度 0.7 m。最后一部分（K）不做设计和处理，即保持开敞水面，表流湿地与潜流湿地之间通过两个小型沉降池连接。在整个人工湿地中，无任何动力提升设备，完全依靠水体的自身重力自然流动。

　　案例点人工处理湿地基质设置与植物配置见表 9-4。

表 9-4　人工处理湿地基质与植物

构建类型	段落	长度(m)	基质	水深(m)	水生植物
表流湿地	A	60	砾石 5 cm+壤土 5 cm+砂土 50 cm	0.45	东方香蒲
	B	40	砾石 10 cm+砂土 50 cm	0.85	凤眼莲
	C	40	壤土 5 cm+砾石 5 cm+砂土 50 cm	0.35	菖蒲
	D	40	壤土 5 cm+砾石 5 cm+砂土 50 cm	0.20	慈姑+蔗草
	E	20	砂土 50 cm	0.15	针蔺
	F	25	砾石 10 cm+砂土 50 cm	0.80	荇菜
	G	20	壤土 5 cm+砾石 5 cm+砂土 50 cm	0.20	水芹
	H	30	砾石 10 cm+砂石 50 cm	0.55	大藻
	I	28	砾石 5 cm+壤土 5 cm+砂土 50 cm	0.35	茭白+黑三棱
潜流湿地	J	70	砾石 60 cm+砾石 30 cm	-0.05	泽泻+千屈菜
开敞水面	K	25	—	0.25	无

注：潜流湿地每平方米竖立 1 根 PVC 管，长 100 cm，直径 10 cm；表流湿地地面坡度设计为 1%，潜流湿地地面坡度 4%。

9.5.2　污染物去除情况

案例点人工处理湿地平均进水水质为总磷(TP)0.10~0.35 mg/L，总氮(TN)4.71~7.32 mg/L，浊度(TSS)31.40~82.80NTU，化学需氧量(COD$_{cr}$)22.61~97.06 mg/L，平均水力停留时间24 h。人工处理湿地建成并经过1个月的试运行之后，出水数据基本趋于稳定。从2008年7月起，连续16年定期监测该湿地进出水口TP、TN、浊度和COD$_{cr}$的变化情况。从初始运行后两年数据来看，COD$_{cr}$、TSS、TN和TP的平均去除率分别为42.64%±25.45%、72.64%±18.57%、31.69%±22.61%和52.67%±21.00%。Zhu et al.(2021)分析了2008—2018年的监测数据，结果显示，10年来，TN和TP的平均去除率分别保持在53.6%和67.3%。TN和TP的年质量降幅分别达937.5 kg/(hm² · a)和303.2 kg/(hm² · a)，其中总氮的年质量降幅远远高于国际同类人工处理湿地(Johannesson et al.，2015；Nicola et al.，2018)。

此外，案例点人工处理湿地的处理效率与季节显示出一定的相关性，夏季和秋季的TN去除率明显高于春季，但TP去除率无季节差异。通过对去除率和环境因子进行相关分析，发现TN去除率与TN、TOC和温度呈正相关，TP去除率与TP、pH值呈正相关。

9.5.3　功能提升措施

根据美国国家环境保护局对100多座人工湿地运行状况的调查，近一半的设施在5年内出现了基质堵塞和净化效果下降的问题。针对这一问题，所选案例采取了一系列优化技术，包括优化植物配置、改进布水方式以及提高冬季运行效率等，从而实现了该人工湿地在16年的运行中保持了低维护、无死区和无堵塞的稳定运行。

(1)强净化能力植物配置

因为不同的植物对富营养化水体的处理效果存在一定差异，例如，凤眼莲对TP、

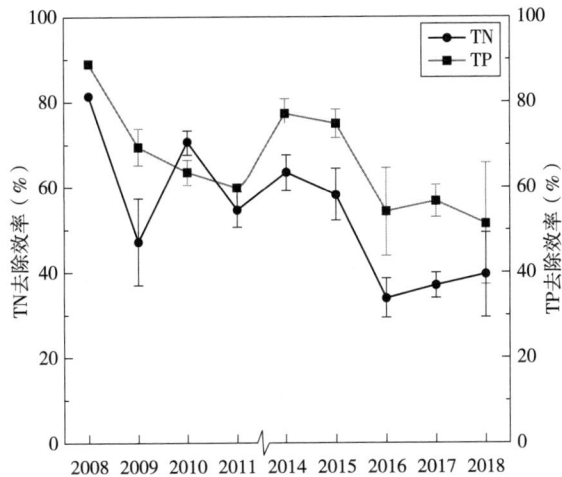

图 9-8　2008—2018 年人工处理湿地营养物质的年均去除效率

TN 的单位面积去除速率最高，荇菜对 COD_{Cr} 的单位面积去除速率最高；香蒲对污水 pH 值的净化效果最好。不同湿地植物为不同种类的微生物提供了适宜生存的环境，优化后的植物配置可以通过促进根际微生物群落的多样性来提高污水处理的效率和稳定性。

（2）脉冲式布水

案例点人工处理湿地采用了脉冲式布水方式，这种方式能够有效提高水体中的溶解氧（DO）浓度，进而促进水体中微生物的硝化作用。脉冲式布水的运行模式使 DO 浓度始终维持在较高水平，通常高于厌氧条件下的 1 mg/L 以下，从而保证了系统的稳定去除效果，使得该人工处理湿地中总氮（TN）和氨氮（NH_4^+—N）的平均去除率分别为53.6% 和 73.4%。此外，不同进水方式和水力停留时间也会影响污染物去除效果，案例点运行中发现当闲置时间与反应时间的比值为 2∶1 时，系统对总氮的去除效果最佳，达到 90.23%±3.05% 的平均去除率。

（3）冬季低温净化能力提升措施

在北方低温环境中，人工湿地的运行效率通常较低，主要是由于低温对微生物活性产生抑制作用。然而，在案例点的长期监测和研究中发现，一些耐寒的脱氮微生物群体能够在低温条件下维持脱氮功能。例如，耐寒的 nirK 型和 nirS 型脱氮菌，如 *Bradyrhizobium*（nirS/nirK）、*Azospira*（nirS）、*Azarcus*（nirS）和 *Rhizobium*（nirK）等，在低温胁迫下表现出"抱团"现象，通过协同作用保持脱氮过程的持续进行。

进一步的监测研究还发现，4.85℃ 和 6.30℃ 是微生物群落显著变化的下限和上限温度。当土壤温度稳定低于 6.30℃ 时，湿地的氮去除效率显著下降，而在 4.85℃ 左右，磷的矿化作用仍能持续进行。此外，低温条件下，某些磷相关微生物（如 *Ralstonia* 和 *Spingomonas*）以及关键降解微生物（如能降解纤维素的 *Spingomonas* 和 *Bacillus*）在维持湿地功能方面发挥了重要作用。

因此，为了提升人工处理湿地在冬季的处理效率，首先通过将水位提高到 40~50 cm，将湿地土壤温度保持在 5~8℃，确保了微生物活性维持在合理水平；其次，通过芦苇、香蒲等宿根植物的有效配置，利用根际分泌物（如碱性磷酸酶和纤维素酶）调节微生物群落，逐步提升低温下活性较强的功能微生物的比例，最终实现提升人工处理湿地在低温条件下的运行效率。

思考题

1. 人工湿地在设计时如何平衡其污水处理功能与生态恢复的需求？
2. 人工湿地的建立可能会对周边的自然湿地生态系统产生哪些正面和负面的影响？
3. 人工湿地在长期运行过程中可能会遇到哪些管理和维护上的挑战？

参考文献

白军红, 王庆改, 高海峰, 等, 2010. 向海沼泽湿地芦苇中氮含量动态变化和循环特征[J]. 湿地科学, 8(2): 164-168.

陈雪初, 高如峰, 黄晓琛, 等, 2016. 欧美国家盐沼湿地生态恢复的基本观点、技术手段与工程实践进展[J]. 海洋环境科学, 35(3): 467-472.

崔丽娟, 李伟, 张曼胤, 等, 2011. 不同湿地植物对污水中氮磷去除的贡献[J]. 湖泊科学, 23(2): 203-208.

崔丽娟, 李伟, 赵欣胜, 等, 2019. 太湖流域湿地生态状况及其评价研究[M]. 北京: 中国林业出版社.

崔丽娟, 2012. 认识湿地[M]. 北京: 高等教育出版社.

崔丽娟, 2001. 湿地价值评价研究[M]. 北京: 科学出版社.

崔丽娟, 王汝苗, 徐驰, 等, 2025. 退化湿地近自然恢复的"生态杠杆"理论[J/OL]. 中国科学: 生命科学, 1-10[2025-05-06]. http://kns.cnki.net/kcms/detail/11.5840.Q.20250404.1237.004.html.

崔丽娟, 张曼胤, 何春光, 2007. 中国湿地分类编码系统研究[J]. 北京林业大学学报, 29(3): 87-92.

董鸣, 崔丽娟, 2021. 滨海滩涂湿地生态系统生态学研究[M]. 北京: 科学出版社.

段云海, 边延辉, 邓国立, 2007. 湿地生态系统保护与修复探讨——以洪河自然保护区为例[J]. 环境科学与管理, 32(9): 182-153.

傅伯杰, 刘世梁, 2002. 长期生态研究中的若干重要问题及趋势[J]. 应用生态学报, 13(4): 476-480.

国家林业局, 2004. 全国首次湿地资源调查报告[R]. 北京: 国家林业局.

国家林业局, 2000. 中国湿地保护行动计划[M]. 北京: 中国林业出版社.

国家林业局, 2015. 中国湿地资源(总卷)[M]. 北京: 中国林业出版社.

何斌源, 范航清, 王瑁, 等. 2007. 中国红树林湿地物种多样性及其形成[J]. 生态学报, 27(11): 4859-4870.

黄锡畴, 1989. 沼泽生态系统的性质[J]. 地理科学, 9(2): 97-104.

康晓明, 2021. 全球变化对若尔盖高原泥炭地碳循环的影响: 观测、控制实验与模型模拟[M]. 北京: 中国农业科学技术出版社.

李晶, 刘玉荣, 贺纪正, 等, 2013. 土壤微生物对环境胁迫的响应机制[J]. 环境科学学报, 33(4): 959-967.

李伟, 崔丽娟, 庞丙亮, 等, 2014. 湿地生态系统服务价值评价去重复性研究的思考[J]. 生态环境学报, 23(10): 1716-1724.

李伟, 崔丽娟, 张岩, 等, 2014. 水平潜流湿地磷去除效果及影响因子分析[J]. 湿地科学, 12(4): 464-470.

刘景双, 2013. 湿地生态系统碳、氮、硫、磷生物地球化学过程[M]. 合肥: 中国科学技术大学出版社.

刘永, 郭怀成, 黄凯, 等, 2007. 湖泊—流域生态系统管理的内容与方法[J]. 生态学报, 27(12): 5352-5360.

卢涛, 马克明, 倪红伟, 等, 2008. 三江平原不同强度干扰下湿地植物群落的物种组成和多样性变化[J]. 生态学报, 28(5): 1893-1900.

陆健健, 2006. 湿地生态学[M]. 北京：高等教育出版社.

马志军, 陈水华, 2018. 中国海洋与湿地鸟类[M]. 长沙：湖南科学技术出版社.

牛书丽, 韩兴国, 马克平, 等, 2007. 全球变暖与陆地生态系统研究中的野外增温装置[J]. 植物生态学报(2)：262-271.

全国湿地保护标准化技术委员会, 2017. 湿地生态系统定位观测技术规范：LY/T 2898—2017[S]. 北京：中国标准出版社.

宋永昌, 2001. 植被生态学[M]. 上海：华东师范大学出版社.

孙鸿烈, 2000. 中国资源科学百科全书[M]. 北京：中国大百科全书出版社.

孙儒泳, 2002. 基础生态学[M]. 北京：高等教育出版社.

王国栋, 姜明, 盛春蕾, 等, 2022. 湿地生态学的研究进展与展望, 专题：双清论坛"湿地保护和修复的基础理论及关键技术问题"[J]. 中国科学基金, 36(3)：364-375.

王磊, 章光新, 2007. 扎龙湿地地表水与浅层地下水的水文化学联系研究[J]. 湿地科学, 5(2)：166-173.

王铭, 刘子刚, 马学慧, 等, 2013. 世界泥炭分布规律[J]. 湿地科学, 11(3)：339-346.

王强, 吕宪国, 2007. 鸟类在湿地生态系统监测与评价中的应用[J]. 湿地科学, 5(3)：274-281.

王文卿, 王瑁, 2007. 中国红树林[M]. 北京：科学出版社.

夏少霞, 于秀波, 王春晓, 2022. 中国湿地生态站现状、发展趋势及空间布局[J]. 生态学报, 42(19)：7717-7728.

夏迎, 阳文静, 钟洁, 等, 2024. 鄱阳湖湿地大型底栖无脊椎动物多样性对群落次级生产力及稳定性的影响[J]. 生态学报, 44(8)：3337-3347.

徐炜, 马志远, 井新, 等, 2016. 生物多样性与生态系统多功能性：进展与展望[J]. 生物多样性, 24(1)：55-71.

严思睿, 刘强, 孙涛, 等, 2021. 湿地生态水文过程及其模拟研究进展[J]. 湿地科学, 19(1)：98-105.

杨青, 刘吉平, 2007. 中国湿地土壤分类系统的初步探讨[J]. 湿地科学, 5(2)：111-115.

于贵瑞, 2006. 陆地生态系统通量观测的原理及方法[M]. 北京：科学出版社.

于贵瑞, 孙晓敏, 2006. 陆地生态系统通量观测的原理与方法[M]. 北京：高等教育出版社.

张骁栋, 李伟, 潘旭, 等, 2016. 表流人工湿地氮素形态组成及去除效率研究[J]. 生态环境学报, 25(3)：503-509.

张亚琼, 崔丽娟, 李伟, 等, 2015. 潮汐流人工湿地氮去除研究进展[J]. 世界林业研究, 28(2)：25-30.

赵可夫, 冯立田, 2001. 中国盐生植物资源[M]. 北京：科学出版社.

赵欣胜, 崔保山, 杨志峰, 2005. 红树林湿地生态效益能值分析——以南沙地区十九涌红树林湿地为案例[J]. 生态学杂志, 24(7)：841-844.

中国湿地百科全书编辑委员会, 2009. 中国湿地百科全书[M]. 北京：北京科学技术出版社.

中国湿地植被编辑委员会, 1999. 中国湿地植被[M]. 北京：科学出版社.

周念清, 王燕, 钱家忠, 等, 2010. 湿地氮循环及其对环境变化影响研究进展[J]. 同济大学学报(自然科学版), 38(6)：865-869.

祝惠, 阎百兴, 王鑫壹, 2022. 我国人工湿地的研究与应用进展及未来发展建议[J]. 中国科学基金, 36(3)：391-397.

ALONGI D M, 2014. Carbon cycling and storage in mangrove forests[J]. Annual Review of Marine Science, 6：195-219.

BATZER D P, SHARITZ R R, 2014. Ecology of Freshwater and Estuarine Wetlands[M]. Berkeley：

University of California Press.

BOUILLON S, BORGES A V, CASTAÑEDA-MOYA E, et al., 2008. Mangrove production and carbon sinks: A revision of global budget estimates[J]. Global Biogeochemical Cycles, 22(2): GB2013.

BRIDGHAM S D, CADILLO-QUIROZ H, KELLER J K, et al., 2013. Methane emissions from wetlands: biogeochemical, microbial, and modeling perspectives from local to global scales[J]. Global Change Biology, 19(5): 1325-1346.

BRONMARK C, HANSSON L A, 2012. Chemical Ecology in Aquatic Systems[M]. Oxford: Oxford University Press.

BROWN M T, ULGIATI S, 2004. Energy quality, emergy, and transformity: H. T. Odum's contributions to quantifying and understanding systems[J]. Ecological Modelling, 178(1): 201-213.

CAMAZINE S, DENEUBOURG J L, FRANKS R N, et al., 2020. Self-organization in biological systems[M]. Princeton: Princeton University Press.

CLAIRE D M, FOREST I, ALLEN L, et al., 2013. Predicting ecosystem stability from community composition and biodiversity[J]. Ecology Letters, 16(5): 617-625.

CUI L J, GAO C J, ZHAO X S, et al., 2013. Dynamics of the lakes in the middle and lower reaches of the Yangtze River basin, China, since late nineteenth century[J]. Environmental Monitoring & Assessment, 185(5): 4005-4018.

DING W X, CAI Z C, TSURUTA H, 2004. Cultivation, nitrogen fertilization, and set-aside effects on methane uptake in a drained marsh soil in Northeast China[J]. Global Change Biology, 10(10): 1801-1809.

FINLAYSON C M, EVERARD M, IRVINE K, et al., 2018. The wetland book Ⅰ: Structure and function, management, and methods[M]. Dordrecht: Springer.

FLUET-CHOUINARD E, STOCKER B D, ZHANG Z, et al., 2023. Extensive global wetland loss over the past three centuries[J]. Nature, 614(7947): 281-286.

FOWLER M S, LAAKSO J, KAITALA V, et al., 2012. Species dynamics alter community diversity-biomass stability relationships[J]. Ecology Letters, 15(12): 1387-1396.

FRANCIS C, BEMAN J, KUYPERS M, 2007. New processes and players in the nitrogen cycle: the microbial ecology of anaerobic and archaeal ammonia oxidation[J]. The ISME Journal, 1(1): 19-27.

GARDNER R C, FINLAYSON C, 2018. Global wetland outlook: State of the World's wetlands and their services to people[C]. Switzerland: Ramsar convention secretariat.

GIBBS J P, 1993. Importance of small wetlands for the persistence of local populations of wetland-associated animals[J]. Wetlands, 13: 25-31.

GORHAM E, 1991. Northern peatlands: Role in the carbon cycle and probable responses to climatic warming[J]. Ecological Applications, 1(2): 182-195.

HAKEN H, 2006. Information and self-organization: A macroscopic approach to complex systems[M]. Berlin: Springer Science & Business Media.

HUANG H, XU C, LIU Q X, 2022. 'Social distancing' between plants may amplify coastal restoration at early stage[J]. Journal of Applied Ecology, 59(1): 188-198.

IPCC Climate Change 2007: The Physical Science Basis[R]// Contribution of working group Ⅰ to the fourth assessment report of the intergovernmental panel on climate change. Cambridge: Cambridge University Press.

JOHNSON W S, ALLEN D M, 2012. Zooplankton of the Atlantic and Gulf coasts: A guide to their identification and ecology[M]. Baltimore: Johns Hopkins University Press.

JOY B Z, 2000. Progress in wetland restoration ecology[J]. Trends in Ecology & Evolution, 15(10):

402-407.

KADLEC R H, WALLACE S, 2008. Treatment wetlands[M]. Boca Raton: CRC Press.

KANG X M, LI Y, WANG J Z, et al., 2020. Precipitation and temperature regulate the carbon allocation process in alpine wetlands: Quantitative simulation[J]. Journal of Soils & Sediments, 20(9): 1-16.

KNAPP A, BEIER C, BRISKE D, et al., 2008. Consequences of more extreme precipitation regimes for terrestrial ecosystems[J]. Bioscience, 58(9): 811-821.

KNOWLER D J, Mac G B W, Bradford M J, et al., 2003. Valuing freshwater salmon habitat on the west coast of Canada[J]. Journal of Environmental Management, 69(3): 261-273.

KUMAR A, THAKUR T K, YU Z G, 2023. Wetland ecosystems as important greenhouse hotspots[J]. Frontiers in Environmental Science, 10: 1127269.

KUMAR R, MCINNES R, FINLAYSON M, et al., 2020. Wetland ecological character and wise use: Towards a new framing[J]. Marine & Freshwater Research, 72(5): 633-637.

LIU L B, GUDMUNDSSON L, HAUSER M, et al., 2020. Soil moisture dominates dryness stress on ecosystem production globally[J]. Nature Communications, 11(1): 4892.

LIU L, GREAVER T, 2009. A review of nitrogen enrichment effects on three biogenic GHGs: The CO_2 sink may be largely offset by stimulated N_2O and CH_4 emission[J]. Ecology Letters, 12(10): 1103-1117.

LI W, DOU Z G, CUI L J, et al., 2020. Soil fauna diversity at different stages of reed restoration in a lakeshore wetland at Lake Taihu, China[J]. Ecosystem Health & Sustainability, 6(1): 1722034.

LI Y, ZHU X, SUN X, et al., 2010. Landscape effects of environmental impact on bay–area wetlands under rapid urban expansion and development policy: A case study of Lianyungang, China[J]. Landscape & Urban Planning, 94: 218-227.

LOREAU M, 2010. From Populations to Ecosystems: Theoretical foundations for a new ecological synthesis [M]. Princeton: Princeton University Press.

MCRAEC B H, BEIER P, 2007. Circuit theory predicts gene flow in plant and animal populations[J]. Proceedings of the National Academy of Sciences, 104(50): 19885-19890.

MIKHAIL M, CHARLOTTE S, J E D, et al., 2008. Large tundra methane burst during onset of freezing [J]. Nature, 456(7222): 628-30.

MITSCH W J, GOSSELINK J G, 2015. Wetlands[M]. Hoboken: Wiley Press.

MORRIS J T, BARBER D C, CALLAWAY J C, et al. Contributions of organic and inorganic matter to sediment volume and accretion in tidal wetlands at steady state [J]. Earth's Future, 2016, 4 (4): 110-121.

NATIONAL RESEARCH COUNCIL, 1992. Restoration of aquatic ecosystems: science, technology, and public policy[M]. Washington: Academies Press.

OTTO S B, RALL B C, BROSE U, 2007. Allometric degree distributions facilitate food-web stability[J]. Nature, 450(7173): 1226-1229.

PARKOSA J J, WAHL D H, PHILIPP D P, 2011. Influence of behavior and mating success on brood-specific contribution to fish recruitment in ponds[J]. Ecological Applications, 21(7): 2576-2586.

PAUL A K, 2013. Wetland ecology[M]. Cambridge: Cambridge University Press.

QUAN Q, TIAN D S, LOU Y Q, et al., 2019. Water scaling of ecosystem carbon cycle feedback to climate warming[J]. Science Advances, 5(8): eaav1131.

RAMSAR CONVENTION SECRETARIAT, 2018. Global Wetland Outlook: State of the world's wetlands and their services to people[R]. Gland: Ramsar Convention Secretariat.

RATZKE C, BARRERE J, GORE J, 2020. Strength of species interactions determines biodiversity and stability in microbial communities[J]. Nature Ecology & Evolution, 4(3): 376-383.

REDDY K R, DELAUNE R D, 2008. Biogeochemistry of Wetlands: Science and applications [M]. Florida: CRC Press.

REICHSTEIN M, BAHN M, CIAIS P, et al., 2013, Climate extremes and the carbon cycle[J]. Nature, 500(7462): 287-295.

SANDERMAN J, AMUNDSON B D, 2003. Application of eddy covariance measurements to the temperature dependence of soil organic matter mean residence time[J]. Global Biogeochemical Cycles(17): 1061.

SHI S, HUANG Y, ZENG K, et al., 2005. Molecular phylogenetic analysis of mangroves: Independent evolutionary origins of vivipary and salt secretion [J]. Molecular Phylogenetics and Evolution, 34(1), 159-166.

SOUSA W P, 1979. Disturbance in marine intertidal boulder fields: The nonequilibrium maintenance of species diversity[J]. Ecology, 60(6): 1225-1239.

TAGE D, DONALD C E, JAN P, et al., 2003. N_2 production by the anammox reaction in the anoxic water column of Golfo Dulce, Costa Rica[J]. Nature, 422(6932): 606-608.

THAKUR M P, REICH P B, HOBBIE S E, et al., 2018. Reduced feeding activity of soil detritivores under warmer and drier conditions[J]. Nature Climate Change, 8(1): 75.

UNITED NATIONS ENVIRONMENT PROGRAMME, 2022. Global peatlands assessment: The state of the world's peatlands[R]. Nairobi: United Nations Environment Programme.

VAN DER VALK A G, 2012. The biology of freshwater wetlands[M]. Oxford: Oxford University Press.

WANG B, ZHANG K, LIU Q X, et al., 2022. Long-distance facilitation of coastal ecosystem structure and resilience [J]. PNAS, 119(28): e2123274119.

WANG R, CUI L, LI J, et al., 2022. Response of nir-type rhizosphere denitrifier communities to cold stress in constructed wetlands with different water levels [J]. Journal of Cleaner Production: 132377.

WELLER M W, 1999. Wetland Birds: habitat resources and conservation implications [M]. Cambridge: Cambridge University Press.

WETZEL R G, 1983. Limnology[M]. New York: Saunders College Publishing.

WILSON R M, HOPPLE A M, TFAILY M M, et al., 2016. Stability of peatland carbon to rising temperatures[J]. Nature Communications, 7(1): 13723.

WONG M H, 2004. Wetlands Ecosystems in Asia: Function and Management[M]. Amsterdam: Elsevier.

YANG G, CHEN H, WU N, et al., 2014. Effects of soil warming, rainfall reduction and water table level on CH_4 emissions from the Zoige peatland in China[J]. Soil Biology & Biochemistry, 78: 83-89.

ZHAO K Y, HE S P, LI W, 2010. Studies on Wetland Biodiversity in China[J]. Bulletin of the Chinese Academy of Sciences, 24(4): 248-256.

ZHAO L X, XU C, GE Z M, et al., 2019. The shaping role of self-organization: linking vegetation patterning, plant traits and ecosystem functioning[J]. Proceedings of the Royal Society B, 286: 20182859.

ZHOU N, ZHAO S, SHEN X, 2014. Nitrogen cycle in the hyporheic zone of natural wetlands[J]. Chinese Science Bulletin, 59(24): 2945-2956.